JN028322

スキルアップ
有機化学

しっかり身につく基礎の基礎

Mark C. Elliott 著

岩澤伸治・豊田真司 訳

東京化学同人

HOW TO SUCCEED IN
ORGANIC CHEMISTRY

Mark C. Elliott
Cardiff University

妻 Donna と娘 Kirsten へ

まえがき

本書はおもに，化学を専門的に学んでいく学部生を対象としている．本書の目的はシンプルである．読者が有機反応機構の基本をしっかりと理解し身につけて本書を読み終えることである．

私がこの本を書くに至った動機を説明させてほしい．

有機化学を習う学生が最初に混乱に陥りやすいポイントがいくつかある．試験の解答用紙には毎年，結合が5本ある炭素原子やH^+を起点とする巻矢印が書かれている．有機化学を学ぶ際には，できる限り早くこのようなまちがいをしなくなることが非常に重要である．有機化学を習得するには，構造や立体異性体，反応機構を自信をもって書けるようになることが必要である．反応機構を書く際に一つまちがえると，その落とし穴から抜け出すためにさらにまちがいを重ねることになるからだ．

このようなまちがいをするのは理解力が足りないからではなく，単に正しい習慣を身につけていないだけである．いくつか似たような例をあげてみよう．

Geraint Thomas（2018年ツール・ド・フランスの優勝選手）は幼い頃にプロの自転車競技の選手になろうと決意した．3歳のときに自転車に乗り，ペダルのこぎ方を教わり，補助輪を外し，近くの公園を何度か乗り回した．数年後，大きなレースの数週間前に，再び自転車に乗り，乗り方を改善した．この話の結末がわかるだろう．もちろん，彼は勝つことができなかった．

> 彼は自転車の乗り方を知ってはいたが，上達するためになすべきことをなすべきときにしなかったのである．

車の運転を習ったことがあれば，はじめての教習を思い出してほしい．ハンドルをどのくらい回せばよいかわからなかったであろう．ギアを変えようとして車が飛び跳ねたこともあるだろう．だれもが経験していることである．それでも根気よく練習すると，そのうち上達し，ギアを変えたことさえほとんど無

意識になっただろう．エンジン音が正しく変化することで，ギアチェンジが"行われた"ことがわかるのである．もう車が飛び跳ねることもない．

> 大切なのは，そのスキルが身につくまで，何度も繰返し練習することである．さらに大切なのは，これが上達する最もよい（そして唯一の）方法であることを受け入れることである．その際，エンジンの仕組みを知る必要はない．

楽器を習うのも同じである．まず楽器の弾き方を教わり，ついで上手に弾けるようになるまで，音階や"きらきら星"などの簡単な曲の練習をするだろう．そしてこれが最終目標ではなく，さらに上達するために必要なステップであることもわかるだろう．熟練の演奏家でさえ音階の練習をして演奏の準備をする．

ギターを弾く人なら，はじめて1フレットでBフラットのコードを弾いたときのことを覚えているだろう．薬指が1弦に触れないようにするのは苦痛だったはずだ．しかしおそらく辛抱強く練習して，いまでは何も意識せずにできるようになっているだろう．かつては難しかったことが，あたりまえのことになるのだ．

> 何が変わってうまくいくようになったか，おそらくわからないだろう．それがミソである．

練習すれば上達するとわかっていることが大事なのだ．ツール・ド・フランスで優勝することはなかなかないだろうが，自転車にうまく乗ることは必ずできるようになる．

訓練と学習

有機化学は専門的で難解な科目だろうか．もちろんそのとおりである．いくつか難しい概念を理解しなければならないのは確かである．

> しかし有機化学者として必要なことの多くは，ほとんどあるいはまったく意識することなく，習慣的に行うことができる．

もちろん，習慣にするためには時間と努力が必要である．しかし，試験の直前に復習するよりも，時間も労力もかけずによりよい結果を得ることができる．成功の鍵は，適切なときに適切な内容をそれが本当に身につくように練習することである．

炭素原子の結合がちょうど4本となるよう，分子の構造を自信をもって書けるようになる必要がある．

重要な点は，まちがった構造を見たときに，何がおかしいか問題点を明らかにするよりも早く，"何かおかしい"と直感的にわかることである．

立体化学の表し方を習得し，その表記が何を表しているかひと目でわかるようになる必要がある．

三次元的な原子の配列を示す方法には，いろいろなものがある．それぞれがどのようなものかは数分で学ぶことができる．しかし本当に必要なことは，それらに十分に慣れ，紙の上の分子を見て，その三次元的な構造をイメージできるようになることである．

このページの文章を読むとき文字や単語が意味をもつのは，それらの文字や単語をよく理解しているからである．実際すみやかに，そして正確に，読みながら単語の響きが頭の中にパッと飛び込んできているだろう．

読むことを習ったときに，繰返し練習することでそのように脳が刷新されたのである．同様に，練習を繰返せば，有機化学に必要な鍵となるスキルを自然に身につけることができる．

有機化学に関連する他の例を示すこともできるが，重要な点はすでに述べた．試験直前の復習や短期記憶に頼るのではなく，学んだことを組織立て，必要なスキルがしっかりと身につき，忘れることもなく復習する必要もないほど，自身の一部とすることが必要である．

執筆の背景

　私にとって，反応機構の基礎を学ぶ際の代表的な有機化学の教科書は，Peter Sykes の "A Guidebook to Mechanism in Organic Chemistry"[†1] である．この本の最終版となった第6版は1986年の刊行である．この本には多くの内容がわかりやすく述べられている．われわれの多くが本書にひきつけられた理由に，これが400ページの本であまり分厚くないことがあるのではないかと思う．

　私は読者とのやりとりを通して学ぶスタイルの本は特に有益だと思う．Stuart Warren の演習書 "Chemistry of the Carbonyl Group: A Programmed Approach to Organic Reaction Mechanisms"[†2] と "Designing Organic Syntheses: A Programmed Introduction to the Synthon Approach"[†3] は，対話的なスタイルで画期的なものであった．カルボニル基に関する本の新版は2018年に出版されている[†4]．

　単に "有機化学" という名前の付いた教科書はたくさんある．多くが1000ページを超える分厚い本で，幅広い内容とたくさんの反応例が含まれている．もし読者が有機化学の真面目な履修生であれば，このような本を一つはもっているであろう．私の好みの教科書は Clayden，Greeves，そして Warren（そう，同じ Warren である）らが書いたものである[†5]．

　学生時代，私は大きめの教科書にも手を出したが，実際にすみずみまで読み込んだのは小さめの本であった．当時，理由を意識したかどうか定かでないが，それは単に本の大きさの問題ではなかったように思う．大きい本は読む気をくじくような威圧感があったが，小さな本は，"手にぴったりとフィットした" のである．私は読者の手元でこの本が多くの時間を過ごすようになってほしいし，それとともに読者が受け身で読むのではなく，積極的に取組む本になってほしいと思っている．

　本書の構成は James Patterson から着想を得たといったら驚くだろうか．彼のサスペンス小説は各章をごく短くしてある．Patterson は "徹夜本" を書く定型を知っているのである．次の章もすぐ読み終えるとわかっているので，いつの間にか夜遅くまで読み続けることになる．この本も一般的な有機化学の教科書よりも多くの，そして短い節からなっている．これにより読者がすべてを十分に理解するまで，何度も読み返すことを期待している．

　もちろん私はこれらの着想をすべて取入れ，自分自身のものとしたつもりである．ある意味，本書は自伝のようなものである．自分が学ぶのに苦労した点を思い出すことで，よりよい成果を得るためにどのようにアプローチするべきか示すことができる．本書はいわゆる有機化学の教科書であるが，私的な記録のようにも読むことができ，それにより読者が一体感を感じてくれることを願っている．

---

†1　第5版の日本語訳は "有機反応機構〔第5版〕" 久保田尚志 訳，東京化学同人（1984）．
†2　"プログラム学習 有機合成反応"，野村祐次郎，友田修司 訳，講談社サイエンティフィク（1981）．
†3　"プログラム学習 有機合成化学"，野村祐次郎，友田修司 訳，講談社サイエンティフィク（1979）．
†4　"Chemistry of the Carbonyl Group: A Step-by-Step Approach to Understanding Organic Reaction Mechanisms, Revised Edition"，T. Dickens, S. Warren 著，John Wiley & Sons（2018）．
†5　"ウォーレン有機化学 上・下 第2版"，野依良治ほか監訳，東京化学同人（2015）．

謝　辞

これまでの30年間にわたり私の化学者としての
キャリアを導いてくれた人々を選び出すことは容易
ではない．しかし特に，Chris Moody 教授，Harry
Heaney 教授，David Knight 教授，Michael Hewlins
博士には，折にふれて支援と激励をいただいたこと
に感謝したい．最近では Keith Smith 教授との非常
に実りの多い共同研究を楽しんでおり，化学反応性
についてより厳密に考える助けとなっている．

私は最近では研究から教育に重心を移しており，
故 Chris Morley 教授には，彼が知っている以上に
大きな貢献をして頂いている．Chris には具体的な
本としては見てもらうことはできなかったが，本書
は彼の支援と影響を強く受けている．

私は何年も一緒にトレーニングする機会に恵まれ
た多くの武術指導者から，教育について非常に多く
のことを学んだ．生まれつきの才能のない（私のよ
うな）学生でも，辛抱強く自分に合わせた小さな努
力を積み上げることで大きく上達できることを学ん
だ．彼らからはそれぞれの形で多くの学びを得たの
で，特定の個人をここであげることは控えておく．

Andrew Roberts 博士の寛大さと，哲学的な議論
をして頂いたことに感謝している．つまるところ化
学者と建築家には大きな違いはないのである．ま
た，原稿に対し建設的なコメントをくださり，疑い
なく本書をよりよくしてくれた匿名の査読者に出版
社とともに感謝したい．Sussex 大学の Mark Bagley
教授には，最終原稿を通読しさらに有益なコメン
ト，助言を頂いたことに感謝する．

12カ月間にわたり本書を書き進めるに際し，私
は同僚をうんざりさせてしまったことを正直に言
うべきであろう．彼らには，内心を態度に出さず
多くの有益な議論をして頂いたことに感謝する．特
に Niek Buurma 博士には有機反応機構に対する鋭
い考察を，また Ben Ward 博士には計算機化学の
一部について支援と議論をして頂いたことに感謝す
る．

しかし誰よりも，22年間にわたり教えてきた多
くの学生から最も多くのものを学んだ．学生との議
論は，私の職業の最もやりがいのある部分である．

最善を尽くしても誤りが残ることはほぼ避けられ
ない．それはすべて著者の責任である．誤りについ
てあらかじめ謝罪するとともに，それが読者を混乱
させないこと，そしてもし見つけたら私に連絡して
直せるようにしてくれることを願う．

訳者まえがき

本書は Cardiff 大学の上級講師，Mark C. Elliott 氏による有機化学初心者向けの副読本 "How to Succeed in Organic Chemistry" の邦訳である．Elliott 氏は大学で長年にわたり，はじめて有機化学を習う学生に向けた講義を行ってきた．本書はその豊富な経験と知見を裏付けに，実際の講義を行っているような雰囲気を保ちながら親しみやすく書かれている．初心者がどのように有機化学に取組みその習得に努めればよいか，そしてどのような誤りをしやすく，それに対しどうすれば直せるのか，という点を強く意識して，有機化学の基礎の基礎をこれでもかというほど丁寧に解説している．本書の特色を一言でいうと，"有機化学の習得に必須の基本事項に内容を絞り，学生の目線に立ってとことん懇切丁寧に解説した初心者必携の副読本" といえよう．

もう少し具体的に紹介しよう．たとえば第1章がよい例であるが，まずはじめに有機化合物の構造式の書き方を説明している．ここでは単に書くだけではなく，実際の形に近く，かつわかりやすい構造式を書くことの重要性を何度も強調している．有機反応を理解するうえで必須の巻矢印の書き方についても同様に，第1章でまず，巻矢印とは何か，その書き方などをわかりやすく説明した後，つづけて第2章で，より詳しく巻矢印の意味するところ，書くときにまちがえやすいところなどを実際の反応を取上げながら懇切丁寧に解説している．さらに第2章では，共役，共鳴，軌道の考え方，結合エネルギーや反応のエネルギー変化，酸性度，電子的な効果と立体効果など，有機反応を学ぶうえで必須の基本事項を丁寧に説明するとともに，まちがえやすい点や疑問に思っても通り過ぎてしまうような事項についても納得できるよう，とことん解説を加えている．基礎をしっかりと身につけることで，新しい反応に出会ったときにもひとつひとつ覚えるのではなく，どのような反応が起こっているか自ら考えて理解できるようになる．そうすれば知識は自然と身につくようになり，そしてそれこそが有機化学を習得するベストの方法であるという信念に基づいている．

そのうえで Elliott 氏は，これらの構造式や巻矢印を自然に書けるようになるまで練習することの重要性，すなわち，"あたりまえになるまで何度も繰返し練習すること"，"考えなくても自然と妥当な巻矢印を書けるようになること"，"そのために何度でも基本に立ち返って繰返し練習すること" を強調して述べている．本書が優れているのは，単にたくさんこなそうというのではなく，何が有機化学の習得に重要で，それをどのように繰返し練習すれば身につけられるようになるのか，という観点から，実際の演習を織り交ぜながら工夫を凝らしている点である．また，特筆すべき特徴として，本書が扱う多くの基本事項が互いに密接に関連していることが強調されている．この相互の関連は "参照" を付記することで学びやすくなっており，それにより全体の理解を深めている．まさにこれらの点において本書は Elliott 氏が長年培った経験を活かしているといえよう．

本書は通常の有機化学の教科書のように基本的な官能基や反応をすべて網羅することはしていない．実際，取扱っている反応は置換反応と脱離反応だけである．しかし基本事項を十分に習得し，加えてこの二種の反応を理解することで，有機反応の基本的な考え方，および重要な概念のほとんどを身につけることができる．繰返しになるが，本書は有機反応の基本的かつ本質的な部分をしっかりと習得することにより，新しい反応を目にしても読者がどのような反応が起こっているか自ら考え，そして理解できるようになることを目指したものである．読者にはぜひ本書を読破し，繰返し練習することで，有機化学の基礎をしっかりと習得してほしい．

本書の翻訳にあたっては東京化学同人編集部の橋本純子氏，篠田薫氏，佐々木みぞれ氏に大変お世話になった．特に佐々木氏にはつたない翻訳文をわかりやすく，読みやすくすることに多大な貢献をして頂いた．ここに深く感謝の意を表したい．

2024年1月

訳者を代表して　岩澤伸治

本書の使い方

本書の構成

有機化学をどのように学ぶにしても，基本的な考え方と理論を使えるようになる必要がある．必要な内容はすべて短い節に分けて盛り込み，参照箇所をたくさん示すことで有機化学のある部分が他の部分に及ぼす影響を強調した．

これが有機化学の難しいところである．
すべてが互いに関連している．

本書には七つの章がある．第1章 "有機化合物の構造と結合" は，文字どおりの内容である．基本中の基本，すなわち構造式を書くこと，官能基，巻矢印などについて学ぶ．ここでは他の教科書と比べて少し遅めになるが，結合の基本についても述べる．第2章は "有機反応の考え方" である．構造式の書き方をさらに詳しく学ぶとともに，それらのエネルギーや安定性についての説明を始める．分子の形についても必然的に考え始める．そのいくつかについて第3章 "分子の形" で正式に学び，分子の形を書くよい習慣を身につけることを目指し，さらに形が反応性に及ぼす影響についても考え始める．

第4章 "有機反応の選択性" は非常に短い章である．この章の要点は，選択性は選択性にすぎないということである．反応の結果はいろいろ異なるかもしれないが，すべて同じ考え方に基づいている．第5章は "結合の回転" に焦点をあてており，これは安定性と反応性に関係する．もちろん結合の回転は前の章でも考慮しているが，ここでその議論を体系的なものにする．

第6章は "脱離反応" である．ほとんどの（しかしすべてではない）議論は脱離反応についてのものである．重要なのは，基本を理解し応用することができれば，学ぶことはそれほど多くはないということである．

これが有機化学の美しいところである．
すべてが互いに関連している．

ここまでの章はそれぞれ独立しているが，すべて最後の第7章 "総合演習" に結びついている．第7章はこれまでに学んだことを強化するためのものである．シクロヘキサン環を書くことについてはすでに学んでいるが，ここではさまざまな立体配座が反応性に及ぼす影響を理解する．一方の立体異性体の反応が別の立体異性体の反応よりもなぜ遅いか学ぶ．キラルな化合物を示すのに用いたニューマン投影式を使って，アルケンの一方の立体異性体がなぜ他の異性体より速やかに生成するか明らかにしていく．立体配座間，カルボカチオン間，カルボアニオン間それぞれでのエネルギーの違いについて学んだことをもとに，ここでは出発物から生成物に至る間のエネルギー変化について理解するため，（比較的）複雑な反応過程の適切な反応エネルギー図を書く演習も行う．

これらの例には必要に応じたガイドと，第1〜6章の内容との関連を示してある．これにより全体像を把握することができるだろう．

これはすべてスキル，判断力，そして直感を養うためのものである．これが身につけば，大変な努力をしなくても有機化学の難しい問題に対する取組み方がわかるようになるだろう．

すべての根底にあるのは，くどいかもしれないが，もっと練習するようにやさしく励まし，各章で学んだ内容について何をする必要があるか，そしてそれがすでに学んだこととどのように結びついているかを説明することである．有機化学を身につける秘訣は，"関連づける" ことである．はじめは膨大な量の内容があるように思えるかもしれないが，慣れてくればすべての反応がいくつかの基本の応用であることがわかるようになるだろう．私は諸君にそのような学びの案内をするつもりである．

節 の 種 類

節を次のように分類した.

 基礎 基本的な事項を述べるとともに,基本的な事項に関して何をする必要があるのか説明する.

習慣 ここでも基本的な事項を述べているが,あたりまえの習慣として身につける必要のあるスキルについてさらに強調している. はじめて学ぶときには難しく感じるかもしれないが,深く考えなくても自然と行えるように,時間をかけて練習しよう.

演習 学んだスキルを磨くための演習を用意した. 講義で学んだ知識が新鮮なうちに解けば正しく答えることはできるが,そのうち忘れてしまうだろう. 何度も演習を繰返すことが肝要である. 日本語版独自に解答(Web 掲載)を用意している問題は♥マークで示した.

よくあるまちがい 学生がまちがいやすい点については本書全体にわたって議論するが,この点にのみ焦点を絞った節もいくつか設けた.

基本的反応様式 置換反応と脱離反応について最も基本的な事項を扱っている. 混乱してわからなくなった際には戻って参照してほしい.

発展 基礎レベルの教科書よりも掘り下げた内容を扱っている. これは議論に深みを与えるためであるが,難しい考え方も含まれている. もし手に負えなければ飛ばして先に進み,あとでもう一度取組んでみよう.

反応の詳細 反応そのものや,その立体化学などの詳細を扱う. 基本を理解していれば,反応の条件を変えるとその結果がどのように変わるか予想できるようになるので,応用の節とも類似している.

応用 基本的な事項を用いていろいろな反応に応用する. 新しい内容も扱っているが,それらはすでに学習した基本的な事項の応用である. ここでは応用する"方法"を理解する必要がある.

演習問題(Web 掲載) 条件を変えると反応の結果がどのように変化するかを予想できるようになるための,さまざまなレベルの演習問題とガイド,そして解答を示している.

本書の体裁

できるだけ単純にするように努めた. 本文中で化合物の構造や性質に言及する必要があるときには,図中の構造に化合物番号を付けた. これらの番号は一つの節の中でのみ連続している.

本書の体裁は以下のように工夫している.

青色の文をすでに目にしていると思う. これは重要な点を引き出したり,諸君を励ましたりするときに用いている.

以下のアイコンは質問や,取組んでほしいことを指示するときに付けている. ♥マークのあるものは日本語版独自に解答を用意した(Web 掲載).

 考えてほしい問いを示す.

 手を動かして解いてほしい課題を示す.

■Web 掲載の第 7 章では,それまでの章で学んだ内容との関連づけを強調したい場合には,青の四角を付けている. もちろんすべての章が他の章と関連しているが,第 7 章では問題を解きながら,実際に前に戻って関連する章を再読してほしい. これにより一時的な知識や理解が長期記憶に変換されるのである.

どのように勉強すべきか?

友人と一緒に勉強することを強く推奨する. 理解度や答えを確認したり,あるいは説明を求めたりするためである. ある問題に対して全員が同じ答えであれば,おそらくみな正解であろう. 逆に答えがもし違っているのであれば,立ち戻ってなぜそういう答えをしたか振返るときである.

有機化学を自習するよう促されているように感じるかもしれない．まさにそのとおりだが，もう少し深い意図がある．おそらく，本書を読んだ直後にはその内容を理解していても，2週間後にはそれを忘れているだろう．あるいは新しい状況にそれをどう応用してよいかわからないだろう．

友人と議論することによって"有機化学の言葉"を話し始める．たとえば誰かが"余分にメチル基を加えたらどうなるだろうか，何か変化するだろうか"と言うと，別の誰かが"立体効果，それとも電子効果どちらを考えているのか"と問うだろう．

全員が"両方！"と叫んでほしい．これができるのは，言葉が身についた証である．

本書で扱う反応

有機化学にはたくさんの反応がある．それらを覚えるのは難しい．本書で扱っているのは，求核置換反応と脱離反応だけである．これはあえてそうしたのである．諸君のまず目指すべきことは，"有機化学者のように考え始めること"である．有機化学で扱われる問題の種類を理解し，基本事項をこれらの問題に応用する能力を身につけよう．これができるようになるのにたくさんの反応を知っている必要はない．先に反応をたくさん目にすると，どの基本事項を応用すべきかわからなくなるおそれがある．いったん基本を応用することに上達すれば，よりたくさんの反応を学び，それを用いて問題を解くことができるようになるだろう．

基礎

習慣

演習

よくあるまちがい

基本的反応様式

発展

反応の詳細

応用

Web 教材（解答および第7章）について

演習問題（💡マークで示したもの）の解答および第7章"総合演習"のPDFファイルを下記の要領で取得できます．（購入者本人以外は使用できません．図書館での利用は館内での閲覧に限ります）

1) パソコンで東京化学同人のホームページにアクセスし，書名検索などにより"スキルアップ有機化学"の書籍ページを表示させる．
2) 解答・第7章 をクリックし，下記ユーザー名およびパスワードを入力する．

ユーザー名：**tkdsup54**
パスワード：**w9sjkf8e**

※ファイルはZIP形式で圧縮されています．解凍ソフトで解凍のうえ，ご利用ください．

〈データ利用上の注意〉

- 本PDFファイルのダウンロードおよび利用に起因して使用者に直接または間接的損害が生じても株式会社東京化学同人はいかなる責任も負わず，一切の賠償などは行わないものとします．
- 本PDFファイルの全権利は権利者が保有しています．本書購入者本人が利用する場合を除いて，本PDFファイルのいかなる部分についても，データバンクへの取込みを含む一切の電子的，機械的複製および配布，送信を，書面による許可なしに行うことはできません．許可を求める場合は，東京化学同人（東京都文京区千石3-36-7，info@tkd-pbl.com）にご連絡ください．
- 本サービスは予告なく内容を変更，終了することがあります．

目　　次

3章　分子の形 ·· 127

1 有機化合物の構造と結合

はじめに

　有機化学を習得する際に重要なスキルがいくつかある．まず構造式をわかりやすく上手に書けるようになること，そして構造式を見てどのような化合物かわかるようになることである．また構造式が示す化合物を命名すること，化合物名から構造式を書けるようになることも必要である．最終目標は，化合物名から，その分子の全体構造を視覚化できるようになることである．同じ分子式をもつさまざまな構造を考えることにより，構造異性や不飽和度などの重要な概念を身につけることができる．

　最も重要なのは，有機反応の反応機構を示すために巻矢印を使えるようになることである．

　1章では，後の章の基本となる考え方を学ぶ．ここでは基本事項を身につけるために必要な多くの演習の節をもうけている．

はじめのうちは，分子軌道の観点から何が起こっているかについてはあまり気にしなくてよい．まずは，巻矢印を書く際の決まりをしっかりと習得しよう．

　本書はただ読むだけでは不十分である．自分で構造式を書いてほしい．本書をもとにノートをつくってほしい．問題を解いてみて，友人と答えについて議論してほしい．もしまちがえていたら，友人が教えてくれるだろう．もし正しい答えがわかったら，まちがえている友人に誤りを指摘して，正しい答えを説明してあげよう．

　誤りを完全になくすことは簡単ではない．構造式や反応機構を何度も何度も書くことによって知識を身につけることができると信じよう．繰返して書くことで，それらが直感的にわかるようになるだろう．

　基本をしっかり身につけなければ，複雑な反応の機構を書くことはできない．すでに基本が身についていても，その反応機構を書くことはさらにこれらに習熟するためのよい訓練になる．

　これまでに習得してきたたくさんのことを，どうやって身につけたか思い出してほしい．心配する必要はない．まずは挑戦してみよう．

 基礎1

有機化合物の構造

　最も基本的なこと，すなわち構造式を書くことから始めよう．一般に用いられているいくつかの書き方について，それぞれの長所と短所を理解しておく必要がある．ここでは，有機化学の学習法ならびに本書にどのように取組むべきかについての習慣と，基本的な約束ごとを身につけることから始めよう．

結合の数と種類

　有機化合物の大部分は，炭素，水素，酸素，窒素のみからなっている．電荷をもたない安定な分子では，炭素は4本，水素は1本，酸素は2本，そして窒素は3本の結合を生成する．有機化学の教科書の多くは有機化合物の結合理論を最初に扱う．本書では少しアプローチを変えて，有機化合物は**単結合，二重結合，そして三**

単結合 single bond

二重結合 double bond

三重結合 triple bond

重結合を生成することができるということから始めよう．単結合は1本の線で，二重結合は2本の線で，そして三重結合は3本の線で表す．

† 訳注: エチレン(ethylene)の名称はIUPAC 1993 年則で廃止され，エテン(ethene)を用いることとなったが，果実の成熟に関わる植物ホルモンとして名称が残っており，また，工業的にもいまだ広く使われている．慣例に従い，本書ではエチレンを主に用いる(命名法の変更についてはp.6の訳注参照).

エタン　　エチレン(エテン)†　　アセチレン(エチン)

もちろん水素原子は結合を1本しかつくれないので，二重結合を形成することはできない．炭素原子は結合を4本つくることができる．三重結合は3本の結合と数えるので，炭素は単結合，二重結合，三重結合いずれもつくることができる．窒素原子は結合を3本つくれるので，これも単結合，二重結合，三重結合いずれもつくることができる．酸素原子は結合を2本しかつくれないので，単結合と二重結合しかつくることができない．次にこれらを組合わせた例をいくつか示す．

有機化学者は構造式を習慣的に書く．深く考えなくとも正しい数の結合を書けるように習慣を身につけることから始めよう．まずいくつかの事実を確認し，簡単に説明する．さらにこの後数節かけて，構造式の書き方を学んだ後，実際の例で練習する．

　構造式をたくさん書けば書くほど，この習慣をしっかりと身につけることができるようになる．ただし書いた構造式を見直してほしい．結合の数がおかしい原子があったとしても，自分で確認できるはずである．自分で確認することで同じまちがいを起こしにくくなる．

水素原子について簡単にみておこう．水素原子は他の原子の結合の数を満たすために加えるものである．しかしこの単純さには十分注意が必要である．構造式を書くときの誤りの大部分は，どこに水素原子が付いているか忘れてしまったために起こる．多くの重要な反応は，水素原子がプロトン（水素イオン）の形で付加したり取除かれたりする過程を含む．実際これは非常に重要である．

　これらの基本的な規則は誰でも習得することができる．しかし必ずまちがいをするし，ときには5本の結合をもつ炭素を書いてしまうこともある．大切なことは，まちがいがないか注意して見直すことである．いずれ意識しなくてもまちがいはなくなるはずだ．

まずはじめに，知っておくべき約束ごとがある．これらについて詳しく説明しよう．

有機化合物の構造の表し方

有機化合物の構造にはいくつかの表し方がある．たとえば，次の三つの構造式は

すべて *n*-ブタン（化合物名については後で述べる）を表したものである.

1　　　　**2**　　　　**3**

どれが一番わかりやすいだろうか. 学部1年生のほとんどは構造式**3**が一番わかりやすいと思うだろう. 原子と結合がすべて書かれている. 分子式を導き出すのも簡単である. この表し方ではどこに水素原子があるか忘れることはないし, その結果まちがった反応機構を書くこともない. しかし, ある程度複雑な分子を書こうとすると, この表し方ではとても乱雑なものになり, 構造の重要な特徴がつかみにくいことがわかるだろう.

構造式**2**も同じように明確である. 左側に H_3C と明確に書いているので, この炭素が次の炭素と結合していることがわかる. しかし次の炭素は CH_2 であり, したがってその左側と右側に何かが結合していなければならない. H が右側にあるからといって, その右の炭素と結合しているのがこの水素原子であるとは決して考えてはいけない.

飽和炭化水素 saturated hydrocarbon

アルカン alkane

構造式**1**は, 実際のところ最も明確である. 一目でこの化合物が**飽和炭化水素**（あるいは**アルカン**, 二重結合や三重結合がない）で炭素数が4であることがわかる.

このことは次の規則に基づいている.

- 直線はそれぞれ化学結合を表す.
- 線同士がつながるところ, 線が切れるところには炭素原子がある.
- 原子に記号が書いていなければ, それは炭素原子である. われわれは有機化学者なのだから.

"でも**3**の書き方が好きだ"あるいは"**3**の書き方の方がなじみがある"と思うかもしれない. もちろんそうだろう. はじめはその方がわかりやすい. しかし, **1**の表し方もすぐに慣れると断言できる. むしろ, **1**の表し方に慣れる努力をしないと, 構造式を書くときに時間を無駄にすることになる.

多くの有機化学の教科書では構造式**1**が最もよく使われている. この表し方に慣れる必要がある. 構造式**3**の表し方はやめて, すべての化合物を構造式**1**で書く練習をしよう.

慣れると直感的に明確な正しい構造を書いたことがわかるようになる. 楽をしようとしてはいけない.

価数の重要性

炭素は常に4価であり, 結合を4本つくる. これを考慮すると, 構造式**1**には10個の水素原子が必要である.

構造式の表し方は一貫していなければならない. *n*-ブタンを**4**や**5**のように書いてはいけない. どちらも左から二つ目の炭素が明示されているが, 水素原子が書

4　　　　**5**　　　　**6**

かれていない．これは混乱を招くもとである．"C" を明示するのであれば，その炭素に結合している水素原子も書かなければならない．逆に原子が明示されている構造式を見たら，その結合をきちんと理解しているか確認しよう．勝手に他の原子を付け加えてはいけない．この例として**よくあるまちがい1**（p.23）を見てほしい．

1 のような表し方でも，ときには（たとえば反応機構を書くときなど），特定の水素原子を書くこともある．これは問題ない．構造式 **6** のように書いてもよい．

水素原子 H を明示する場合でも，炭素原子 C を書く必要はない．

このような表し方は慣習として受け入れよう．大学で有機化学を学ぶ学生はみなこれを習得している．

もう少しだけ基本事項について述べよう．

原子の電荷

酸素は結合を 2 本つくる．これは分子が電気的に中性（電荷をもたない）の場合に成り立つ[†]．結合を 1 本しかもたない酸素原子はふつう負電荷をもち，結合を 3 本もつ酸素原子はふつう正電荷をもつ．

したがって，構造式 **7** を書いたら酸素原子が何かおかしいと気づいてほしい．**8** に示すように水素原子を付け加えるか，あるいは **9** に示すように負電荷を付け加える必要がある．どちらが正しいかは状況しだいだが，**7** のままではまちがいである．

酸素原子に付け加えていないものが他にもある．**非共有電子対**である．**8** の酸素原子には非共有電子対が二つある．これを **10** のように表すことができる．

なぜそうなるかは基本的な事項である．酸素原子は周期表の 16 族元素であり，最外殻に電子を 6 個もっている．炭素原子と水素原子との結合によりそれぞれ電子が 1 個ずつ増え，**オクテット則**（8 電子）を満たす．8 個のうち 4 個の電子は結合に使われ，残りの 4 個（二つの電子対）は非結合性である．結合についてのより詳しい説明は基礎 6（p.27）で行う．

ここで述べているのは有機化合物の構造式を書く際の慣習についてである．メタノールの構造式としては **8** で何の問題もないが，酸素原子の非共有電子対を用いて反応機構を説明する必要がある場合には，構造式 **10** を用いる．酸素原子には常に非共有電子対が 2 組あるが，いつもこれらを書くわけではないということである．"酸素原子に非共有電子対があることを忘れていた" ということがないようにしなければならない．

電気的に中性の窒素原子は結合を 3 本つくる．非共有電子対を 1 組もつが，反応に関わらない場合には同様に省略することが多い．

多重結合

炭素と炭素の間，あるいは炭素と他の原子（最も多いのは酸素）との間には二重結合をつくることが可能である．炭素と炭素の間には三重結合の生成も可能である．これらの結合の強さと結合様式については後ほど述べるとして，ここでは簡単

[†]　混乱するようであれば，単純な化合物（この場合にはたとえば水）に置き換えて考えるとよい．

$$H_3C-O$$
7

$$H_3C-OH$$
8
$$H_3C-O^-$$
9

$$H_3C-\overset{..}{O}H$$
10

非共有電子対 unshared electron pair, **孤立電子対** lone pair ともいう

オクテット則 octet rule

にその例を見ながら，二つの点について述べる．

|エチレン|プロパン-2-オン
（慣用名 アセトン）|アセチレン|

第一に，ここではアセチレンについては原子をすべて明示した．これらの原子は明示しなくてもよい．次に示した表し方もまったく正しい[†1]．

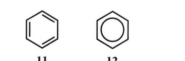

|アセチレン|オクタ-4-イン
（4-オクチン）|

第二に，初学者はアルキンの構造式で混乱し炭素原子数をまちがえることがよくある．上記の右側の構造はオクタ-4-イン[†2]で炭素原子の数は八つである．数えてみよう．三重結合の両端にそれぞれ一つずつ炭素がある．注意してよく見てみよう．**演習1**（p.16）でも例をあげる．

炭素数をまちがえる理由として，アルキン部位との2本の結合を短く書いてしまいがちなことがある．短すぎると，二つの炭素原子がアルキン部位と結合しているのか，あるいはアルキンの炭素そのものなのか混乱してしまうのである．そうしてこのアルキンの炭素数を六つとまちがえてしまう．正しく書くことの重要性を習慣1（次節）で強調する．

芳香族化合物

六員環に二重結合が三つ存在すると，**芳香族性**とよばれる特殊な安定化効果が得られる．この効果についての説明は後にするとして，ここでその表し方についてふれておく．最も単純な**芳香族化合物**はベンゼン**11**である．

|**11**|**12**|**13**|

ベンゼンは単結合と二重結合が交互に存在するのではない．炭素－炭素結合はすべて同じ長さである．そのため構造式**12**の方が構造をより適切に表していると習ったことがあるだろう．しかし反応機構を書くときは，巻矢印（これについては後ほど詳しく説明する）を使って電子の流れを明確に表す必要があるので，**11**の表し方の方が適している．これに慣れると，ベンゼンは構造式**11**のように書いてあっても等価な炭素－炭素結合を六つもつことが当然と思えるようになる．

環状化合物がみな芳香族化合物ではないことに注意してほしい．シクロヘキサン**13**はごくふつうの**脂肪族化合物**である．環状構造をもつ場合，接頭語シクロ-を付けて命名する．

13 ではそれぞれの炭素に水素原子が二つずつ付いている。最もよくみられる誤りの一つに、学生が六角形を書いた後何も考えずに中に円を書いて、ベンゼンにしてしまうことがある。

ま と め

そろそろ、なぜ本書が他の教科書と異なっているのかわかり始めているのではないだろうか。強調したいのは、どのように学習するべきか、どのようなまちがいをしやすいか、そしてそれをどのように正すかである。

まちがえても落ち込む必要はない。これらのまちがいを紹介するのは、どれも頻繁に目にするからである。これらに注意していれば、まちがいをより簡単に見つけることができるようになり、さらにはまちがった構造を書く前に気づくことができるようになる。

有機化学の多くの課題に出会い始めたので、これらを解決するのためのよい方法を伝授していく。

習慣 1
実際の構造に近い構造式を書く

前節では構造の表し方に慣れることの重要性について述べた。この点にのみ焦点を当てた短い節を通して、これをしっかりとしたものにしたい。本節はその第一歩である。

実際の構造

種類の異なる結合について学んだので、典型的な結合距離と結合角について考える。エタン 1、エチレン 2、そしてアセチレン 3 の構造を見てみよう。nm 単位の結合距離も示してある。この時点で理解しておくべき非常に重要な点が二つある。

- 有機化合物の結合距離はほぼすべて 0.1 nm と 0.2 nm の間にある。
- 三重結合は二重結合より短く、二重結合は単結合より短い。

結合距離をよくみてみると、いくつかの傾向があることがわかるが、ここではあまり気にしなくてよい。詳しいことは後で述べる。

次に示すのは結合角である。エタンではすべての結合角はほぼ正四面体で 109.5° である。エチレンでは原子はすべて同一平面上にあり、結合角はおよそ 120° であ

† 訳注: これらの角度は理想的な sp³ 混成, sp² 混成, sp 混成の値である. 実際にはエタンの H–C–C 結合のなす角はおよそ 112°, エチレンの H–C–C 結合のなす角は 121〜122° である.

る. アセチレンは直線構造で結合角は 180° である†.

$$H-\overset{\displaystyle H}{\underset{\displaystyle H}{C}}-\overset{\displaystyle H}{\underset{\displaystyle H}{C}}-H \qquad \overset{\displaystyle H}{\underset{\displaystyle H}{C}}=\overset{\displaystyle H}{\underset{\displaystyle H}{C}} \qquad H-C\equiv C-H$$

1 　　　　　　2 　　　　　　3

できるだけ実際に近い結合距離と結合角で構造を書く習慣を身につけることが大切である. エタンの例でわかるとおり, これは決して簡単ではないが, 書いているうちに慣れるだろう. また, 書かれた構造式が実際にどのような構造の化合物かわかるようになる.

実線くさびと破線くさび: 三次元構造の表し方

四面体構造 tetrahedral structure

メタンは**四面体構造**をとるが, 平面の紙にすべての角度が 109.5° になるようにメタンを書くことはできない. 一つの H–C–H の角度を 109.5° にして書くと, 残りの三つの角度はそれより小さくなる. ここで重要な点は, どのように書かれていても実際の分子の形を直感でわかるようになるまでこの構造の書き方に慣れ, 習得することである.

四面体構造以外にありえないことを知っていれば, 上記の書き方から四面体構造を見てとることができる. 何度も何度も繰返して, あたりまえのことになるまで十分に練習しよう.

立体構造についてもいくつかの慣習がある. ある原子が紙面手前に出ているときには実線くさびを使う. ある原子が紙面奥に向いているときには破線くさびを用いる. 化合物を三次元的な構造として視覚化できるように, これらの表し方に慣れる必要がある.

分子模型を使うとわかりやすい. 特に構造がもっと複雑になると有用である.

立体化学については 3 章で詳しく述べる. しかしその前に, 本章でも**演習**の節で, 実線くさびと破線くさびを用いて構造式を書く. 分子は三次元の構造をもつからである.

演習の節に達したら, 立体化学を無視してはいけない. 立体化学に慣れ始めよう. しかしまだあまり気にしなくてもよい. 3 章を読んだら, もう一度戻ってこよう. 構造式を見てより多くのことがわかるようになるだろう.

基礎 2
官 能 基

官能基 functional group

官能基は有機化合物の一部分であり, その反応性と関わっている. さまざまな官能基が存在し, それぞれに名前がついている. 重要なことは, それぞれの官能基が

どのようなもので，どのようによばれているかを知り，他の官能基ととりちがえないようにすることである．

　本節では，いくつかの重要な官能基を紹介し，どのように一般に書くか（どのように書いてはいけないか）について示す．官能基の書き方をまちがって身につけないよう十分に注意深く読んでほしい．官能基について述べる前に，まずはそれらが結合している炭素鎖と炭素の環についてみてみよう．

アルキル基: 第一級，第二級，第三級

　脂肪族アルコールの一般式として R−OH **1** のように書くことがある．

　"R" は一般的な炭素鎖を示すときに用いる．この炭素鎖についてもう少しみてみよう．アルキル基やそのもととなる炭化水素をどのように命名するかについては**基礎 3**（p.12）で学ぶ．ここではそのうちのいくつかを紹介し，その炭素の置換様式に従って分類する（次表[†1]）．

†1　イソプロピル基と t-ブチル基では，CH_3 基が同じ炭素に結合していることを明確にするため括弧を付ける．

アルキル基名	略　号	構　造
メチル methyl	Me	CH_3-
エチル ethyl	Et	CH_3CH_2-
プロピル propyl	n-Pr	$CH_3CH_2CH_2-$
イソプロピル isopropyl	i-Pr	$(CH_3)_2CH-$
ブチル butyl	n-Bu	$CH_3CH_2CH_2CH_2-$
t-ブチル t-butyl	t-Bu	$(CH_3)_3C-$

　エチル基，n-プロピル基，n-ブチル基は第一級アルキル基[†2]である．他の原子と結合するのは CH_2 である．イソプロピル基は第二級のアルキル基である．他の原子と結合するのは CH である．t-ブチル基は第三級アルキル基である．他の原子と結合するのは水素原子の置換していない C である．

†2　メチル基は第一級アルキル基だろうか．メチル基はメチル基である．分類しなければならないのであれば第一級アルキル基である．メチル基は小さく，その立体障害も小さい．異なるアルキル基の効果を考える際には，メチル基と他の第一級アルキル基ひとまとめに考えるより，分枝の数で分けて考えた方がわかりやすい．

芳　香　環

　ベンゼン **2** は芳香族化合物である．芳香族性については**基礎 10**（p.58）にゆずり，ここでは表記法について述べる．たとえばアミノ基に何らかの芳香環が結合している化合物を表す場合，その芳香環を Ar と表し，その構造を **3** のように簡略化して示すことができる．Ar はアリール基の略号である．

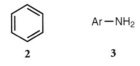

2　　　　　**3**

　芳香族化合物の反応性は脂肪族化合物とは非常に異なる．そのため，R と Ar を使い分けることで，芳香族化合物か脂肪族化合物かの重要な区別をすることができる．芳香族化合物の命名については**基礎 3**（p.15）で学ぶ．

アルコール，フェノールおよびアミン

　化合物 **4** は最も単純な**アルコール**のメタノールである．炭素に OH 基が付いて

アルコール alcohol

フェノール phenol

いる．化合物 **5** はフェノールである．ここではフェノールは化合物の名前だが，官能基の名前になることもある．ベンゼン環に OH 基が付いている化合物はみなフェノール類である．最も身近なフェノールは，殺菌剤・防腐剤である 2,4,6-トリクロロフェノール **6** だろう．

$$H_3C-OH \qquad \text{(ベンゼン環+OH)} \qquad \text{(トリクロロフェノール環)}$$

4   **5**   **6**

アミン amine

化合物 **7**, **8**, **9** はすべてアミンである．窒素原子に水素原子が付いている必要はないが，付いていてもよい．

$$H_3C-NH_2 \qquad H_3C-\overset{CH_3}{\underset{}{NH}} \qquad H_3C-\overset{CH_3}{\underset{CH_3}{N}}$$

7 メチルアミン   **8** ジメチルアミン   **9** トリメチルアミン
第一級アミン   第二級アミン   第三級アミン

このまま先に進む前に，アルコールとアミンの命名に関するまぎらわしい点を指摘しておこう．

> アルコールは OH 基をもち，酸素原子は 2 本しか結合をつくることができないので，アルキル基は一つしか結合することができない．第三級アルコールといったら，そのアルキル基のことでしかありえない．

"第三級アルコール" とは，酸素原子に第三級アルキル基が一つ付いたものである．"第三級アミン" は窒素原子にアルキル基が三つ付いたものである．この三つのアルキル基は第一級，第二級，第三級のどれでもよい．

また，赤外スペクトルについては多くを説明するつもりはないが，N−H 結合は非常に特徴的な吸収をもつ．学生が赤外スペクトルを見て，対象としている化合物がN−H 結合の吸収があるのでアミンであると考え，**9** のような構造を書くことがよくある．**9** は確かにアミンであるが，N−H 結合はもっていない．水素原子に十分注意して，その意味するところを理解することは非常に重要である．

> アルコールには酸素原子に必ず水素原子が付いている．一方アミンの場合には水素原子が付いていないものもある．

アルケンとアルキン

アルケン alkene
アルキン alkyne

二つの炭素原子間に二重結合をもつ化合物は**アルケン**である．二つの炭素原子間に三重結合をもつ化合物は**アルキン**である．

$$\overset{H}{\underset{H}{C}}=\overset{H}{\underset{H}{C}} \qquad\qquad H-C\equiv C-H$$

エチレン   アセチレン
（アルケン）   （アルキン）

カルボニル化合物

カルボニル基 carbonyl group

二重結合で結合した炭素と酸素 C＝O は**カルボニル基**とよばれ，その炭素原子に

結合している置換基によりさまざまな種類のカルボニル化合物が存在する.

それぞれに名前がある. 構造式 **10** は**アルデヒド**, **11** は**ケトン**, **12** は**エステル**で, **13** は**アミド**である. **13** についてはアミンと同様, 窒素原子に水素原子ではなく他のアルキル基が付いていてもよい.

アルデヒド aldehyde

ケトン ketone

エステル ester

アミド amide

アルデヒド **10** は CH_3CHO と略して書くこともできるが, CH_3COH とはふつう書かない. これは少しわかりにくいかもしれない. 酸素原子と水素原子はどちらも炭素と結合しているので, どちらを先に書くべきかは明らかでない. しかし二つ目の書き方 ($RCOH$) だと, 水素が酸素に結合しているようにみえる. 基本的には CH_3CHO が正しく CH_3COH は誤りである. このような規則はときにはそのまま受け入れるしかないので, うまく慣れていこう. また, アルデヒドを $OHCCH_3$ のように左側に書きたくなることもある. この場合も $HOCCH_3$ と書いてはいけない.

エステルの場合はこの問題がより重要になる. 上記の例 **12** を略して書く場合, $CH_3CO_2CH_2CH_3$ と書き, $CH_3OCOCH_2CH_3$ とは書かない. 後者は CH_3 基が直接酸素に付いていることを意味しているので別の化合物である. これはなかなか理解しづらく, まちがいを起こしやすい. しかし, 繰返し練習して慣れることで, 自然と身につくようになる. 有機化学を習得するには, 適切なときに適切な努力をすることがすべてである.

最後に別の官能基をもう一つ紹介する.

エ ー テ ル

化合物 **14** は**エーテル**である. 一つの酸素原子にアルキル基が二つ結合している. 酸素原子にアルキル基ではなく, アリール基が付いていてもよい. **14** は実験室で溶媒としてよく用いられるジエチルエーテルである[†].

エーテル ether

† 訳注: 図の左側のエチル基は炭素が酸素に結合していることを強調する向きで書かれているが, $CH_3CH_2-O-CH_2CH_3$ と書いても問題ない.

$$H_3CH_2C-O-CH_2CH_3$$
14

名前がよく似ているので, 学生はエステルとエーテルをとりちがえることがよくある. ほとんどの場合これは問題にはならない. どちらの官能基の話をしているかわかってさえいれば, 単に名前をまちがえただけである.

しかし, 赤外スペクトル (まだ知らなくても心配する必要はない) を正しく解釈して, 特徴的な $1740\ cm^{-1}$ 付近の吸収からエステルであることがわかったとしよう. その化合物の構造としてエーテルを書いてしまうことがある.

これはスペクトルデータを分子の特徴とではなく単語と関連づけているからである.

有機化学を学ぶときの最初の心がけとして, 構造式に重きをおくことが大切である.

もう一つ注意すべきことがある. 実験室ではジエチルエーテルや石油エーテルを

溶媒として用いる．ここでジエチルエーテルはエーテルであるが，石油エーテルは
エーテルではない．単にある範囲〔たとえば沸点 40〜60 ℃ の留分として市販され
ており，成分は炭化水素（アルカン）である〕の温度で留出する石油の成分のこと
である．

ひととおりの官能基を紹介したので，次に系統的な命名法についてみてみよう．

基礎 3

有機化合物を命名する

有機化合物には明確でわかりやすい化合物名が必要である．すでにいくつか登場
しているように，本書を読み進めるとともに新しい化合物名を学ぶことになる．新
しい命名法は実例で練習しながら身につけていこう．

新しい化合物名が出てきたら，その化合物の構造に対して正しいものであるか確認して
ほしい．化合物名を理解することは大切だが，その化合物がどのように振舞い，なぜそ
うなのかを理解することの方がずっと重要である．命名法については出てきたところで
身につけていけばよい．

ここではまず基本的な規則から始め，いろいろな官能基について実例をみながら
それを広げていこう．

アルカン

単純な飽和炭化水素については，炭素原子の数を示す部分[†]に –アン（-ane）を付
けて命名する．"飽和した"とは，炭素の数に応じてとりうる最大数の水素原子が
置換していることを意味する言葉である．この点については後でもう一度述べる．
まずは以下の表をみてみよう．

炭素原子数	分子式	構造式	化合物名
1	CH_4	CH_4	メタン methane
2	C_2H_6	CH_3CH_3	エタン ethane
3	C_3H_8	$CH_3CH_2CH_3$	プロパン propane
4	C_4H_{10}	$CH_3CH_2CH_2CH_3$	ブタン butane
5	C_5H_{12}	$CH_3(CH_2)_3CH_3$	ペンタン pentane
6	C_6H_{14}	$CH_3(CH_2)_4CH_3$	ヘキサン hexane
7	C_7H_{16}	$CH_3(CH_2)_5CH_3$	ヘプタン heptane
8	C_8H_{18}	$CH_3(CH_2)_6CH_3$	オクタン octane
9	C_9H_{20}	$CH_3(CH_2)_7CH_3$	ノナン nonane
10	$C_{10}H_{22}$	$CH_3(CH_2)_8CH_3$	デカン decane

この表には構造式の表し方について二つ新しい点がある．一つはふつう二つの原
子の間の単結合を線で書くが，線を省略してもよいということである．

アルケンやアルキンもこの方法で書くことができる．$CH_3CHCHCH_3$ と書いた
ら，ブタ-2-エンのことである（アルケンの命名については本節で後ほど詳しく述

"エーテル"という用語は非常に古く
からあり，必ずしも特定の官能基をさ
しているわけではない．

† 訳注：ブタンまでは歴史的に用いら
れてきた名称である．ペンタン以降はギ
リシャ語の数詞に由来する．

べる). 水素原子が明確に書かれており, かつ飽和した構造としては水素原子の数が足りないので, 二つ目と三つ目の炭素の間には二重結合があるはずである. しかしこの場合は $CH_3CH=CHCH_3$ と書いて二重結合があることをはっきりさせる方がよい.

　もう一つ新しい点として, 構造式の欄を見てみると, ペンタン以降では CH_2 基の数を示すために括弧を用いている. この書き方についても慣れておく必要がある.

　分枝したアルカンの場合は, まず最も長い炭素鎖を特定する. これが母体名となる. この炭素鎖上の置換基は, その種類と置換している位置で示される. 同じ種類の置換基が複数ある場合は, ジ-, トリ- などの接頭語を用いる. 例をみた方がわかりやすいだろう.

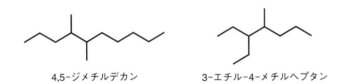

4,5-ジメチルデカン　　　　　　　3-エチル-4-メチルヘプタン

　右の例では, 7炭素の炭素鎖が2種類可能である. この場合, これは問題にならない. どちらを選んでも同じ化合物名となる. 置換基はアルファベット順に並べ, 位置番号が最も小さくなるように付ける. この場合置換基は3位と4位であり, 逆側から数えた場合の4位と5位ではない.

アルキル鎖の接頭語

　上記は単純なアルキル基の例である. これらは次の表に示すように母体のアルカンの名前に基づいて命名される.

アルキル基名	略　号	構　造
メチル methyl	Me	CH_3-
エチル ethyl	Et	CH_3CH_2-
プロピル propyl	n-Pr	$CH_3CH_2CH_2-$
イソプロピル isopropyl	i-Pr	$(CH_3)_2CH-$
ブチル butyl	n-Bu	$CH_3CH_2CH_2CH_2-$
t-ブチル t-butyl	t-Bu	$(CH_3)_3C-$

　基礎2 (p.9) で第一級, 第二級, そして第三級という用語を学んだ. ここではさまざまなアルキル基をもつ化合物をどのように命名するかについて学ぶ. 次の例を考えてみよう.

最も長い炭素鎖は炭素数10である. したがってデカン誘導体である. どちらの

末端から数え始めるかにより5位あるいは6位にメチル基が一つある. 同様に5位
あるいは6位のもう一方にs-ブチル基がある†. この置換基はs-ブチル基とよんで
もよいし, ブタ-2-イル基とよんでもよい. 後者は, ブチル基がその2位で結合し
ていることを明確にするため2-イルという命名をする.

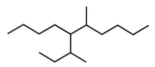

5-(s-ブチル)-6-メチルデカン
5-(ブタ-2-イル)-6-メチルデカン

ハロアルカン

ほとんどの場合, ハロゲンは単に置換基として考える. 上述したように置換基を
アルファベット順に並べる. 置換基が入る場所が一つしかないときは, 番号を付け
る必要はない.

3-クロロ-4-メチルヘプタン   4-クロロ-3-エチルヘプタン   ブロモエタン

† 訳注: 系統名は一般に母体化合物の
水素原子を置換した誘導体として命名す
る. これは置換命名法とよばれる. 一方,
官能基をもとに命名する方法を基官能命
名法という. ハロアルカン(haloalkane)
をハロゲンを基官能基として命名すると,
ハロゲン化アルキル(alkyl halide, アルキ
ルハライド)となる.

比較的単純な構造の場合は, ハロゲンを基官能名†とする命名も広く用いられて
いる. たとえば, ブロモエタンは臭化エチル（またはエチルブロミド）ともよばれ
る.

命名法で大事なことは, 化合物名を見た人が, ただ一つの意図した構造式だけを書ける
ことである. 置換基名をアルファベット順に並べなくてもたいした問題ではない. 確か
に厳密には正しくはないが, 意図した構造式をまちがいなく書くことはできる.

アルケンとアルキン

アルケンは -エン（-ene）を最後に付けて命名する. 二重結合は二つの隣り合っ
た炭素原子間にあるので, 位置番号の小さい方の炭素原子の位置だけ示せばよい.

オクタ-1-エン   (E)-オクタ-2-エン
（1-オクテン）   〔(E)-2-オクテン〕

オクタ-2-エンにはメチル基とペンチル基が二重結合の同じ側にあるか逆側にあ
るかで異性体が二つ存在する. これを示すのにEとZという表記を用いる†. 二重
結合に置換基が二つしかない場合は, EかZかは明らかである. 置換基が三つある
いは四つある場合はそれほど簡単ではない. この点については習慣6（p.143）で
述べる.

アルキンの命名法はアルケンと同様である．以下に例を示す．

オクタ-2-イン
（2-オクチン）

オクタ-1-イン
（1-オクチン）

基礎1（p.6）で述べたように，アルキンは多くの学生を混乱させる．これらの構造をよく見て原子の数を数えてみよう．この構造式がそれぞれ炭素数8であることをしっかりと確認しよう．

芳香族化合物

まずはじめに，もう一つ Ph という略号を知っておかなければならない．Ph はフェニル基 C_6H_5- をさす．フェニル基はベンゼン環から水素原子を一つ取除いて，別の置換基が結合できるようにしたものである．たとえば，以下の構造式 **1** と **2** は同じ構造を示したものである．

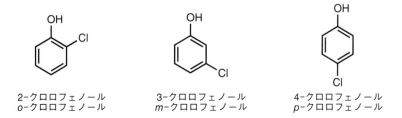

$Ph-NH_2$

1

2

次にベンゼン環上に置換基が二つ以上ある場合を考える．この場合，構造異性体（**基礎4**, p.18）が存在する．次に示す三つの化合物はフェノール誘導体の例である．

2-クロロフェノール
o-クロロフェノール

3-クロロフェノール
m-クロロフェノール

4-クロロフェノール
p-クロロフェノール

置換基の位置を示すのに二つの方法がある．一つは位置番号を付ける方法である．左側の化合物は 1 位の OH 基に対してクロロ基は 2 位に存在する．両方の番号を指定する必要はない．もう一つはオルト-（*ortho-*），メタ-（*meta-*），そしてパラ-（*para-*）という用語を用いて二つの置換基の位置関係を示す方法である．これらは化合物名ではふつう *o-*, *m-*, *p-* と略して書く．本書では芳香族化合物の反応は扱わないが，これらの命名法は知っておく必要がある．

アルコール

アルコールは接尾語 -オール（-ol）で示すか，接頭語として置換基名であるヒドロキシ-（hydroxy）を付けて命名する．より優先順位の高い置換基が別に存在する場合は接頭語を用いる．置換基の優先順位がすぐにわかるようになるには時間がかかるが，優先順位を覚えるよりは具体的な例で習うことで自然と身につくだろう．右の化合物は左の化合物に二重結合を一つ加えたものである[†]．

ヘプタン-1-オール
（1-ヘプタノール）

(*E*)-ヘプタ-4-エン-1-オール

†　訳注: 命名法では官能基に優先順位があり，優先順位が高い官能基名を主鎖名の後につけて命名する．この場合，アルケンとアルコールではアルコールの方が優先順位が高いので，アルコールとして命名し，これにヒドロキシ基の位置番号が小さくなるようにヒドロキシ基と二重結合に番号を付ける．

上記の右の化合物は，二重結合の位置を示すのに番号を一つ用いるだけでよい．二重結合が3位と4位の間にあるのであれば，ヘプタ-3-エンであり，ヘプタ-4-エンではない．

アルデヒドとケトン

　アルデヒドは接尾語 -アール (-al) を付けて命名する．ほとんどの場合，アルデヒドの位置番号を特定する必要はない．アルデヒドは末端にあるからである．アルデヒド炭素を1位として置換基の位置番号を付ける．

ヘプタナール　　　　　　　　　4-クロロヘキサナール

　ケトンは接尾語 -オン (-one) を付けて命名する．ケトンの場合は構造が対称でない限りその位置番号を特定する必要がある．対称であっても位置番号を特定した方がよく（下記のヘプタン-4-オンを参照），これにより位置番号を単に付け忘れたのではないことがはっきりする．

ヘプタン-2-オン　　　　　　　　ヘプタン-4-オン

ま と め

　本節はこれから本格的に有機化学を学ぶに際しての出発点である．実際にはもっとたくさんの官能基があるが，おおむね同様の規則に従って命名される．構造式の書き方と同様，基本を理解して地道に練習すれば，あまり苦労せずに妥当な化合物名を書けるようになる．大事なことは，一つの化合物名はただ一つの化合物のみを示すものでなければならない．曖昧な化合物名は誤りである．

　化合物を正しく命名したかどうか確認する簡単な方法がある．化合物名から構造式を書いてみよう（あるいは誰かに書いてもらおう）．一つの構造しか書けなければ，その化合物名は正しい．演習1（次節）でこの方法を用いる．

演習 1

化合物名から構造を書く

　実は本節の要点は，化合物名から正しい構造を書くことではない．それは本節の目的の一部でしかない．一番大切なことは有機化合物の骨格構造をうまく書く練習をすることである．

はじめは水素原子をすべて書く必要があるかもしれない．それでもかまわないが，その場合は骨格構造として書き直してみよう．省略した水素原子のことを考慮しながら結合角をできるだけ実際に近くなるように書いてみよう．

うまく書かれた構造式であれば，その化合物が何かはっきりとわかる．もし構造式を見てもその化合物が何かよくわからない場合は，より明確に構造を書く必要があるだろう．

💡 **問題1**　次の化合物の構造を書け．

(a) 5-エチル-6-メチルデカン　　　(b) 4-クロロヘキサナール

(c) 4-ブロモ-7-メチルノナン-2-オン　　　(d) 5-クロロ-2-プロピルフェノール

(e) 3-エチルヘキサン酸　　(f) 7-クロロヘプタ-3-イン-2-オール

(g) プロパン酸メチル　　(h) 安息香酸エチル

(i) 3-ヒドロキシアセトフェノン[†1]　　(j) 2-アミノヘプタン-4-オール

(k) 5-クロロ-2-メチルシクロヘキサン-1-オール

(l) *N*-エチル-*N*-プロピル-(2-ヒドロキシペンチルアミン)[†2]

もう一度繰返すが，大切なことはすっきりした明確な構造を書くこと，そしてより簡潔な骨格構造を書くことである．迅速に，かつ自信をもって書けるようになろう．

友人に構造を書いてもらい，自分が書いたものと比べてみよう．どちらがよいか，そしてなぜそう考えるか議論しよう．自分の書いた化合物を見て，官能基を明確にしよう．

構造式を見て，含まれる官能基について考える時間をとるとよい．

自分の書いた構造を友人に示して，その系統名を答えてもらおう．(i) は除いてよい．(l) も難しいかもしれない．答えが出たらその化合物名について友人と議論しよう．

💡 **問題2**　化合物名から構造を書くことができれば，構造から化合物名を書くことができるはずである．次に比較的単純な炭化水素の構造を示す．これらの化合物を命名せよ．

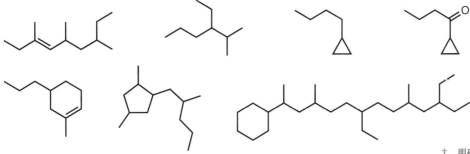

環状化合物はより難しい．環が基本骨格で他を置換基として考えるか，あるいは環自身を置換基として考える方がよいか．これには単純な答えはない[†]．

おそらくいくつか化合物名を調べるか，誰かと議論する必要があるだろう．それでかまわない．基礎3 (p.12) は化合物命名法のすべてを網羅しているわけではない．

†1　系統名ではない．主要な慣用名には慣れておこう．

†2　*N* の意味については説明していないのでわからなくて当然である．しかし化合物名の残りの部分を見て，推測することはできるはずである．また，いろいろな方法で調べることにも慣れてほしい．

†　明確な決まりがいくつかあるが，ある化合物に対して最も簡潔で明快な命名をするには命名法を詳しく学ばなければならない．そもそもなぜこれをいま練習しているのか忘れないでほしい．

演習 1

基礎 4

有機化合物の異性: 構造異性体

"異性"は化学のあらゆる分野において非常に重要な概念である．さまざまな種類の異性体があるので，まず異性体とは何かについて明確にしよう．

異性体とは分子式は同じだが同一ではない化合物のことである．この定義は非常に広範であり，異性体には多くの種類がある．ここではそのうちの一つである構造異性体について取上げる．3章でもう一つの異性体について扱う．

構造異性体とは，分子式が同じ，すなわち同じ種類と数の原子をもつが，原子の結びつき方が異なるものである．

まずはいくつかのアルカンの構造とその化合物名をみてみよう．

異性体 isomer

構造異性体 structural isomer

CH$_4$
メタン　　　エタン　　　プロパン

† 炭素数1のメタンは，点を書くわけにはいかないので，CH$_4$ と書かざるをえない．

それぞれ結合を線で示す最も簡潔な表し方をしていることに注意しよう．線の終点，あるいは二つの線がつながるところには炭素原子がある†．この三つの化合物については，分子式が与えられれば，ここに示した構造を必ず書くことになる．異性は存在しない．これらの場合は，分子式のみでその構造は一義的に定まる．

炭素数が4の場合には，可能な構造が二つある．一つ目は四つすべての炭素原子が一つの炭素鎖をなすものである．これは *n*-ブタン，あるいは単にブタンとよばれる．*n*- はノルマル（normal）を略したものであり，（分枝ではなく）直鎖状であることを意味する．二つ目は炭素鎖が短く，一つの炭素は置換基となる．最も長い炭素鎖が3炭素（プロパン）なので，これは2-メチルプロパンである．メチル基は中央の炭素，すなわち2位に付いている．メチル基は CH$_3$ である．水素原子が付いていることを忘れてはいけない．*n*-ブタンと2-メチルプロパンは構造異性体である．

n-ブタン　　　　　2-メチルプロパン

炭素原子が増えれば増えるほど，構造異性体の数は多くなる．たとえば炭素数が5のアルカンには三つの構造異性体が存在する．そのうちペンタンとよばれるのは一つだけで，この異性体を *n*-ペンタンとよぶ．

n-ペンタン　　　2-メチルブタン　　　2,2-ジメチルプロパン

シクロヘキサンとヘキサ-1-エンも構造異性体である．ここで大切なことは，一方は炭素-炭素二重結合をもつが，もう一方はもたないことである．分子式だけで

は官能基のことは何もわからない.

シクロヘキサン　　　　　　　　ヘキサ-1-エン

　次の例をみてみよう. 次の二つの化合物も構造異性体である. 分子式は同じだが, 異なる官能基をもっている.

ペンタン-2-オン　　　　ペンタ-3-エン-2-オール

　この話題は次の話題につながる. 分子式だけからでは, 化合物の構造全体を明らかにすることはできないが, いくつかの情報を得ることができる.

 演習 2

構造異性体と化合物名

　この演習の目的は実例を通してもっと慣れることである. ここでは, 分子式が与えられたからといって, 常に妥当な構造を書けるとは限らないことに注意しよう. 詳細は次節で説明するが, すでに自分で考えられるようになっているだろう.

💡 **問題 1**　次の分子式をもつ化合物のうち, 妥当な構造を書くことができるものをすべて選べ[†].
(a) $C_6H_{12}O$　　(b) $C_8H_{15}O$　　(c) $C_7H_{13}NO$
(d) C_4H_7Cl　　(e) $C_6H_7NO_2$　　(f) $C_4H_{12}O$

† 構造を書こうとしなくても "ありえない" 分子式のパターンを識別できるようになることが重要である. 与えられた分子式の構造を書こうとして, 結合数のまちがった原子を書いてはいけない.

💡 **問題 2**　問題 1 の分子式をもつ化合物をいくつか実際に書き, 系統名をつけよ. 友人にその系統名を見せて構造を書いてもらおう. 同じ構造を書いたとしても, 一見違った化合物のように見えることもあるかもしれない.

　一見異なって書かれた二つの構造が同一のものであると見てとれるようになることは, 強調してもしすぎることのない重要なスキルである. どのようにしてこのスキルを身につけるか誰も教えることはできない. 小さい構造から始めてより大きな構造へと広げていくしかない.

💡 **問題 3**　問題 2 で書いた構造に対し, 官能基をすべて明らかにせよ. 答えをすべて示すことはできない. またいくつかの官能基については調べる必要があるかもしれない.

演習 1 (p.17) で官能基を明らかにするよう勧めたが, もう一度解いてみよう. 簡単であればすぐにできるだろう. 逆にもし時間がかかるようであれば, もっと練習が必要である. 近道は存在しない.

20

分子式が妥当か明らかにする

わかりやすいところから始めよう．分子式 CH_6 の構造は書くことができない．水素原子の数が多すぎるのである．炭素は 4 本しか結合をつくることができない．あることを学ぶときは，単純でわかりやすい例から始め，さらにそれを徐々に発展させていくと理解しやすい．

炭素と水素のみからなる化合物では，水素原子の数は必ず偶数になる．その化合物が完全に飽和していて（水素原子の数は最大になる），かつ環構造をもたない場合，炭素数 n の化合物の分子式は C_nH_{2n+2} となる．

これ以上水素原子が多くなることはない．これに酸素原子が加わっても水素原子の最大数は変わらない．実際の構造を見るのが一番わかりやすいだろう．

ヘキサン C_6H_{14}　　　　ヘキサン-1-オール $C_6H_{14}O$

化合物が完全に飽和している限り，酸素原子が加わっても水素原子の数は変わらず，水素原子数が偶数であることに変わりはない．C−H 結合や C−C 結合に酸素原子を割り込ませても，残りの部分は変わらない．

一方，窒素原子を加えると話は変わってくる．窒素原子が奇数個あって，残りは炭素，水素，酸素のみの場合，水素原子の数は奇数となる．

次の構造を見てみよう．分子式は $C_6H_{15}N$ である．どこに水素原子が付いているか，すべて位置を確認しよう．ヘキサンから水素原子を一つ除いて NH_2 基におきかえただけである．結果として分子式に水素原子が一つ余分に加わったことになる．

不 飽 和 度

不飽和度 degree of unsaturation

化合物の構造を考えるとき，**不飽和度**の考え方は非常に有用である．必要なのは分子式だけである．次の構造を見てみよう．

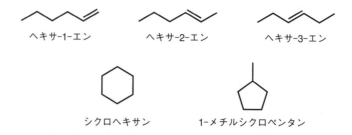

ヘキサ-1-エン　　　　ヘキサ-2-エン　　　　ヘキサ-3-エン

シクロヘキサン　　　1-メチルシクロペンタン

これらの化合物はすべて分子式は C_6H_{12} である．6 炭素の飽和化合物は C_6H_{14} である．二重結合は水素原子を二つ取除くことでできる．同様に環構造は水素原子を

二つ取除いて，その端を結合させることでできる．ある化合物が C_6H_{12} の分子式であるとわかっても，その化合物が二重結合をもつか環構造をもつかはわからない．わかるのはそのどちらか一方が存在することだけである．

分子式で水素原子が二つ少なくなるごとに不飽和度を 1 と数える．

炭素，水素，酸素，窒素原子の数から不飽和度を計算する式がある．しかしこの式を示すつもりはない．構造を理解することで，その式を導き出してほしい．結局のところその式は他の元素を含んでいないので，式にないものについては考えて答えを自分で導き出せるようになる必要がある†．

たとえば C_6H_5NO という分子式をみてみよう．最も簡単な質問は"不飽和度がゼロの場合，分子式はどうなるだろうか"である．言い換えると，"水素原子はいくつあるべきだろうか"である．

この問いに答える簡単な方法は，実際に構造を書いて，正しい数の水素原子を書き加えることである．この場合，次のようになる．

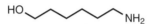

この化合物の分子式は $C_6H_{15}NO$ である．したがって C_6H_5NO は水素原子が10個不足している．不飽和度 1 は水素原子二つに対応する．したがってこの分子式の不飽和度は 5 である．この方法はどのような分子式にも適用することができる．二重結合あるいは環構造をもたない構造を書けば，その構造は可能な最大数の水素原子を含むことになる．どこに酸素や窒素があろうと，結果は変わらない．

ここで，重要なことが二つある．まず第一に，構造式が与えられて不飽和度がいくつか聞かれたら，分子式を決めてそこから導き出すようなことをして時間を無駄にしてはならない．

構造式を見て，二重結合と環構造を数えよう．こうすることで，不飽和度が実際どのようなものか理解できるだろう．

第二に，ある構造，あるいは分子式に対し不飽和度を求めて，その答えが整数でなかったならば，その答えは誤りである．あるいは与えられた分子式がありえないものかもしれない．

演習3

不 飽 和 度

有機化学者が自分の合成した化合物の分子式を決定できたとしても，その構造がわかるわけではない．二重結合や環がいくつ存在するか知ることは，反応の生成物を決定する際に有用な情報となる．さらに訓練を積んで，より複雑な分子に慣れる必要もある．ここでは新たに，構造に実線くさびと破線くさびが含まれている化合物を扱う．くさび表示については最も単純な例ですでに学んだ．詳しいことは3

† いまここでその式を書いてほしいといわれても，すぐ書ける自信はない．少し時間があれば，基本事項（それぞれの原子はいくつ結合をつくることができるか）に基づいて式を導き出すことができる．しかし実際にそのようなことをするよりは，式を使わずに基本事項を直接与えられた分子式にあてはめて考える方を選ぶだろう．

習慣 2　演習 3

章で述べるが，これに慣れておくことは大切である．

不飽和度の数がおかしい場合，その構造について何がいえるだろうか．そのような場合，意味のある構造を書くことができただろうか．

💡 **問題1**　次に示すのは**演習2**（p.19）で出題した分子式である．それぞれの分子式の不飽和度を決定せよ．**演習2**で書いた答えを見返してみよう．自分の書いた答えを一つか二つ見て，その構造に二重結合や環がどこにあるか確認しよう．

(a) $C_6H_{12}O$　　(b) $C_8H_{15}O$　　(c) $C_7H_{13}NO$

(d) C_4H_7Cl　　(e) $C_6H_7NO_2$　　(f) $C_4H_{12}O$

💡 **問題2**　少し難易度を上げよう．以下に天然物の構造を八つ示す．それぞれ不飽和度はいくつか．

　不飽和度を求める方法は三つある．

1. 化合物の分子式を求める．そして分子が二重結合と環構造がもたない場合，水素原子がいくつになるか導き出す．

2. 構造を書き，その構造式をよく見て二重結合と環構造がいくつあるか明らかにする．

3. 前節で述べた式を探し出して，不飽和度を計算する．

分子式はすべてあっていただろうか．分子式をまちがえてしまうと，計算式は何の役にも立たない．

　どの方法が最も簡単だろうか．おそらく分子式あるいは構造のどちらが与えられているかによって異なるだろう．それとも計算式を覚えようとするだろうか．それが正しい式と自信をもっていえるだろうか．

　この演習問題は簡単ではない．アルテミシニンの構造を見てみよう．七員環が酸

ストリキニーネ

ヘミブレベトキシンB

ディスコデルモリド

ペニシリンG

アルテミシニン

ビグラリオール

ドキソルビシン

プソイドモン酸C

素原子二つで渡環されている．ここにはいったいいくつ環があるだろうか．七員環に加えて，渡環した酸素原子二つを含む環が二つある．

これらの化合物はどんな役に立つのだろうか．有機化合物がなぜ重要なのか，理解しておく必要がある．これらの化合物やその他何千という化合物が，人々の命を救ったり生活を向上させることができる．そしてここに示した化合物はすべて，実験室で合成されている．だからわれわれは有機化学を学ぶのである．

いざというときの方法は，環を切断して水素原子を加えることである．そしていくつ環が残ったか数える．これを好きなだけ繰返すことができる．

よくあるまちがい 1
分子式，官能基，不飽和度

次に示すのはリゼルグ酸ジエチルアミド（LSD）の構造である．

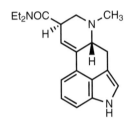

この化合物の分子式を示せ．

この問いは比較的簡単である．しかしいくつかまちがいやすい点がある．一番やっかいなのは Et_2NOC 基である．

炭素原子が環に結合していることを明確にするためこのように書いた．

この書き方だと窒素原子が酸素原子と結合していると考える人が多い．そうすると次のような部分構造が考えられる．

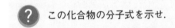

炭素原子に結合が4本ではなく2本しかないので，これはまちがいである．

このことは分子式とどのように関係してくるだろうか．

このまちがいをした場合，この問題を解決するために炭素原子に水素原子を二つ付け加えたかもしれない．

これはさらなるまちがいである．

ここでは分子の残りの部分に結合していることを示すため，結合に交差する形で波線を用いていることに注意してほしい．

分子のこの部位は骨格構造ではないので，水素原子を付け加えてはいけない．分子のこの部分に水素原子がいくつあるかは明確に示されている．したがって窒素原子は酸素原子と結合してはならず，炭素原子と結合しなければならない．他の可能性はない．酸素原子も炭素原子に結合していなければならず，したがって酸素に結

合2本，炭素に結合を4本もたせるためには二重結合が必要である．

　Et がエチル基 $-C_2H_5$（あるいは $-CH_2CH_3$，同じものである）の略号であることも知っておこう．学習するうちに自然と覚えていくものである．

略号は Bu（ブチル）までは知っておく必要がある．これ以上炭素数が多いアルキル鎖に対しては，二文字の略号はふつう用いない．

　上記のようなよくあるまちがいをすると，正しい分子式である $C_{20}H_{25}N_3O$ とは異なる分子式を答えてしまう可能性がある．

　まちがいは誰でもする．三つの窒素原子をすべて見つけてほしい．奇数個の窒素原子が存在するので，水素原子も奇数個になるはずである．これに注意するだけでまちがえにくくなる．

> **?** この構造にはどのような官能基があるか．

　Et_2NOC をまちがって認識した場合には，これがアミドであるとわからないであろう．アミンも存在するが，ここでは構造式の一番下の部分にあるヘテロ環（炭素でない原子を含む環）については気にしなくてよい．

> **?** 不飽和度はいくつか．

分子式をまちがって決定してしまった場合には，その式を使ってもまちがった答えしか出てこない．計算式をまちがって覚えてしまった場合にも，答えは誤りとなる．

まちがえなくなるまで十分に練習しよう．この種の問題の落とし穴を知り，より確かな解法を身につけるのがベストである．

　炭素，水素，そして窒素原子の数に基づいて，これを計算できる式があることについてはすでに述べた．そしてこの式を正しく覚えてもあまり有益ではないことも述べた．

　この構造式には上述したアミドのカルボニル基を含めて二重結合が六つある．環は四つである．それぞれの環が不飽和度1なので，$6+4=10$ である．このように考える方が，式を使うよりもずっと簡単である．

習慣3
変化しないものを無視する

　有機反応では，官能基の一つ（ときには二つ以上）が変化する一方で，分子の残りの部分は変化しない．重要なのは，変化した部分としていない部分を識別できるようになることである．構造中の反応に関わる部分に注目するスキルを身につけよう．

　例をみてみよう．次の反応式は1978年に報告された抗生物質であるエリスロノ

リドBの合成の1段階である．出発物はかなり複雑で，炭素が35個ありステレオ
ジェン中心が9個ある．ステレオジェン中心については3章で述べる．

ここで用いられている反応そのものについては，本書では取扱わない．これについ
ては心配する必要はない．二つの安息香酸エステル（Bzはベンゾイル基，PhCO−
の略号である）が加水分解されているだけである．反応に関わる官能基を青で示し
た．

より複雑な反応の場合には，分子のどの部分に注目し，どの部分は注目しなくて
よいかみてとれるようになる必要がある．たとえばこの反応を次のように書くこと
も可能である．

このように書く利点として，まず第一に書くのが簡単である．もちろん欠点もあ
る．後に行う別の反応でR基の中に含まれる官能基がいつ反応に関わるか知るこ
とができない．合成法を考える場合，目指す反応が実際に目的の部分でのみ選択的
に起こるかどうかわからないことがある．官能基選択性については後で学ぶ．

単純な反応例ばかりを学ぶのではなく，複雑な分子の反応をあらゆる機会をとら
えて積極的に学ぶべきである．

そうすることで徐々に反応に関わる官能基がすぐにわかるようになる．時間をかけて経
験を積むことが必要である．

基礎 5

電気陰性度，結合の分極，誘起効果

分子の構造を見る際，電子がどのように分布しているかを考えよう．そうするこ
とで，その分子がさまざまな反応条件で反応剤とどのように反応するか予想できる
ようになる．

電子の分布に直接影響を与える要因は，電気陰性度である．

電 気 陰 性 度

電気陰性度 electronegativity

　電気陰性度は化学の基本的な概念であり，さまざまな現象と関連している．簡単にいうと，電気陰性度とはある原子がそれ自身に対しどれだけ強く電子を引きつける力があるかの尺度である．反応性のない貴ガスを除くと，最も電気陰性度の大きい（最も電気的に陰性な）元素は周期表の右上に，最も小さい（最も電気的に陽性な）元素は周期表の左下方に位置する．いくつか具体的な数値を見て，それらの意味することを考えてみよう．

元　素	電気陰性度
C	2.55
H	2.20
N	3.04
O	3.44
Cl	3.16
F	3.98
Li	0.98
Mg	1.31

結 合 の 分 極

　まずはじめに，炭素と水素の電気陰性度はほぼ同じ値である．したがって，炭化

分極 polarization

水素は結合の**分極**が非常に小さい．

　O, N, あるいは Cl などの元素について考えると，よりおもしろくなる．クロロメタン CH_3-Cl について考えてみよう．Cl は C よりも電気陰性度がかなり大きい．すなわち Cl は電子を自分自身の方に引きつけ，その結果，結合に分極が生じる．これを次のように示すことができる．

$$H_3\overset{\delta+}{C}-\overset{\delta-}{Cl}$$

求核剤という用語と，それと対をなす求電子剤という用語については，基礎9(p.51)できちんと定義する．

　ギリシャ文字のデルタ δ は原子の部分電荷を示すのに用いられる．炭素原子は部分的な正電荷をもち，求核剤，すなわち電子を過剰にもつものの攻撃を受けやすくなる．

　次にこれまでおそらく目にしたことがないであろう化合物，メチルリチウム CH_3-Li について考えてみよう．元素の電気陰性度の相対的な大きさから，結合の分極は次のようになる．この場合，炭素は部分的な負電荷をもち，電子不足なものと反応しやすい．

$$H_3\overset{\delta-}{C}-\overset{\delta+}{Li}$$

　電気陰性度のだいたいの傾向を覚えて，これが有機化合物の電子の分布に与える影響を考えられるようにしよう．

誘 起 効 果

誘起効果 inductive effect

　上記のような結合の分極は**誘起効果**とよばれる．これは分子の σ 結合からなる

骨格の基底状態での分極である．比較的短い範囲での効果で，2～3結合離れると
その効果は急激に弱くなる．これとは異なる電子的な効果である共鳴効果について
は**基礎10**（p.59）で述べる．

誘起効果と共鳴効果を理解し区別
できるようになること，そしてそ
れらをどのように表すかを身につ
けることは重要である．

演習 4

結合の分極と電気陰性度

　有機分子中の電荷の分布について考える必要がある．構造がどれほど複雑でもこ
れができるようにならなければならない．そのためには，鍵となる官能基を見つけ
る必要がある．これについても結局は練習して慣れるしかない．

💡 **問　題**　**演習3**（p.22）で示した天然物の鍵となる原子上に δ＋あるいは δ－ の部
分電荷を示せ．

部分電荷の釣合をとることに悩む必要はない．必要であれば，一つの δ－ に対して δ＋
が三つあってもかまわない．

　"鍵となる"原子の意味について考えてほしい．すべての原子に δ をつける必要は
あるだろうか．すべての原子が重要だろうか．これについては**演習6**（p.45）で再
び述べる．

基礎 6

有 機 化 合 物 の 結 合

　ここでは結合と分子軌道の基本について学び，結合とその反応性について考える
際に必要な手法を身につける．
　これから σ 結合および π 結合を形成する際の軌道の重なりについて説明してい
くが，その前に，結合解離エネルギーの傾向についてみてみよう．**結合解離エネル
ギー**とは，結合を切断するのに必要なエネルギーのことである．実際これはやや単
純化しているが，当面大きな問題はない．詳しくは，**基礎12**（p.63）で述べる．

結合解離エネルギー bond dissociation
energy

結合の強さ，結合距離，結合角

　エタン**1**，エチレン**2**，アセチレン**3**の構造とその結合解離エネルギー（kJ mol^{-1}）
および結合距離（nm）を次ページに示す．化学結合の距離はほとんど 0.1～0.2 nm
の間の値をとる．有機化合物の単結合の結合解離エネルギーはおよそ 400 kJ mol^{-1}
である．この値にはなじんでおいた方がよい．まちがえて10倍，100倍にしてし
まうことはよくあるが，そうすると計算すべてがくるってしまう．

先に進む前に，これらは均等な結合解離エネルギーであることを述べておく．これについて，ここではあまり気にしなくてよいが，**基礎12**でもう一度詳しく述べる．さらに "平均的な" 結合解離エネルギーというものが**基礎13**（p.64）で出てくるが，この値は上記の値とやや異なっている．その理由については**発展1**（p.65）で考察する．

ここにはたくさんの重要な点がある．それらをまとめる努力をすると同時に，より深く考察してみよう．ただ覚えるのではなく，なぜそうなるのか理解するよう努めよう．

C＝C 二重結合は C−C 単結合より強く短い．C≡C 三重結合はさらに強く短い．

C＝C 二重結合は C−C 単結合よりおよそ 1.9 倍，C≡C 三重結合は C−C 単結合よりおよそ 2.6 倍強い．一見すると，単結合から二重結合，三重結合となるにつれ，結合の強さへの寄与は小さくなっている．これは事実だが，これらの数字ですべてがわかるわけではない．

アルケンの C−H 結合はアルカンの C−H 結合よりも強い．アルキンの C−H 結合はさらに強い．これは少し驚きである．ただし，ここで述べているのはアルケン，アルキンの炭素に直接結合した水素との結合についてであることに注意しよう．

次に**習慣1**（p.7）で述べたように結合角を示す．エタンではすべての結合角はほぼ正四面体であり，およそ 109.5° である．一方エチレンでは，原子はすべて同一平面上にありその角度はおよそ 120° である．アセチレンは直線構造（180°）である．

結合の種類

結合理論について詳しく述べる前に，有機化合物にみられる結合の種類について知っていることを確認しよう．C−H 結合は σ 結合である．アルケンの C−H 結合はアルカンの C−H 結合よりも強く，アルキンの C−H 結合はさらに強い．この結果を無理なく説明することのできる結合の考え方が必要である．

もう一度エタン，エチレン，アセチレンの構造を見て，まず結合の書き方の決ま

りを確認しよう．まず，二つの炭素原子の間に線が1本あったら，それはσ結合である．同じく線が2本あったら，それはσ結合とπ結合である．さらに3本線があったらσ結合一つとπ結合二つを表している．

他はどうであれ，σ結合が必ず一つ存在する．

水素は結合を一つしかつくらないので，それはσ結合である．

原 子 軌 道

有機化合物に含まれる結合はみな電子を共有することで生成する**共有結合**である．原子や分子中の電子は**軌道**に存在する．軌道というものは非常に複雑であるが，種類の異なる軌道を形で表すことができる．その形はある瞬間に電子を見いだす確率が高い場所を示している．

軌道に存在する電子は，量子力学の法則によって支配されるので，ある瞬間に電子がどこに存在するかを正確に表すことはできない．どこに存在する確率が高いかということしか述べることができない．

有機化学者はほとんどの場合 **s 軌道**と **p 軌道**を考えるだけでよい．

s 軌道は球対称である．電子を見いだす確率は核から見てどの方向でも同じである．これを次の図のように示すことができる．原子核（示していない）は球の中心に存在する．p 軌道はダンベルのような形をしている．原子核は二つの色付けした**ローブ**の間に位置している．p 軌道は**節**をもつ．

節とは電子を見いだす確率がゼロとなる面（この場合は平面だが，そうでないこともある）のことである．

節では**対称性**が変化する．このことを異なる色で色付けした二つのローブで表す．

共有結合　covalent bond
軌道　orbital

s 軌道　s orbital
p 軌道　p orbital

ローブ　lobe

節　node

対称性　symmetry

s 軌道　　　　p 軌道

対称性というのは抽象的な概念であるが，慣れておく必要がある．実際，軌道の対称性により結果がさまざまに変わる反応がある．ここでは p 軌道を書く際に，軌道の一方のローブを青で，他方を灰色で色付けした．それぞれのローブに＋と－を書いて区別することもある．

軌道の対称性を示すのに＋と－を使う場合は注意が必要である．軌道には電子が存在し，電子は常に負電荷をもつ．対称性の変化について述べている場合，電荷の変化について述べているのではない．

炭素原子には p 軌道が三つあり，次ページに示すようにそれぞれ直交座標軸に沿って異なる方向に広がっている．節平面は他の二つの軸によって定義される面である．

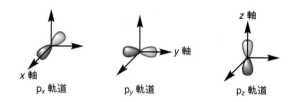

p_x 軌道　　　　p_y 軌道　　　　p_z 軌道

π 結 合

　π 結合の説明から始めよう．π 結合を理解することで，いろいろな化合物中の σ 結合の違いに焦点を当てることができるようになる．π 結合は隣り合った原子上の p 軌道の重なりにより生成する．ここではそれぞれの原子を炭素であるとしよう．p 軌道の重なりは以下の二つの表し方がある．

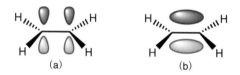

(a)　　　　　　　(b)

　(a) では，π 結合が炭素の p 軌道由来のものであることが明確である．(b) では，軌道の重なりが生じていることが明確である．有機化学者の多くは，この二つの表し方を同じように用いている．π 結合については後でさらに詳しく述べる（**基礎 10**, p.56）．π 結合は原子がなす平面に節がある．そしてそのもととなる p 軌道の対称性が節面で変化するのと同様に，π 結合の対称性もその面で変化する．

　ここで，明らかであるが深い意味のあることを述べる．隣り合った炭素の p 軌道の重なりによって生じる π 結合が存在する場合，それぞれの炭素原子には σ 結合に関与しない p 軌道が存在する．

　これによりどのような違いを生じるか考えてみよう．

σ 結 合

　σ 結合は結合軸に対して軸対称である．次に示す表し方は実際には不完全だが，ここではこれで問題ない．

混 成

　化学結合を記述するのに用いられる理論にはさまざまなレベルのものがある．究極的には，すべては量子力学の方程式に基づくが，実際の分子に対しこの方程式を完全に解くことはできないので，モデルあるいは近似で表すことになる．

　多くの問題は，われわれが見ているのは "巨視的な世界" であるのに対し，分子や原子は "微視的な世界" のものであることに由来する．われわれが日常的に用い

るものの見方や表し方は，微視的な世界にうまく適用できない．ある瞬間に電子が
どこに存在するか正確に知ることができないというのは，非常になじみにくい考え
方である．しかしこれは量子力学の基本である．電子の分布と存在確率という考え
方を受け入れなければならない．

　化学結合のイメージをもっとわかりやすくなる．有機化学者は結合を表すのに**混成**とよばれる考え方を用いる．これは単なるモデルであり（そのため限界もあり，必要な場合には他の結合モデルを用いることもあるが），非常に有用である．

混成　hybridization

　メタンのC−H結合はすべて同じ結合距離であり，H−C−Hの結合角は同一（109.5°）である．しかし炭素には球対称のs軌道一つと，互いに90°の角をなすp軌道三つの計四つの原子軌道が存在する[†]．これらの軌道をどのように用いれば互いに109.5°をなす軌道をつくることができるだろうか．

† ここでは1s軌道の電子は無視しており，結合をつくるのに用いる第二の殻（L殻）に焦点を絞っている．

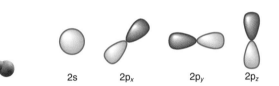

2s　　2p$_x$　　2p$_y$　　2p$_z$

　この問題を解決するために，混成とよばれるモデルを用いる．もとの四つの原子軌道から新しい四つの軌道をつくるという考え方に基づく．

　混成については具体例を用いて説明する方が簡単である．より複雑な分子を扱う前に，最も単純な炭化水素であるメタンの混成についてより詳しくみていこう．

この方法は一見乱暴に思えるかもしれないが，混成軌道ともとの原子軌道はどちらも量子力学方程式の正しい解となることがわかっている．したがって，これを用いない理由はない．これはあくまでも結合のモデルでしかない．

アルカンの混成: sp^3 混成　炭素は周期表で第2周期の14族元素である．したがって炭素は1s^{2}2s^{2}2p^{2}の電子配置をとる．1s軌道の電子は（少なくとも心配する必要があるほど）結合に関わることはないので無視する．最外殻には4個の電子が存在する．2p軌道を三つもち，それぞれ電子を2個ずつ受け入れることができるので，第二の殻（L殻）がオクテット（8電子）を満たすためには，さらに電子が4個必要である．炭素原子は四つの水素原子それぞれ（あるいは他の原子でもかまわない）から電子を1個ずつ受取ることでこれを満たすことができる．そのため炭素原子は結合を4本つくることができる．

　ここで2s軌道の電子を1個2p軌道に昇位することを考えてみよう．これにより2s軌道に1個，2p軌道に3個電子が存在することになる．ここではp$_x$, p$_y$, p$_z$軌道それぞれに1個ずつ電子が存在する．したがって炭素の電子配置は1s^{2}2s^{1}2p$_x$^{1}2p$_y$^{1}2p$_z$^{1}と表せる．

　次が少し変わったところである．軌道を"混成させる"のである．考え方としては，2s軌道と三つの2p軌道を混ぜ合わせ，それを四つに分割し新しく四つの軌道をつくる．これら四つの軌道はいずれもs軌道一つとp軌道三つから成り立っているので，これを**sp^3 混成軌道**とよぶ．炭素原子の場合には，これらの軌道は25%のs軌道と75%のp軌道とみなすこともできる（水素原子の場合には1s軌道しかない）．その結果，1s^{2}2(sp^3)^{4}の電子配置をとると考えることができる．

sp^3 混成軌道　sp^3 hybrid orbital

　次ページにメタンの炭素のsp^{3}混成軌道の一つを図示した．一見，p軌道と同じように見えるが，CとHの間の電子密度がより高くなっている[†]．p軌道が対称な

† 訳注：水素の1s軌道と炭素のsp^{3}軌道を使ってC−Hσ結合をつくる．

形であるのに対し，sp³軌道のローブはひずんでおり，炭素の後ろ側には小さな
ローブしかない．

もとのp軌道は互いに90°の角度をなし，s軌道は球対称であったが，混成の結果，
四面体形に配置された四つの新しい結合性軌道が生成する．

　この点は少し気に入らないところである．互いに90°の角度をなす三つの軌道がどのよ
うにして互いに109.5°をなす四つの軌道になるのだろうか．

　混成分子軌道はメタンの量子力学方程式の有効な解であることを思い出そう．他
のどのような軌道にも劣らないよい解である．しかしもしこの考え方が気に入らな
いのであれば，**発展3**（p.120）で述べる別のモデルがある．そのモデルでは四面
体形の構造が原子軌道からより自然に導き出される．

　発展3を読むときには，混成と結びつけて考えてほしい．それにより，混成の考え方に
よりなじむことができるだろう．

アルケンの混成：sp² 混成　アルケンの混成はどう考えればよいだろうか．アルケ
ンの二重結合はσ結合とπ結合から成り立っている．π結合は二つの炭素のp軌道
の重なりによって生成する．この軌道がどのような形をしているかについてはすで
に述べた．

　ここでσ結合の骨格を考えなければならない．電子を昇位した後の電子配置を
もう一度みてみよう．$1s^2 2s^1 2p_x^1 2p_y^1 2p_z^1$ となる．

　π結合をつくるため，$2p_z$ は使わないでおく．残った $2s, 2p_x, 2p_y$ 軌道を混ぜ合わ
せ三つに分割すると，**sp² 混成軌道**とよばれる三つの新しい軌道ができる．この混
成軌道は33%のs軌道と67%のp軌道からなる．電子配置は $1s^2 2(sp^2)^3 2p_z^1$ である．

　メタンと同様に，水素の1s軌道と炭素の sp² 軌道を使ってC–H σ結合をつく
る．それぞれの炭素の sp² 軌道を一つずつ使ってC–C σ結合をつくる必要もある．
sp³ 混成軌道を書いたのとほとんど同じように sp² 混成軌道を書くことができる．

sp² 混成軌道 sp² hybrid orbital

25%のs軌道と33%のs軌道の差を
表すのは容易ではない．

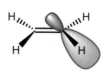

　カルボニル基C＝Oの二重結合も同様に扱うことができる．これについては後で
また説明する．

アルキンの混成：sp 混成　アルキンの三重結合はσ結合一つとπ結合二つから
なっている．π結合はアルケンの場合と同じように扱うが，ここでは炭素のp軌道

を二つずつ用いるので, 残るのは s 軌道と p 軌道のうちの一つである. アルキンの π 結合は模式的に次のように示すことができる.

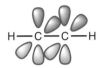

　　sp 混成軌道は s 軌道と残りの一つの p 軌道を混成してつくる. 二つの sp 混成軌道 (50%の s 軌道と 50%の p 軌道からなる) が得られ, 互いに 180°の角度をなす. すなわちアルキンは直線形の構造をとる.

sp 混成軌道 sp hybrid orbital

混成の利点

　　混成を考えることにより有機分子中の"結合"を理解することができる. ある結合に関わり, 他とは関わらない二つの電子について考えることができる. また, 結合性軌道 (そして後で述べる反結合性軌道) の形について考えることができる.

　　後に述べるように, 有機化合物の結合を表現する別の方法として分子軌道法がある. ここでは混成という現象を事実として受け入れよう.

　　ある結合性, および反結合性軌道について説明したい場合, それが sp, sp², sp³ 混成のどれであるかはあまり重要でないことが多い. 一般にその形と対称性 (これが一番重要である) は同じである.

混成が σ 結合の強さに与える影響

　　ここで本節の最初で述べた結合距離と結合の強さの話に戻ろう. アセチレンの C–H 結合はメタンの C–H 結合よりもかなり強い. メタンの炭素は sp³ 混成であり 25%が s, 75%が p である. アセチレンの炭素は sp 混成であり 50%が s, 残りの 50%が p である. s 軌道の方がエネルギーが低く, 核により強く引きつけられている. したがって s 性が大きいほど結合が強くなる. これに基づいて結合の強さを説明することができる. アルキンの C–H 結合はアルカンのそれより強い (p.28 参照).

　　このことからさらに次のような結論が導き出せる. エタンの C–C 結合の結合解離エネルギーは 377 kJ mol⁻¹ である. エチレンの C=C 結合は 728 kJ mol⁻¹ である. しかしこれは π 結合の強さが 351 kJ mol⁻¹ (両者の差) であることを示しているわけではない. エチレンの二重結合の σ 結合がエタンの C–C σ 結合よりも強いのである. はじめのうちは, 結合を二つの別々の要素に分けて考えることが奇妙に感じられるかもしれない. しかしすぐに慣れるだろう. エチレンの π 結合の強さは 351 kJ mol⁻¹ よりかなり小さい.

窒素と酸素の混成

　　混成は炭素に限られたものではない. アミン, たとえばトリメチルアミンについ

て考えてみよう. 窒素は $1s^2 2s^2 2p^3$ の電子配置をとる.

H_3C—N:
　　CH_3
　　CH_3

　ここでも 1s 軌道は無視して最外殻電子に焦点を絞ることができる. この場合, 2s 軌道から 1 電子が 2p 軌道に昇位すると考えるのは炭素のときほど容易ではない. 三つの異なる 2p 軌道 (x, y, z) のそれぞれにはすでに 1 電子ずつ入っている. とりあえず sp^3 混成軌道をつくっていくつの電子が軌道に入るかみてみよう. すなわち $1s^2 2(sp^3)^2 (sp^3)^1 (sp^3)^1 (sp^3)^1$ となる. sp^3 混成軌道の一つにはすでに電子が 2 個入っている. この軌道は結合の形成には関与できない. これが非共有電子対である. 残りの三つの sp^3 混成軌道は別の元素と結合をつくることができる. この例では炭素と結合をつくっている. このことはトリメチルアミンの形, すなわち四面体構造と密接な関係がある[†].

† 訳注: 非共有電子対を含めると四面体構造である. しかし, 非共有電子対を除けば, 三角錐構造とみなせる.

水やジメチルエーテル中の酸素についても同じことができ, 同様の結果となる.

 酸素の sp^3 混成軌道の電子配置を書いて, 非共有電子対と結合の数について考えてみよう.

　カルボニル基のような二重結合の酸素はどのようになっているだろうか. 酸素は $1s^2 2s^2 2p^4$ の電子配置をとる. これは $1s^2 2s^2 2p_x^2 2p_y^1 2p_z^1$ と書くこともできる.

　π 結合をつくるためには電子を 1 個もった p 軌道が必要である. ここでは $2p_z^1$ を π 結合に用いることにする. $2s^2 2p_x^2 2p_y^1$ を混成し三つの新しい軌道をつくると, 新しい電子配置は $1s^2 2(sp^2)^2 2(sp^2)^2 (sp^2)^1 2p_z^1$ のようになる.

　sp^2 混成軌道のもとになった軌道には電子が 5 個存在したので, sp^2 混成軌道に 5 個電子を収容しなければならない. したがって三つの sp^2 混成軌道のうち二つには電子を 2 個収容することになるので, 結合を一つしかつくることができない. カルボニル基の酸素は sp^2 混成で平面三角形である. 混成軌道の非共有電子対は, メチル基と同一平面上に存在する.

O
H_3C   CH_3

　ここで重要なのは, 炭素の混成と他の元素の混成とで違いはないことである.

　結合について考えるもう一つの方法がある. 分子軌道法である. この方法でもおおむね同じ結論に到達するが, 細かいところで違いがある. これについては発展 3 で述べる.

　好き嫌いはあれど, 混成は有機化学の考え方として必須のものである. 分子軌道

法による説明は，混成のようにいきあたりばったりな考えに基づいてはいないが，その重要な利点のいくつかを失っている．

混成の考え方の利点とは何か，思い出せるだろうか．もしわからなければ本節をもう一度読むとよい．

基礎 7

演習 5

混　成

演習 5

　有機化学者が有機化合物中の炭素（あるいは窒素や酸素）原子の混成について述べるときはおおむね，その原子に結合している原子の数と幾何配置について論じている．混成そのものについて深く考えなくとも，sp^3, sp^2, sp 混成のどれであるか判断できるようになる必要がある．

　すでに化合物の骨格構造をすばやく正確に書けるようになっていてほしいが，混成の考え方を習得すれば，まちがいを減らす助けとなるだろう．

💡 **問題 1**　次に示すのは**演習 1**（p.17）に出てきた化合物の名称である．いくつかについては化合物を変えている．前に出ていた化合物名をみて，以下の問いに答えてみれば，なぜそうしたかわかるだろう．

(a) 4-クロロヘキサナール　　(b) 4-ブロモ-7-メチルノナン-2-オン

(c) 5-クロロ-2-プロピルフェノール　　(d) 4-アミノベンゾニトリル

(e) プロパン酸メチル　　(f) 安息香酸エチル

(g) ヘプタ-5-イン-2-オール　　(h) 2-アミノヘプタン-4-オール

(i) 4-クロロ-1-メチルシクロヘキサン-2-オール

(j) N-エチル-N-プロピル-(2-ヒドロキシペンチルアミン)

次の問いに答えよ．

❓ 1. sp^3 混成の炭素原子しか含まないものはどれか．
2. 二つ以上の sp^2 混成の炭素原子を含むものはどれか．
3. 一つ以上の sp 混成の炭素原子を含むものはどれか．

💡 **問題 2**　演習 3（p.22）に出てきた天然物それぞれについて，sp^2 および sp 混成の炭素，窒素そして酸素原子の数はいくつか．さらに，sp^2 および sp 混成の原子の数と環の数を使って，不飽和度を求めよ．

これはまったく不自然な問題である．二重結合がいくつあるかを知るのに混成を考える必要はまったくない．実際の目的は，複雑な構造を見て，それについて考えてもらうことである．

基礎 7

結合性軌道と反結合性軌道

　安定な分子では，電子が存在するのは**結合性軌道**であり，結合を形成する二つの原子核の間に電子を見いだす確率（電子密度）が高い．

結合性軌道 bonding orbital

二つの原子の電子の重なりにより結合性軌道をつくるときには必ず，対応する反結合性軌道も生成する.

巻矢印を用いた反応機構（**基礎8**, p.37）と分子軌道（**基礎9**, p.50）とを関連づけようとするとき，この**反結合性軌道**が非常に重要となる.

反結合性軌道 antibonding orbital

分子軌道法 molecular orbital theory

単純な**分子軌道法**について，要点を説明しよう. 水素ガスは二原子の水素からなる H_2 分子だが，ヘリウムは一原子分子であることは知っているだろう. 次に示すのは，それぞれ1電子をもつ水素原子二つから H_2 が生成する分子軌道図である.

†　訳注: ラジカルとは不対電子をもつ原子や分子のことである. ここでは水素ラジカルとは水素原子のことをさす.

二つの1s原子軌道（二つの水素ラジカル†）の組合わせにより，結合性の σ 軌道と反結合性の σ* 軌道ができる. σ 軌道にのみ電子が入り，水素ラジカル（水素原子）が二つ別々に存在するよりも水素分子となった方がエネルギー的に有利になる. 結合解離エネルギーについて説明する際（**基礎12**, p.63），水素ラジカルとの関係がわかるだろう.

H_2 の結合性軌道および反結合性軌道は次のように表すことができる.

反結合性軌道は，結合性軌道と比べ二つの原子間に常に節を一つ多くもつ.

これを二原子のヘリウムからなる仮想的な He_2 分子と比べてみよう.

He ✶✶✶✶ σ* / σ ✶✶✶✶ He

それぞれのヘリウム原子は電子を二つずつもつので，結合性軌道と反結合性軌道の両方を電子で満たさなければならない. 電子を結合性軌道に入れて得られるエネルギーは，反結合性軌道にも電子を入れることで相殺されてしまう.

したがって二つのヘリウム原子の間に結合は生じない.

有機化合物の結合性軌道および反結合性軌道

メタン　メタンの炭素の sp^3 混成軌道については**基礎6**（p.31）で学んだ. しかし，炭素の sp^3 混成軌道と水素の1s軌道から生成する結合性軌道および反結合性軌道については説明しなかった.

軌道の重なりを考えるときには，対称性と関連して次に示すような二つの重なり方が可能である.

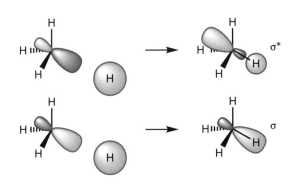

反結合性軌道 σ* は，原子の後ろ側にローブが広がっている. すなわち軌道の係数が大きい. また，炭素原子と水素原子の間に節がある.

後ほど，このことが S_N2 反応の鍵となる現象とどのように関わるのかを学ぶ.

エチレン　**基礎6**（p.32）でエチレンの π 結合性分子軌道について学んだ. π 結合は次に示すように隣接する炭素原子の p 軌道の重なりにより生成することを思い出そう. π 結合をつくるため二つの p 軌道の重なりを考える際，対称性の異なる二つの可能性がある.

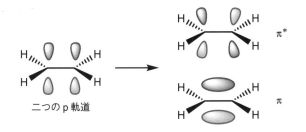

二つの p 軌道

一方は結合性軌道（π）で二つの炭素原子の p 軌道が重なり合う. もう一方は反結合性軌道（π*）で，二重結合平面の節に加えて二つの原子間にも節がある. ふつう結合性軌道のみに電子が入る.

この後いろいろなところで，反結合性軌道が反応機構とどう関わるかを学ぶ. 反結合性軌道は重要である.

　基礎 8

巻矢印の書き方

有機化学において巻矢印よりも重要な概念はほとんどない. 巻矢印は有機反応で

電子の流れを表すのに用いる.

有機化学者はその意味をちゃんと理解したうえで,習慣のように慣れ親しんだものとして巻矢印を用いて反応機構を書く.

基本から始めよう.σ結合,π結合はともに電子を2個もつ.二つの化合物間で結合をつくる際,原則として電子は一方の化合物から2個供与されるか,それぞれから1個ずつ供与される.大多数の反応が前者である.電子2個の動きを両羽の巻矢印を用いて表し,結合がどこに生じるかを示す.

このことをしっかりと明確にしよう.有機化学で失敗する原因のほとんどは,巻矢印をまちがって書いてしまうことである.巻矢印の方向をまちがえたり,ありえない構造(たとえば結合が5本ある炭素)を生じさせてしまったりする.ある段階の反応機構をまちがえると,その誤りから抜け出すために次の段階の反応機構もまちがって書くことになる.習慣になるまで正しく巻矢印を書けるようになることが絶対に必要である.

本節では,反応の種類は少数に絞り,基本的な決まりに焦点を当てる.本書では基本的な反応は二つしか扱わないので,巻矢印を書く練習をする機会はあまり多くない.巻矢印を単に覚えるのではなく,それが何を意味するかについて考え続けることが大切である.

水のプロトン化

簡単な例から始めよう.これは有機反応とはいいがたいが,同様の反応が有機化学のいたるところで出てくる.水にH^+(酸)を加えると,水がプロトン化されることは知っているだろう.反応式は次のとおりである.

$$H-\overset{\cdot\cdot}{\underset{\cdot\cdot}{O}}-H \quad \xrightarrow{H^+} \quad H-\overset{\overset{H}{|}}{\underset{+}{O}}-H$$

OとHの間に新しい結合が生成する.この結合には酸素原子に由来する2電子が共有されなければならない.なぜならH^+には電子が存在しないからである.そして二つのO–H結合はそのまま存在するので,その2電子は酸素原子の非共有電子対に由来するものでなければならない.生成物にはまだもう一つ非共有電子対が存在することに注意してほしい.

電子がどこからくるかはっきりさせることができたので,巻矢印を書き加えることができる.

$$H-\overset{\cdot\cdot}{\underset{\cdot\cdot}{O}}-H \overset{\curvearrowright H^+}{} \quad \longrightarrow \quad H-\overset{\overset{H}{|}}{\underset{+}{O}}-H$$

巻矢印は電子が存在するところから始まり,電子の落ち着く先で終わる.これについてはこれ以上,特に述べることはない.

巻矢印は非結合性の電子対から始めることができる.

ヒドロニウムイオンの脱プロトン

次に逆の反応をみてみよう.

ヒドロニウムイオン[†]の脱プロトンでは，O−H 結合を切断して，この結合の 2 電子を酸素原子に戻す必要がある．したがって，どこから巻矢印を始める必要があるか（結合），そしてどこで終わる必要があるのか（酸素原子）は明らかである.

†　訳注：H_3O^+ はヒドロニウムイオンとよばれる．三つの結合をもつ酸素のカチオン種を総称してオキソニウムイオンといい，ヒドロニウムイオンはオキソニウムイオンの一種である.

巻矢印は結合から始めることができる.

プロトンが塩基により取除かれる可能性を含めると，もう少し掘り下げて考えることができる．ここでは水酸化物イオンを塩基として用いる．これにより水 2 分子が生成する.

ここでは水酸化物イオンとこれにより取去られるプロトンの間に新しい結合が生成する．OH 結合を切断する巻矢印は前のもの（青）と同じである．ここでは新しい結合をつくるためもう一つ巻矢印（灰色）を加える必要がある.

巻矢印は負電荷をもった非結合性の電子対から始めることができる.

一つの原子に対し二つの巻矢印が出たり入ったりする場合には，電子の数を数える必要がある．水素原子は 1s 軌道に 2 個電子を収容することができる．上記の薄青の巻矢印は水素原子に 2 個電子を与え，それを共有することを示している．これは同時にその水素原子から 2 電子を取去らなくては起こりえない（青の巻矢印）.

これで巻矢印の一番基本となる規則を説明した．続けて，いくつかの例をみながらこの規則をしっかり定着させよう.

求核置換反応

求核置換反応は本書でおもに取扱う二つの反応のうちの一つであり，おそらくすでに目にしたことがあるだろう．この反応は，飽和（sp³ 混成）炭素上で起こる.

求核置換反応 nucleophilic substitution reaction

次に示すのはこの反応の簡単な一例であり，水酸化物イオンがヨードメタンと反応している．

$$HO^- \quad + \quad H_3C-I \quad \longrightarrow \quad HO-CH_3 \quad + \quad I^-$$

C−I結合が切れ C−O 結合が新たに生成する．電荷に着目すると，ヨウ素に向かう巻矢印が必要なことがわかる．これにより，ヨウ素は反応式の生成物の側で負電荷をもつ．同様に，式の左側の酸素は負電荷をもつが，右側では電荷をもたない．したがって反応で電子を失う必要がある[†]．次に示すのは巻矢印を加えた反応式である．

$$HO^- \quad + \quad H_3C-I \quad \longrightarrow \quad HO-CH_3 \quad + \quad I^-$$

ここまで行ってきたのは，反応の結果と，その結果をもたらすのに必要な巻矢印とを結びつけることである．これは重要である．

他にも考慮すべきことがある．ヨードメタンのヨウ素原子は電気的に陰性であり，$\delta-$ の電荷をもつ．一方炭素原子は $\delta+$ の電荷をもつ．求核剤がより $\delta+$ 性の高い反応中心を攻撃し，電子をより電気陰性度の大きい元素に与えるように反応式を書くのはごく自然である．

後ほど**基本的反応様式1**（p.42）で述べるが，この反応を書くのに，結合の切断と生成を同時に起こさない別の方法がある．これについてはカルボカチオンの安定性について学んだ後，さらに詳しく説明する．

次に本書では詳しく扱わない反応の巻矢印をいくつかみてみよう．

アルケンへの付加反応

アルケンと HBr との反応を考えてみよう．

ここではいろいろな要因を考える必要がある．結合が二つ生成（C−Br と C−H）するとともに，二つ切断される（H−Br と C＝C 二重結合の π 結合部分）．これらの結合の生成と切断はすべて同時に起こるのだろうか，それとも段階的に起こるのだろうか．段階的に起こるのであれば，どの段階がはじめに起こり，どのように電子は流れるだろうか．アルケンは電子豊富なので，巻矢印は C＝C 二重結合から始まると考えるのが自然である．実際，この結合が切断されるので，この考えは本質的に重要である．

C＝C 二重結合と同様に H−Br 結合が切断される．Br の方が H よりも電気的により陰性なので，この結合は欄外に示すように分極している．この結合から巻矢印を H か Br どちらかに出すならば，Br の方に出すべきである．それは Br の方が電子を欲している（これが電気陰性度が意味することである）からである．

C＝C 二重結合は単結合に変わるので，巻矢印をこの結合から始めなければなら

[†] これには重要な点がある．O が 2 電子供与すると考えると，O^- が O^+ になってしまう．酸素原子は生成物で 2 電子を共有しているので実際には 1 電子供与しているだけであり，したがって O^- から電荷なしに変化する．

$$\overset{\delta+ \quad \delta-}{H-Br}$$

ない．新しい C−H 結合を生成する必要があるので，この巻矢印を H に向けて書く．そして H−Br 結合は切断される．これらをまとめると次のようになる[†]．

† なぜプロトンが末端側の炭素原子に付くかについてはここでは深く考えない．おそらく**基礎 16**(p.74)を読めば，妥当な理由を提案できるようになるだろう．

最後に C−Br 結合を生成しなければならない．最初の段階を正しく書いたので，これを行う方法は一つしかない．

カルボニル基への付加反応

カルボニル基は疑いなく有機化学における最も重要な官能基である．カルボニル基を利用して非常に多くのことができる．ここではカルボニル基が関わる巻矢印についてみてみよう．次に示すのはアルデヒドとシアン化物イオンの反応である．

酸素は炭素よりも電気陰性度がかなり大きいので，カルボニル基は分極している．炭素原子が部分的に正電荷をもち，酸素原子は部分的に負電荷をもつ．したがって炭素原子は電子不足となっている．

この反応では C=O 二重結合は単結合に変わり，酸素原子に負電荷が生じている．カルボニル基の結合から酸素原子へ巻矢印が必要なことは明らかである．

もちろんこれで正しい．酸素は電気陰性度が大きい．

この巻矢印により炭素原子には結合が三つしかなくなり，正電荷が残る．シアン化物イオンの炭素からこの炭素原子に新しい結合をつくる必要があることはわかっているので，次に必要な巻矢印は明らかである．反応機構は次のようになる．

別の種類の巻矢印: ラジカル反応

ここまで巻矢印が2電子の流れを示すのに用いられることを述べてきた. これまで見てきた反応に対してはこれは正しく, 大枠としてイオン反応と分類することができる. しかしいくつかの反応では, 電子1個の動きについて考える必要がある.

塩素分子 Cl_2 に光を照射すると[†], $Cl-Cl$ 結合が切断される. しかしこの場合, Cl^+ と Cl^- は生じず, $Cl-Cl$ 結合から1電子ずつを得て二つの塩素ラジカル $Cl\cdot$ (塩素原子) が生じるように切断が起こる. これを次のように表すことができる.

† 適切な振動数(エネルギー)の光を当てる必要がある.

$$Cl-Cl \longrightarrow Cl\cdot \quad \cdot Cl$$

塩素の非共有電子対を示していないことに注意しよう. すべてを示さず, 反応に直接関わる大事な部分のみを示すことはよくある. すでにこのやり方には十分慣れているだろう.

これまで用いてきた両羽の巻矢印は2電子の動きを示すものであった. 1電子の動きを示すときは, 上図に示したように片羽の巻矢印を用いる.

結合の開裂

均等開裂 homolytic cleavage

上述の反応は結合の**均等開裂**の例である. 結合は等価に切断され, それぞれの原子が1電子ずつ受取る.

本書では結合の均等開裂を利用した反応については取扱わない. しかし, 結合解離エネルギーについて述べる際には, 均等開裂によるエンタルピー変化のことを述べている (基礎12, p.63).

不均等開裂 heterolytic cleavage

不均等開裂は, 結合が切断するときに, 一方の原子に2電子とも残る場合である. 以下に一例を示す.

$$\ce{>C-Br} \longrightarrow \ce{>C+} \quad Br^-$$

$C-Br$ 結合は2電子を共有していたが (したがって臭素は2電子のうちの1電子を所持していたが), 開裂後には2電子とも臭素原子が保持しているので, 臭素原子には負電荷が生じる.

基本的反応様式1

求 核 置 換 反 応

置換反応とは, ある原子に結合した一つの置換基が別の置換基に置き換わる反応のことである.

飽和(sp³)炭素上での置換反応の例を次に示す. ヨウ素原子をヒドロキシ基で置

換すると，生成物としてアルコールが得られる．

$$HO^- \ + \ H_3C\!-\!I \ \longrightarrow \ HO\!-\!CH_3 \ + \ I^-$$

　　ここでは水酸化物イオンが**求核剤**〔この用語については**基礎9**（p.51）で定義するが，すでにある程度わかっているだろう〕として働く．ヨウ化物イオンを**脱離基**とよぶ．ヨウ素が置換したアルキル基は，この例では単純にメチル基だが，どのようなアルキル基でもよい．

求核剤 nucleophile

脱離基 leaving group

> 溶媒などの反応条件のほか，さまざまな要因が反応に及ぼす影響については反応の詳細1（p.110）で詳しくみていく．しかしまずは可能な反応機構についてその考え方を述べることから始めたい．これらの可能性をすべて考えることにより，それぞれの要因について何がよいか悪いか，解析できるようになる．

結合生成の順序

　　この反応で起こっていることを明確にすることから始めよう．新しいC−O結合を形成し，C−I結合を切断している．

　　単純に考えると，この反応は次の三つのうちのどれかで起こる．

1. C−O結合の生成とC−I結合の切断が同時に起こる．
2. C−O結合がまず生成し，ついでC−I結合が切断する．
3. C−I結合がまず切断し，ついでC−O結合が生成する．

　　他の可能性はない．では実際これらはすべて起こりうるのか，明らかにする必要がある．

　　まず2番目は除外できる．C−O結合が先に生成するためには，次の式のようなことが起こらなければならない．

$$HO^- \ + \ H_3C\!-\!I \quad \times \quad HO\!-\!\overset{\displaystyle H}{\underset{\displaystyle H\ H}{C}}\!-\!I \quad \longrightarrow \quad HO\!-\!CH_3 \ + \ I^-$$

生成できない

　　炭素原子が負電荷をもち，かつ結合を5本もつ構造を書くことになる．この場合の負電荷はカルボアニオンのように（**基礎16**, p.77）非結合性の電子対を表しているのではない．電子の数を数えるには，最外殻に8電子もつヨードメタンの炭素から考え始めるのがよい．巻矢印は酸素からの電子対をこの炭素原子と共有することを示している．したがって5本結合をつくることにより炭素原子は最外殻に10電子もつことになる．炭素は最外殻に8個を超えて電子をもつことはできないので，この反応機構は不可能である．

　　したがって，飽和炭素上で求核置換反応が起こる機構として二つの可能性しか残らない．脱離基がまず脱離し求核剤が攻撃するか，求核剤の攻撃と脱離基の脱離が同時に起こるかである．これについてはすでに学んだことがあるだろう．これらは古典的なS_N1反応とS_N2反応である．それぞれ順にみていこう．

S$_N$1 反 応

S$_N$1 反応 S$_N$1 reaction,
一分子求核置換反応 unimolecular
nucleophilic substitution reaction

S$_N$1 反応の基本的な反応機構を次に示す.

$$R-X \xrightarrow{\text{X}^-\text{の遅い解離}} R^+ + Nu^- \xrightarrow{\text{速い}} R-Nu$$

数式はできるだけ避けたいが，ここでは基本的な反応様式に対応する反応速度式を考える必要がある.

$$S_N1 \text{ 反応の反応速度} = k[RX]$$

ここで k は反応速度定数，$[RX]$ は基質の濃度である．求核剤は最も進行の遅い**律速段階** rate-determining step**律速段階**の後まで反応に関与しないので，その濃度は反応速度式には含まれない．これを言い換えると，第二段階は第一段階より速いので，より優れた求核剤（この意味については後ほど述べる）を用いても全体の反応速度は変わらない.

一次反応 first-order reactionS$_N$1 の "1" は，反応速度が反応に関わる反応剤の一つの濃度のみに比例するという事実に由来する．すなわち**一次反応**である.

本節のはじめに示した反応例に代え，より一般的な表し方（R, X, Nu）に変えたことに気づいただろうか．これにはさまざまな理由があるが，ここではそのうちの一つに焦点を絞ろう．最初の例を続けて用いたとすると，CH$_3^+$ を生成する必要がある．**基礎 16**（p.74）で CH$_3^+$ は非常に不安定なカルボカチオンであることを学ぶ．したがって実際にはメチル基で S$_N$1 反応は決して起こらない．必要なエネルギーが大きすぎるのである．置換反応のエネルギー論については**反応の詳細 1** で詳しく述べる.

S$_N$2 反 応

S$_N$2 反応 S$_N$2 reaction,
二分子求核置換反応 bimolecular
nuclephilic substitution reaction

遷移状態 transition state

**S$_N$2 反応**では，求核剤の攻撃と脱離基の脱離が同時に起こる．この反応は五配位型の**遷移状態**を経由して進行する．ここでは C-X 結合の開裂と C-Nu 結合の生成が同時に起こっている．これについては基本的事項を紹介する際にすでに何度か目にしている．ここでもう一度ヨードメタンの例を用いよう．これは S$_N$2 反応の非常によい例である.

$$HO^- + H_3C-I \longrightarrow \left[\begin{array}{c} H \\ \delta^- \quad | \quad \delta^- \\ HO\text{--}C\text{---}I \\ | \\ H\,H \end{array}\right]^{\ddagger} \longrightarrow HO-CH_3 + I^-$$

一見この反応は，はじめに起こりえないと述べた反応と非常によく似ている．しかしわずかだが重要な点で異なっている．C-O 結合を生成するのと同時に C-I 結合を切断しているので，炭素が結合を 5 本もった化学種は実際には生成していないのだ.

[ ] で囲んだ中央の化学種は遷移状態であり，‡ の印をつけて表す．これについては基礎 23（p.118）で詳しく述べる.

C-I 結合で共有している 2 電子が（ヨウ素に）移動する前に水酸化物イオンか

ら炭素原子にさらに2電子与えるのではなく，炭素は常に最外殻に8電子もつように，同時に電子を与え，取去るのである.

これはわずかな違いのように思うかもしれないが，重要な違いである. 反応を巻矢印で表すとき，結合の生成・切断がどのような順で起こるかを正確に考えなければならない.

　ここでは必ず知っておかなければならない非常に基本的な事項に焦点を絞っている. 反応の遷移状態はふつうは書かないので，反応は次のようになる.

$$HO^- \quad + \quad H_3C-I \quad \longrightarrow \quad HO-CH_3 \quad + \quad I^-$$

この S_N2 反応の反応速度 $= k[CH_3I][HO^-]$

　反応は1段階であり，これが律速段階である. 遷移状態は $[CH_3I]$ と $[HO^-]$ の両方の化学種を含むので，どちらの濃度を変えても反応速度は変化する. これは反応速度論の観点からは**二次反応**である.

二次反応 second-order reaction

　S_N1 反応と S_N2 反応の機構については混乱しやすい. S_N1 機構は2段階の反応であるのに，S_N2 機構は1段階の反応だからである. この節を一度読んでその内容を理解した気分になり，試験の前に記憶を呼び起こすためにもう一度見直すだけでは，おそらくまちがえてしまうだろう. 基本的な事項を忘れなくなるまで，あるいは混乱しなくなるまで強化し続けることが実際のところ最も容易で，かつ信頼できる方法である.

演習 6
置換反応における電気陰性度

　置換反応について学んだので，ある化合物中の特定の炭素を攻撃し何かを脱離させることができるか考えられるようになっているはずである. その"何か"は電子を受取る必要がある（電気陰性度が大きい必要がある）. まだ反応が実際に起こるかどうかを考える段階ではない.

この演習に取組むと，たくさんの構造を書くことになるだろう. できるだけきれいに書くように努めよう. 分子の一部を邪魔にならないように動かして，新たな部分を記入できるようにする必要があるかもしれない. 巻矢印がきれいで明確であることを確認しよう. 求核剤は常に δ＋ 性を帯びた炭素原子を攻撃しなければならない. 巻矢印がこれを反映していることを確認しよう.

💡 **問　題**　再度，演習3（p.22）の天然物の構造を見よ. δ＋ 性をもつ炭素のなかで求核剤の攻撃を受けることができるのはどれか. 炭素－炭素結合を切断してはいけない. δ－ 性をもつ原子の中で求電子剤（プロトンを用いる）と反応することができるのはどれか考えてみよう.

　求核置換反応についてより詳しく学んだ後で，もう一度自分の解答を見てみよう. そして自分の解答が実際に起こりそうか，起こりそうにないか確認しよう†.

† これらの化合物がどのような働きをするかもう調べただろうか. なぜ有機化学者は何年もかけてこれらを合成する簡単な方法を開発しようとするのだろうか.

経験を積んだ有機化学者は，これが意味するところを正しく理解できる．特に起こりそうにない反応は，実際起こらない．一方，起こりやすそうな反応は実際起こりうるが，室温で速やかに進行するかどうかはわからない．

 基本的反応様式 2

脱 離 反 応

まずはじめに行うべきことは，脱離反応とは何か定義することである．第二に行うべきことは，脱離反応に伴う電子の流れと巻矢印の書き方をしっかりと習得することである．この二つをまとめて紹介しよう．

脱離反応 elimination reaction

まず第一に，**脱離反応**という言葉を使うときには通常，二つの置換基が隣接する炭素から取除かれる 1,2 脱離反応のことを話している．これら二つの置換基を X と Y としよう．ここで扱う脱離反応では出発物が分極した性質をもち，一方は X^+，他方は Y^- として脱離する．次に示すのは巻矢印なしの全体の反応式である．

X と Y が結合していた二つの炭素原子の間に二重結合が新たに生成する．この点をはっきり理解しておくことが重要である．試験問題で脱離反応の反応式を書かせると，何人かの学生は置換反応を書く．おそらくこれは脱離基を脱離しているからと考えたのだろう．基本的な反応の種類を知っておく必要がある．

細かいことを気にするよりも，まずは大枠をとらえよう．置換反応と脱離反応の違いを自信をもって説明できないようであれば，今後おそらく混乱に陥るだろう．

さて，必要な巻矢印について考えてみよう．この二つの炭素原子の間に二重結合が生成するので，この炭素−炭素結合の中央で終わる巻矢印が必ず必要である．それではこの巻矢印はどこから始まるのだろうか．ここで X 基は X^+ として脱離するので，C−X 結合を形成している電子は炭素上に残ることになる．この電子が新しい二重結合を形成するので，巻矢印は C−X 結合の中央から始まる．

残りのもう一つの巻矢印はどうなるだろう．Y 基は Y^- として脱離するので，C−Y 結合から電子をとり，それを Y 上へ移動させる必要がある．必要な巻矢印は次のようになる．

おそらく少し説明が詳しすぎると思っているだろうが，実際これらの巻矢印に関する誤りは多い．有機化学の学習を進めるには，深く考えなくても巻矢印を正しく書けるようになる必要がある．

基本的反応様式 1（p.43）で置換反応について行ったのと同じように，反応の各段階の順序について考えよう．隣接する炭素から二つの基が脱離する．話を単純にするため，X を水素原子としよう．結局のところ正電荷をもち，最も容易に除けるものはプロトンである．

ここでは三つの反応機構が考えられる．すなわち，X$^+$ が先に脱離する，Y$^-$ が先に脱離する，両者が同時に脱離する，である．

これは置換反応の場合にそのまま対応している．異なっているのは小さな，しかし重要な一点のみである．置換反応では三つのうち一つは起こりえなかったが，脱離反応では三つの反応機構すべてが実際に可能である．

反応機構によってこの三つを分類しよう．

E1 反 応

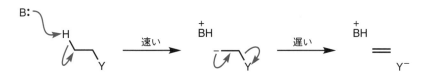

上記は **E1 反応** の機構である．律速段階には一つの化学種（基質）のみが関わっている．この機構で反応が進行するためには，生じるカルボカチオンが安定化されている必要がある．カルボカチオンを安定化する要因については**基礎 16**（p.74）で述べる．そこで E1 反応を起こしやすい基質の種類をすぐに考えられるようになるだろう．

上記のような第一級のカルボカチオンは本来は生成しないが，ここではとりあえず巻矢印を用いて反応機構を書くことに集中する．

E1 反応 E1 reaction,
一分子脱離反応 unimolecular
elimination reaction

2

E1cB 反 応

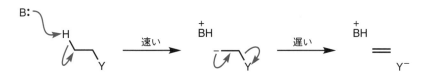

E1cB 反応 の機構を上記に示した．まずプロトンを取除くための塩基が必要である．そしてこの脱プロトンは速やかに進行する．次に，遅い反応として Y 基の脱離が起こる．律速段階の前に塩基が関与しているので，二次反応である．

これは三つの脱離反応の機構のなかで最も例が少なく，中間体のアニオンが安定化されている場合（必要なカルボアニオンの種類については反応の詳細 4, p.205 を参照）にのみ起こる．そうでなければ，基質は速やかに脱プロトンを起こすことができない．

E1cB 反応 E1cB reaction,
共役塩基一分子脱離反応 conjugate base
unimolecular elimination reaction

E2 反 応

前述の二つの反応機構は，カルボカチオンあるいはカルボアニオン中間体が特に安定な極端な場合と考えることができる．しかし実際にはどちらも反応経路を決定

E2 反応 E2 reaction,
二分子脱離反応 bimolecular elimination
reaction

づけるほど安定ではない，中間的なものがほとんどである．**E2 反応**では，Y 基の脱離とプロトンの引抜きが同時に起こり，反応は 1 段階で，中間体は存在せず遷移状態を経由して進行する．遷移状態と中間体の違いについては，エネルギー図とともに**基礎 14**（p.70）で説明する．通常プロトンを取去るのに塩基が必要である．

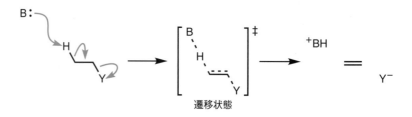

競合する反応

　E1 反応の最初の段階は S_N1 反応と同じである．カルボカチオン中間体に求核剤が付加すると，置換反応となる．カルボカチオン中間体がプロトンを失うと脱離反応となる．

　E2 反応は S_N2 反応と同様，一つの遷移状態を経由する 1 段階の反応である．求核剤が直接炭素を攻撃すると置換反応となる．塩基が適切な位置の水素を攻撃すると脱離が起こる．求核剤と塩基の関係については**基礎 9**（p.53）で学ぶ．

　置換反応と脱離反応はしばしば競合して起こる．これについては Web 掲載の演習問題 2 と 3 で取上げている．

　S_N1 機構で置換を起こす基質は E1 機構で脱離を起こす．反応機構上は律速段階後に経路が分かれるので，このことはそれほど不思議ではないだろう．S_N2 機構で置換を起こす基質は E2 機構で脱離を起こす．

　なお，E1cB 機構は対応する置換反応がないので，上記のような競合は起こらない．

　より複雑な話に進む前に，これら三つの反応機構すべてをどのように書くかしっかりと理解しておこう．

 次章に進む前に，三つの反応機構をそれぞれ何回か書いておこう．

2 有機反応の考え方

はじめに

　前章で学んだことを見直そう．まず，構造式の書き方を学んだ．構造式を書くときにしがちなよくあるまちがいを知っておくと，正しく書くことができる．次に，有機化合物の結合の考え方を学んだ．これによって，反応の過程で結合がどのように変化するかを示すことができる．さらに，巻矢印で反応機構を表示する際の規則を学んだ．この規則を二つの基本的な反応様式である求核置換反応と脱離反応に当てはめ，どの結合が先に生成または解離するかによって，反応にはさまざまな機構があることを学んだ．

　まだ学んでいないことが多くある．反応の途中で結合に何が起こっているか，すなわち巻矢印が何を意味しているかは学んでいない．また，特定の機構がどのような場合に起こるかを学んでいない．反応の機構がわからないと，どのようにして最良の結果（最高の収率）が得られるか検討できないであろう．反応がどこまで，どのくらいの速さで起こるかを予想できるようになる必要がある．

　本章の目的は，本書で注目する2種類の重要な反応を詳しく理解するために必要な基礎を学ぶことである．まず，出発物から生成物の変換に伴うエネルギーの変化に注目する．このエネルギー変化がどのように反応の経路を決めるか，反応の途中の構造が何を意味するのかを理解するところから始める．

　分子の形はいつも考える必要があるが，本章ではそれが反応性に及ぼす影響についてはあまり説明しない．3章で分子の形を学ぶ際に，必要に応じて考えることにする．

　本章では，前章で学んだ事項がすべて必要である．

　有機化合物の構造が正確に書けないと，学習を進めにくくなる．構造を書く時間をとって，あらゆる機会に練習しよう．

基礎 9

結合の解離：巻矢印と分子軌道の関係

　これまで有機化合物中の結合の性質をみてきた．ここでは**基礎 8**（p.37）で学んだ巻矢印を，それぞれの場合にどのように結合が生成したり解離したりするかを考えながら，正しい表示法をあらためて詳しく説明する．分子軌道の重なりの側面から，巻矢印が何を意味するかも考える．

結合性軌道と反結合性軌道

　基礎 7（p.35）では結合性軌道と反結合性軌道を学んだ．水素分子 H_2 と仮想的なヘリウム分子 He_2 の結合を示す**分子軌道**のエネルギー図を次ページに示す．水素分子では，σ軌道だけに2個の電子が入っているので，2個の個別の水素ラジカルに比べてエネルギー的に安定である．

　ヘリウムでは状況が異なる．ヘリウム原子は2個の電子をもつので，仮想的な He_2 分子は4個の電子をもつ．ここでは，結合性軌道に2個の電子，反結合性軌道

分子軌道 molecular orbital: MO

に 2 個の電子が入っているので，全体としては非結合性である．

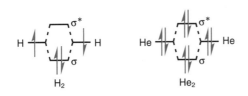

同じことは有機分子の結合についてもいえる．もし反結合性軌道に電子が入れば，結合が解離するだろう．

　これは結合を解離するただ一つの方法ではないが，直感的にはわかりにくいかもしれない．結合はどのように解離するか，すべての可能性をみていこう．
　電子が入った σ 軌道と空の σ* 軌道からなる単結合を考えてみる．結合を解離する方法は以下の三つだけである．

1. 2 個の電子を各原子に 1 個ずつ与えると，電子はもはや共有されていない．
2. 2 個の電子を一方の原子に与えると，電子はもはや共有されていない．
3. 反結合性軌道にいくつかの電子（どこから電子を受取るかは気にしなくてよい）を入れる．

　電子がどこから来て，どこに行くかを考えることから始める．
　基本的反応様式 1（p.43）で**求核剤**という用語を紹介した．求核剤とあわせて**求電子剤**も定義する．以下に有機化学でよくみる反応を示す．

ある状況で起こりうることをすべて体系的に把握することは，常に重要である．すべての結果を考えることができれば，その結果を評価することができる．特に反応性を説明するとき必要になることが多い．

求核剤 nucleophile

求電子剤 electrophile

$$Nu^- \quad E^+ \quad \longrightarrow \quad Nu-E$$

Nu は求核剤，E は求電子剤である．求核剤は，新しい結合をつくるために使われる電子対をもつ．求核剤は被占軌道の電子を供与する．求電子剤は空軌道に電子対を受け入れて結合をつくる．

求核置換反応

　次に示すのは水酸化物イオンがヨードメタンと反応する置換反応である．この反応は**基本的反応様式 1**（p.44）で学んだ．

$$HO^- \ + \ H_3C-I \ \longrightarrow \ HO-CH_3 \ + \ I^-$$

　ここでは解離する C−I 結合は σ 結合である．この反応を巻矢印で示すと次のようになる．

$$HO^- \ + \ H_3C-I \ \longrightarrow \ HO-CH_3 \ + \ I^-$$

　ヨウ化物イオンが離れるにつれて，水酸化物イオンは炭素原子と電子対を共有するようになる．ヨウ素は電気的に陰性なので（**基礎 5**, p.26），求核剤は炭素原子を

このような状況では，ヨードメタンは求電子剤として振舞う．ヨードメタンは電子対を受取るが，同時に電子対をヨウ素に与える．

攻撃することができる．この炭素は $\delta+$ の部分電荷をもつ．水酸化物イオンからの電子対はどこかに向かう必要があり，この場合 C−I 結合の σ^* 軌道である．これで結合が切れる．

分子軌道に関連した用語をさらに定義しておく必要がある．

フロンティア軌道: HOMO と LUMO

上記の反応では，水酸化物イオンは被占軌道の電子対を炭素と共有しようとしている．この軌道は非共有電子対である．水酸化物イオンの軌道を考えると，O−H 結合の結合性電子対と 3 組の酸素の非共有電子対がある．もし O−H 結合の電子対が使われたとすると O−H 結合が切れてしまうが，これは起こっていない．この場合，反応系中で最も高いエネルギーをもつ酸素の非共有電子対が使われるはずである．これは**最高被占軌道**（HOMO）とよばれる．

最高被占軌道 highest occupied molecular orbital: HOMO

最低空軌道 lowest unoccupied molecular orbital: LUMO

この電子対はヨードメタンの炭素原子，具体的には空の C−I 結合の σ^* 軌道に共有される．この σ^* 軌道のエネルギーは反応系中の空軌道のなかで最も低く，**最低空軌道**（LUMO）とよばれる．

次のような分子軌道のエネルギー図を考える．両側に各化合物の分子軌道を示す．各化合物には多くの被占軌道と空軌道がある[†]．図には各化合物の HOMO と LUMO を表示した．

† この図は非常に単純化されている．実際の分子はさまざまな数の被占軌道と空軌道をもつ．そのなかには同じまたはほぼ同じエネルギーをもつものがある．

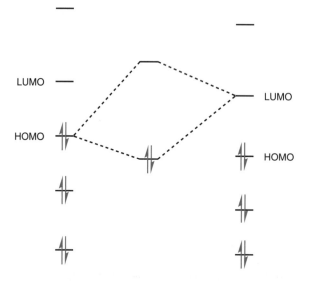

エネルギーが近い二つの軌道（HOMO と LUMO）が相互作用しやすい．

これに従うと，左の化合物の HOMO は，右の化合物の LUMO と相互作用しやすい（その次にエネルギーの低い空軌道は LUMO よりも相互作用しにくい）．右の化合物の HOMO が最も相互作用しやすいのは，左の化合物の LUMO である．しかし，図に示すように，HOMO(左)-LUMO(右) のエネルギー差は HOMO(右)-LUMO(左) のエネルギー差より小さいので，左の化合物が求核剤として，右の化合物が求電子剤として働くことが予想される．

この段階では HOMO と LUMO の意味を理解しておけばよい．

基礎の段階では，軌道の相互作用についてある程度知っておくだけでよい．

HOMO と LUMO はまとめて**フロンティア軌道**として知られている.

フロンティア軌道 frontier orbital

　以下の化合物に水酸化物をイオンと反応させると，考えられる置換反応が2種類ある.

  この化合物の正式名を示せ. また, 考えられる二つの置換反応を巻矢印で示せ.

　どちらの反応が起こりやすいだろうか. C−I 結合の σ* 軌道は C−Cl 結合の σ* 軌道よりエネルギーが低い. したがって, 塩化物イオンよりヨウ化物イオンを置換する方が, 軌道が重なりやすく反応が起こりやすい[†1]. その結果, ヨウ化物イオンが優先的に置換する.

†1　なぜ C−I 結合の σ* 軌道のエネルギーが低くなるかの説明は本書の範囲外である.

　水酸化物イオンの接近の方向は, 分子軌道の重なりによって決まる[†2]. 水酸化物イオンの HOMO の形はあまり気にしなくてよい. しかし, ヨードメタンの LUMO の形は知っておく必要がある. この軌道の形に基づくと (**基礎7**, p.37), 水酸化物イオンがどの方向から攻撃するか正確にわかる. 反応の立体化学を考えるとき, これは非常に重要である.

†2　訳注: HOMO と LUMO が相互作用するためには両者の軌道が効率よく重なる必要がある.

水酸化物イオンはこの方向から σ* 軌道に重なる

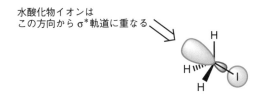

S_N2 反応では, LUMO のエネルギーはあまり考えないで, さまざまな脱離基の脱離しやすさが比較される傾向にある. 軌道の重なりだけで説明すると, 求核剤の最初の接近で反応の全体の過程が決まることが前提になるが, これはやや単純化しすぎている.

　次に E2 反応についても同じように説明していく. S_N1 反応と E1 反応はその後で学ぶ. E2 反応について考える前に, もう一つ関連事項を確認しておこう.

酸と塩基, 求核剤と求電子剤

　基礎8 (p.39) では, 水酸化物イオンの攻撃によるヒドロニウムイオンの脱プロトンを考えた. 水酸化物イオンはプロトンを引抜くが, このときの巻矢印は S_N2 反応の機構とまったく同じである. ヒドロニウムイオン H_3O^+ の σ* 軌道は, O−H 結合の反対側に広がっている. ここに ^-OH が攻撃して H_2O が脱離する.

求核剤が水素を攻撃すると塩基として働く. 塩基が炭素を攻撃すると求核剤として働く.

　基礎8 (p.38) では, プロトンを攻撃する水は非共有電子対をもっていた. このときプロトンは求電子剤である. ルイスの定義によると, 酸は電子対受容体であり, 求電子剤でもある.

ルイス Gilbert Newton Lewis

　多くの反応では水酸化物イオンは塩基としても求核剤としても働くので, この関係を知っておくことは非常に重要である.

ここで説明しているのは官能基選択性である. 選択性とは, 多数の可能性のなかである反応が優先的に起こることを意味する.

脱離反応と分子軌道

　反応の詳細4 (p.202) でもう一度説明することになるが, ここで脱離反応について考える.

もう一度 E2 脱離の機構を巻矢印で示す.

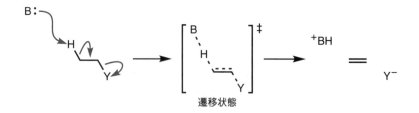

ここでは C−Y 結合が解離する. Y は脱離基で, たとえばヨウ化物イオンである. すでに学んだように, 電子対を受取り C−Y 結合が切れるとき, C−Y 結合の σ* 軌道に電子対が入っていく. この場合唯一の違いは, 求核剤からではなく C−H 結合から電子対を受取ることである. 必要なのは C−H 結合の被占軌道であり, これは炭素の sp³ 混成軌道と水素の 1s 軌道からなる.

本節ですでに示した三つの可能性のうち, ここでは以下の 2 と 3 が起こっている.

2. 2 個の電子を一方の原子に与えると, 電子はもはや共有されていない.
3. 反結合性軌道にいくつかの電子（どこから電子を受取るかは気にしなくてよい）を入れる.

C−H 結合と C−Y 結合が解離するにつれて二重結合ができるので, 関与する軌道の形と対称性を考えなければならない. C−H 結合の σ 軌道と C−Y 結合の σ* 軌道が重なる必要がある. これらの軌道を図示すると以下のようになる.

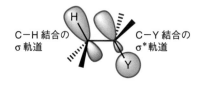

反応が進むにつれて, 軌道は重なりながらひずみ, やがてアルケンの π 結合の結合性軌道になる. このとき炭素原子の再混成が起こり, 平面の sp² 混成になる.

重要な点をもう一度強調しておく. 反応が始まるためには, C−H 結合と C−Y 結合の軌道が重ならなければならない. 実際に, これらの軌道は上記のようにちょうど並ぶことができ, ここでは H と Y は中央の C−C 結合の反対側にある. この配列を**アンチペリプラナー**という. この用語は H−C−C−Y が同一平面内にあり, H と Y が反対側にあることを意味する.

関与する分子軌道の観点から巻矢印の意味を常に理解するのが理想的ではあるが, この段階でこれにこだわることはない. 巻矢印を正しく書くためには, その原則を理解する必要がある. さらに詳しいことは, 反応とともに学ぶことができる. この節を何度も読めば, やがてわかるようになる.

アンチペリプラナー anti periplanar

アンチペリプラナーの配座をとることは E2 反応の結果に重要な効果をもたらす（応用 4, p.215）.

よくあるまちがい2
巻 矢 印

巻矢印は電子対の流れを示す．巻矢印の出発点は電子対のあるところに，巻矢印の終点は電子対を受け入れるところになければならない．よくあるまちがいを以下に示す．本節中の式はどれもまちがっていることに注意しよう．

まちがい：プロトンから巻矢印を始める

多くの反応は H^+ の付加を伴う．H^+ はこれまで出てきたもののなかで唯一電子をもたない．H^+ から巻矢印が始まるのは常にまちがいである．

まちがい：5価の炭素が生じる

5価の炭素を書くのはまちがいである．たとえば，次の巻矢印を考えてみる．

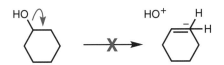

巻矢印は結合から始まり，結合で終わっているので，一見悪くないように思える．巻矢印が始まる結合が切れ，巻矢印が終わる結合が二重結合になる．しかし，この巻矢印を書くと何が生成するだろうか．次の式をよくみてみよう．

このように書くと HO^- ではなく HO^+ が脱離している．これは好ましくないが，最悪ではない．しかし，巻矢印が向かう炭素原子には二つの水素原子が結合したままであり，この炭素原子に電子対を与えようとすると，5価になり負電荷をもたなければならない．これは大きなまちがいである．

このまちがいは，なぜ有機化学を学ぶのが難しいのかを示すよい例である．最初のうちは，書き方に十分に注意しよう．そうしないと，悪い習慣が身についてしまう．

機構を書くときは急がないようにしよう．時間をかけてそれぞれの巻矢印が何を意味するかを考えよう．

まちがい：水素化物イオンの脱離

C−H結合が解離するとき，Hは水素化物イオン[†1] H^- ではなく必ずプロトン H^+ として脱離する[†2]．巻矢印は結合から始まり，Hに向かってではなくHから遠

†1　訳注：ヒドリドともよばれる．

†2　例外はあるが本書の範囲外である．

5価で負電荷をもつ炭素は大きな問題であった．結合が多すぎるので，そのうち一つを切ろうとするかもしれない．

ざかるように書く．前と同じ反応でこれを考える．

ここでは，水素化物イオンが脱離基になることが問題である．これは非常に不安定で，生成するはずはない．

HO^+ と H^- が結合して水になってもよさそうだが，根本的な問題の解決にはならない．

巻矢印の向きをまちがえないようにしよう．脱離反応の正しい巻矢印は**基本的反応様式2**（p.46）で確認してほしい．

基礎10

共 役 と 共 鳴

共役 conjugation

慣れてくると，共役系であるかどうかは一目でわかるようになる．

有機化学において**共役**ほど重要な概念はない．共役系は二重結合と単結合が交互にあるので，練習すればかなり簡単に見つけることができるようになる．以下の二つのうち，左の異性体は二重結合の間に CH_2 があるので非共役である．

非共役   共役

共役系があるとさまざまな巻矢印を書くことができる．すなわち，さまざまな種類の反応が起こりうる．本節では，構造を見ただけで共役系と非共役系を区別できるようにしよう．

エチレンの分子軌道

共役系ではないが，まずエチレンの分子軌道から始める．エチレンの分子模型に基づくと，次に示すように，π結合は隣接する炭素原子のp軌道が重なることによってつくられる．結合性軌道（π）があると，必ず反結合性軌道（π*）がある．二つのp軌道が重なってπ結合をつくるとき，対称性の異なるπ軌道とπ*軌道ができる．

軌道のエネルギーは右のように示すことができる．ふつうは結合性軌道だけに電子が入る．

二つのp軌道

ここで重要な原則がある．二つの原子軌道が重なると，二つの新しい分子軌道ができ，一方は結合性で他方は反結合性である．

次に，共役した二つの二重結合をもつブタジエンを考える．

ブタジエンの分子軌道

ブタジエンの構造を示す．正式にはブタ-1,3-ジエンであるが，ふつう位置番号はつけない[†]．

四つの p 軌道が重なると，四つの分子軌道ができる．そのうち二つは結合性で，後の二つは反結合性である．最低エネルギーの軌道 ψ_1 は，すべての炭素原子について同じ対称性をもつ．2 番目の軌道 ψ_2 は C2 と C3 の間に節をもつ．各二重結合には電子が 2 個あるので，これらの軌道が被占軌道である．

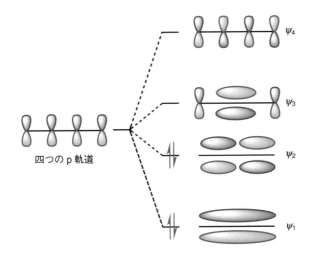

軌道 ψ_3 と ψ_4 は空軌道であり，反結合性である．軌道 ψ_3 は二つ，軌道 ψ_4 は三つの節をもつ．軌道の対称性は非常に重要である．

軌道のエネルギーは計算できるが，この図には加えていない．ここでは，二つの非共役二重結合より二つの共役二重結合の方が安定であることがわかればよい．

本節の最初にペンタ-1,3-ジエンとペンタ-1,4-ジエンの構造を示した．ペンタ-1,3-ジエンの方が約 20 kJ mol^{-1} 安定である．**基礎 20**（p.104）では，共役による安定化の証拠を説明する．

共役の結合距離への影響

ブタ-1,3-ジエン中の C2 と C3 の間では軌道の重なりが増えるので，この結合は典型的な σ 結合よりわずかに短い．以下に，エタン，エチレン，ブタ-1,3-ジエンと (2E,4E)-3,4-ジメチルヘキサ-2,4-ジエンの結合距離を示す．

0.157 nm　　0.135 nm　　0.137 nm　　0.147 nm　　0.152 nm

0.147 nm　　0.135 nm

[†]　やや特殊ではあるが，ブタ-1,2-ジエンも実際に存在する．この化合物の分子軌道を考えてみよう．

共役により構造が安定になることを知っておくのは重要である．

58

エタンの C−C 結合距離は 0.157 nm，(2E,4E)-3,4-ジメチルヘキサ-2,4-ジエンの C5−C6 結合距離は 0.152 nm である．sp² 炭素の σ 結合は sp³ 炭素の σ 結合より短いことを思い出そう（**基礎 6**, p.27）．ブタ-1,3-ジエンの C2−C3 結合距離は 0.147 nm であり，共役がないときに予想される結合より明らかに短い．

ベンゼンと芳香族性

ベンゼン環を見たら，とにかく非常に安定であると思えばよい．これは直感的にわかる必要がある．

ベンゼンは特に安定な化合物である．ベンゼンの構造を左のように書くと，シクロヘキサ-1,3,5-トリエンであると考えるかもしれない．エネルギー的には，ベンゼンは三つの二重結合が孤立した場合に比べて約 150 kJ mol⁻¹ 安定である．この値は，二つの二重結合の共役による安定化の値と比べて非常に大きい．この安定化はベンゼンと関連化合物の化学で重要である．

ここでベンゼンの分子軌道をみていく．隣接する炭素原子にある六つの p 軌道を用いて，六つの新しい分子軌道をつくる．六つのうち三つの分子軌道に電子が入り，残りの三つは空である．ブタ-1,3-ジエンの場合と同じように，ベンゼンの最低エネルギーの軌道 ψ_1 は 6 個の炭素原子に広がる重なりをもつ．さらに二つの**縮退**した（同じエネルギーをもつ）軌道 ψ_2, ψ_3 があり，それぞれ一つの節をもつ[†]．

縮退 degeneracy, 縮重ともいう

[†] これは上から見た図である．すべての軌道は p 軌道に由来するので，ベンゼン環の面内に節をもつ．ここではそれ以外の節を説明している．

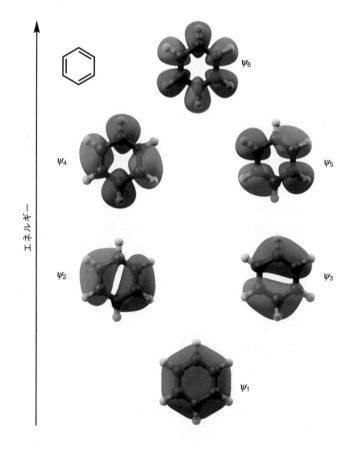

次に空軌道をみていく．二つの縮退した軌道 ψ_4, ψ_5 があり，それぞれ二つの節をもつ．最後に，最高エネルギーの π 軌道 ψ_6 は三つの節をもつ．

これまでに表示したベンゼンの構造は完全ではない．もしベンゼンに交互に単結

合と二重結合があれば，二重結合は単結合に比べて短いはずである．実際の構造では炭素−炭素結合の長さはすべて同じである．ベンゼンの構造を二重結合と単結合で書くと右のようにも書ける．この構造は，二重結合を移動したのかそれとも単に構造を 60° 回転したのか，置換基がなければ区別することができない．実際に，ベンゼン中のすべての炭素−炭素結合は 1.5 重結合である．

　これを理解するためにベンゼンの**共鳴構造式**を書く．ここでは共役による安定化を巻矢印で表示する．慣例として，これらの構造を両端に矢をもつ矢印でつなぎ，全体を角括弧［　］で囲む．共鳴構造式が書けたら，共役による構造の安定化を考える必要がある．

共鳴構造式 resonance structure

　ここで重要な点がある．どの共鳴構造も構造のすべての特徴を完全に説明するわけではない．ベンゼンの実際の構造は個々の共鳴構造の**共鳴混成体**である．基礎 1（p.6）で説明したように，ベンゼンを中に円を書いた六角形として簡単に示すことができるが，反応機構を示すときに巻矢印を書くことができないという欠点がある．

共鳴混成体 resonance hybrid

　　二重結合と単結合を交互に書く構造に慣れ，共鳴構造があること，すべての結合が同じ長さであることを理解しておこう．演習 8（p.97）とそれ以降の演習が役に立つ．

　芳香族性をより正確に定義する．芳香族化合物では $4n+2$ 個の π 電子（n は整数）が完全に共役している（単結合と二重結合が交互にあり，その間に CH_2 はない）．これを**ヒュッケル則**とよぶ．ベンゼンでは $n=1$ である．ナフタレンは 10 個の π 電子（五つの二重結合）をもち，$n=2$ であるため芳香族性を示す．本書では多くの芳香族系が出てくる．どのような芳香族系も，それらが芳香族性を示さないと仮定したときに比べて非常に安定である．

ヒュッケル則 Hückel rule

ナフタレン

　　規則がわかったとしても，ある化合物が芳香族性を示すかどうかを決定するために二重結合の数を注意深く数える必要があれば，まだ十分に習得できていない．その場合は，演習が必要である．

共鳴効果: 電子供与基

　基礎 5（p.26）で学んだ誘起効果に基づくと，酸素原子は電気陰性度が大きいので電子求引基であると考えるかもしれない．これは必ずしも正しくない．酸素原子には非共有電子対があり，隣接した二重結合の π 結合の軌道と重なることができる．

　このような例としてメトキシエチレンの分子軌道を考える．次ページ左の構造中に，酸素の非共有電子対と炭素の p 軌道を示す．すでに学んだように，これらの軌道は重なることができる．酸素の非共有電子対が p 軌道であるか sp^3 混成軌道であるかは気にしなくてよい．いずれにしても，p 軌道の対称性をもっている．共鳴構

H_3CO

メトキシエチレン

造式を用いて，この軌道の重なりを示すこともできる．巻矢印は右のように書く．

　ここでは，酸素の電子対が二重結合に移動しているとみなせる．非共有電子対とπ電子の重なりを含む電子効果のことを**共鳴効果**とよぶ．これは**基礎5**で学んだ誘起効果とは異なる．

　メトキシエチレンは誘起効果も共鳴効果ももつ．酸素原子は電気的に陰性であり，誘起効果により酸素は結合している炭素原子から電子を求引する．しかし，共鳴効果による電子供与も考える必要がある．したがって，酸素が直接結合している炭素原子は部分正電荷をもつが，1炭素離れた炭素原子は部分負電荷をもつ．

共鳴効果: 電子求引基

　共役した電子求引基でも同様な効果を考えることができる．メチルビニルケトンを例にあげよう．以下のように巻矢印を書くことができ，酸素原子に負電荷が移動する．その結果，カルボニル基から最も遠い炭素原子が部分正電荷をもつ．

　誘起効果だけを考えると，最も遠い炭素原子が大きな影響を受けることは考えられない．

　有機化合物中の置換基効果を評価する必要があるとき，いつも以下のことを考えなければならない．

1. **立体効果**であるか（すなわち，置換基の大きさだけによるか）．
2. **電子効果**であるか．
3. 電子効果であれば，誘起効果，共鳴効果，二つの組合わせのうちどれか．

　立体効果と電子効果，誘起効果と共鳴効果は，反応において逆の効果として働くことがよくある．基礎を固めるにつれて，このような状況がわかるようになるだろう．

　非局在化という用語も覚えておこう．共役系では，電子は一つの原子に局在化していない．メトキシエチレンでは，酸素の非共有電子対は共役系を通して広がり，二重結合に非局在化する．

共役系の見分け方

　共鳴が何を意味するか，共役と非局在化が何を意味するか見逃さないでほしい．ここでは軌道の重なりが重要である．

共鳴効果 resonance effect

共鳴効果は反応性に大きな影響を与える．求電子剤はアルケン部位のどちらの炭素を攻撃するだろうか．

? 酸素原子は非共有電子対をもつので，カルボニル基は電子供与基であると考えるかもしれないが，その場合妥当な共鳴構造を書くことができるだろうか．できないはずである．カルボカチオンの安定性に関連して，基礎17(p.82)でもう一度この問題を考える．

立体効果 steric effect

電子効果 electronic effect

立体効果でない効果はすべて電子効果である．電子効果でなければ立体効果である．

非局在化 delocalization

以下の化合物の分子模型をつくってみよう.

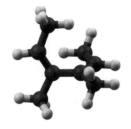

単結合と二重結合を交互にもつという定義に基づけば, この化合物は共役しているはずである. しかし多くのメチル基があるので, 二つの二重結合が同一平面にはなりえない. もし同一平面にならなければ, π結合の軌道は共役系全体にわたって重なることができない.

軌道が重なることができなければ, 共役することはできない.

以下にこの化合物の三次元表示を示す. 二つの二重結合はほとんど直交している[†].

二つの結合が同一平面になると共役によって約 $20\ kJ\ mol^{-1}$ 安定化されるが, この場合メチル基の重なりによる不安定化の方がずっと大きい.

ある化合物中の構造が共役しているかどうかは, いくつかの段階で考えていくとよい. まず, 構造を見て単結合と二重結合が交互にあることを確認する. 次に, 共役に必要な軌道の重なりを図示する. 最後に, 二重結合が同一平面にあるかどうかを確認する.

この考え方は単純な構造では簡単ではあるが, 原子, 結合や環の数が増えるにつれて難しくなる. 複雑な構造を見て慣れていこう.

5章では, 結合の回転によるエネルギーの変化を学ぶ.

† この構造は計算データに基づいて作図したものである.

共役の意味はわからなくても, 共役を見つける能力を身につけることは重要である.

 基礎 11

熱 力 学 の 定 義

ここでは, 反応がどこまで, そしてどれだけ速く進むかを説明するための基礎を学ぶ. まず出発物と生成物のエネルギー差について考える.

山の頂上に置いたボールが転がり落ちるように, すべての系は最低のエネルギー状態に向かう傾向がある. ほとんどの場合, 出発物と生成物は異なるエネルギーをもつ. 生成物が出発物より安定であれば, 反応は有利である. 出発物が生成物より

安定であれば，反応は不利である．反応のエネルギー論についてもう少し詳しく説明するために，いくつかの用語を学んでおこう．

発熱反応と吸熱反応

以下の仮想的な反応を考える．

$$A \longrightarrow B$$

BがAより安定であれば，反応は有利である．"安定"とは，生成物Bは出発物Aより小さい**エンタルピー**をもつことを意味する．このとき，エンタルピー変化ΔHは負である．これを**発熱反応**とよぶ．

エンタルピー enthalpy
発熱反応 exothermic reaction

AがBより安定であれば，反応は不利である．この場合，出発物Aは生成物Bより小さいエンタルピーをもつ．エンタルピー変化ΔHは正である．これを**吸熱反応**とよぶ．

吸熱反応 endothermic reaction

発エルゴン反応と吸エルゴン反応

ギブズ自由エネルギー Gibbs free-energy

本来はエンタルピー変化ではなく，**ギブズ自由エネルギー**の変化ΔGを考えるべきである．上記の反応をもう一度考える．この反応が溶液中で進行し，出発物1分子が生成物1分子になると仮定すると，この過程の**エントロピー**の変化ΔSはゼロに近い．$\Delta G = \Delta H - T\Delta S$なので，$\Delta S$がゼロであれば$\Delta G = \Delta H$となる．

エントロピー entropy

しかし，次のような反応では，出発物1分子が生成物2分子になる．この式の生成物側は本質的に乱雑さが大きく，ΔSは正である．したがって，反応のエンタルピー変化ΔHではなく，反応の自由エネルギー変化ΔGを考えなければならない．

$$A \longrightarrow B + C$$

発エルゴン反応 exergonic reaction
吸エルゴン反応 endergonic reaction

発エルゴン反応は負のΔGをもち，**吸エルゴン反応**は正のΔGをもつ．

上記のことは，反応の速さにはまったく関係ない．発熱反応や発エルゴン反応であっても遅い反応は多数ある．もちろん，反応系に十分なエネルギーを与えると反応が速く進むようになる．一般に，反応速度を大きくするために反応系の温度を上げる．反応速度については**基礎15**（p.72）で考える．

これから学ぶこと

経験を積めば，出発物と生成物の構造を見るだけで，どちらが安定であるか直感的にわかるようになる．また，エントロピー変化が大きい反応にもいずれ出会うだろう．このような反応では，生成物の一つとして気体が発生することが多く，実質非可逆である．

直感を磨いていくには，反応が発熱か吸熱かを決めるために反応中の結合解離と結合生成の過程を考える必要がある．**基礎12**（次節）では結合解離エネルギーを詳しく学び，**基礎13**（p.64）では結合解離エネルギーの計算法を説明する．**基礎35**（p.213）ではさらに複雑な計算を行う．また，**基礎14**（p.70）で反応全体のエネルギーの経過を学び，その後中間体（**基礎16**, p.74）と遷移状態（**基礎23**, p.118）の性質を考える．

基礎12
結合解離エネルギー

結合解離に伴うエネルギーの変化をよく理解するために，C−H結合の解離だけを伴う三つの反応を考えていく．

どの例も巻矢印をよく見て，表示された生成物がなぜ得られるか理解してほしい．

酸性度: カルボアニオンの生成

酸と塩基の平衡を以下に示す．H^+が生成するこの反応を最初に示すのは，最も一般的だからである．この反応はカルボアニオンも生成する．

$$R_3C-H \quad \rightleftharpoons \quad R_3\bar{C} \quad + \quad H^+$$

ここでは一方の原子が電子対をもって結合が解離する．**基礎8**（p.42）で学んだように，これは不均等開裂である．実際に，カルボアニオンの安定性を測定するとき，酸性度を指標として用いる．詳しいことは**基礎18**（p.84）で説明する．

水素化物イオン親和力: カルボカチオンの生成

次の反応はめったに見られない．C−H結合が解離してH^-が生成しているが，H^-が非常に不安定なためこの反応は有利ではない．したがって，C−H結合がこのように切れることはほとんどない．

この巻矢印はあまり見ないが，正しいこともある．この反応も不均等開裂である

$$R_3C-H \quad \rightleftharpoons \quad R_3\overset{+}{C} \quad + \quad H^-$$

逆反応はカルボカチオンの水素化物イオンに対する親和性を示す反応であり，水素化物イオン親和力をカルボカチオンの安定性の指標として使うことができる．詳しいことは**発展2**（p.91）で説明する．

炭化水素が解離して水素化物イオンを生成することはめったにないので，水素化物イオン親和力は学部の段階ではあまり学ばない．水素化物イオンが生成するようにC−H結合が解離する機構を書くと，たいていまちがっている．

この反応を知っておくことに価値がないわけではない．

均等開裂: ラジカルの生成

上記の反応では，C−H結合の電子対はどちらか一方の原子が受取った．この最後の例では，結合は均等開裂し，両方の原子が1個ずつ電子を受取りラジカルが生じる．

$$R_3C-H \quad \rightleftharpoons \quad R_3\dot{C} \quad + \quad H^{\cdot}$$

結合解離エネルギーとは何か

単純にいうと，**結合解離エネルギー**は結合が均等開裂して二つのラジカルを生成

結合解離エネルギー bond dissociation energy

結合解離エネルギーは，必ずしもある
特定の結合の解離しやすさを示す指標
ではない.

するときのエンタルピー変化である．たとえば，アルキン R−C≡C−H の C−H
結合はメタン CH$_4$ の C−H 結合より強い（**基礎 6**, p.28）．しかし，アルキンの水素
原子は酸性度が高く（理由は**基礎 18** で説明, p.89），強塩基を用いると比較的容易
に脱プロトンが起こる．メタンの C−H 結合はアルキンの C−H 結合より弱いにも
かかわらず，脱プロトンは非常に起こりにくい.

　結合解離エネルギーは慎重に扱うべきではあるが（**発展 1**, p.65），注意して正し
く扱えば有用な指標である．次節では，結合解離エネルギーを用いて化学反応全体
のエンタルピー変化を決定する方法を示す.

基礎 13
結合解離エネルギーから
反応エンタルピーを計算する

計算は誰でもできるはずである．もし
計算がまちがっていれば，どれかの結
合を見逃しているか，引くべきところ
を加えているかもしれない．まちがい
がなくなるまで，演習を繰返そう.

　分子中の各結合の強さがわかれば，反応のエンタルピー変化 ΔH を計算できる.
次に示すのは，平均結合解離エネルギーを kJ mol^{-1} 単位で示した表である．平均
結合解離エネルギーとは，H−Cl 結合のように値が一つしかありえない場合を除い
て，結合の種類ごとの代表的な値である．これらの数値の応用には限界があり，詳
しいことは**発展 1**（次節）で示す．ここではこれらの数値をそのまま使う.

平均結合解離エネルギー （kJ mol^{-1}）

H−H	436	C−C	350	C=C	611
H−Cl	432	C−H	410	C≡C	835
H−Br	366	C−O	350	C=O	732
H−I	298	C−Cl	330	C≡N	898
H−O	460	C−Br	270		
H−S	340	C−I	240		

　いくつか実例を示す.

例 1　比較的単純な置換反応を示す．ここではあえて電荷をもつ化学種がない例
を選んでいる．電荷をどのように扱うかは**基礎 35**（p.213）で考える.

$$H_3C-I \ + \ H_2O \ \longrightarrow \ H_3C-OH \ + \ HI$$

　この反応では，一つの C−I 結合と一つの O−H 結合が解離し，一つの C−O 結
合と一つの H−I 結合が生成する．生成する結合はマイナス，解離する結合はプラ
スとして計算する[†].

　したがって，

†　反応において結合解離エネルギー x
の結合が一つ生成すると，反応の ΔH は
−x となる.

$$\Delta H \ = \ (240+460) - (350+298) \ = \ +52 \ \text{kJ mol}^{-1}$$

となり，この反応は吸熱的である．C−O 結合は C−I 結合よりずっと強いので，

基礎
13

吸熱的であるとは予想しなかっただろう．しかし，O−H 結合が切れてずっと弱い
H−I 結合ができている．

　これらの数値にも注意すべきである．すべての O−H 結合が同じではない．表に
示すのは平均値であり，ある化合物中の O−H 結合は他の化合物中の O−H 結合
より強いかもしれない．ある化合物の結合解離エネルギーが平均より大きくなるか
小さくなるかを考えるため，いろいろな構造的要因をみていく．

例　2　この例は脱離反応である．すでに反応の種類は理解できているはずだが，
ここでは生成する結合と解離する結合を数えることに注目するだけでよい．

　この反応では，一つの C−H 結合と一つの C−I 結合が解離し，一つの H−I 結
合が生成する．さらに一つの C−C 単結合が一つの C=C 二重結合に変化する．こ
れを，一つの C−C 単結合が解離し一つの C=C 二重結合が生成するとみなす．実
際には C−C 単結合は解離していないが，ある結合が他の結合に変わるとき，前者
が解離して後者が生成すると考えてよい．したがって，

$$\Delta H = (410 + 240 + 350) - (611 + 298) = +91 \text{ kJ mol}^{-1}$$

これも吸熱反応である．

　本節では，実際の反応を考えるために必要な基礎的な事項を説明した．これは，
一つの結合が生成する反応にも，20 の結合が生成する反応にも応用できる．何が
変化したかを正確に追跡すればよい．そのためには，何が変化していないかも考え
る必要がある．**習慣 3**（p.24）でこの重要な考え方を学んだ．これらをふまえて，
反応のエンタルピー変化を計算する演習を行っていこう．

実際の脱離反応では，水素原子
を引抜くために塩基を使う．この
とき HI は生成しない．学習が進め
ば，反応条件から実際に何が生成
するか考えられるようになる．

この計算はまちがえやすいので，
結合解離エネルギーの分だけ上下
するようなエネルギー準位を図示
するのがよい．この方法によりま
ちがいを減らすことができる．

発展 1
結合解離エネルギーを詳しく調べる

　発展の節は，発展的な内容を詳しく説明することを目的としている．ここでは，
結合解離エネルギーについてみていく．最初は簡単に読んで後で戻ってきてもよ
い．

　基礎 13（前節）の表中のいくつかの結合解離エネルギーは，**基礎 6**（p.28）の図
中のものとかなり異なることに気づいたかもしれない．**基礎 6**では，アルケンの
C−H 結合はアルカンの C−H 結合より強いことを説明した．そのデータを次ペー
ジに再び示す．

377 kJ mol⁻¹(0.157 nm)

$$377 \text{ kJ mol}^{-1} (0.157 \text{ nm})$$
$$420 \text{ kJ mol}^{-1} (0.110 \text{ nm})$$

$$728 \text{ kJ mol}^{-1} (0.135 \text{ nm})$$
$$458 \text{ kJ mol}^{-1} (0.107 \text{ nm})$$

$$954 \text{ kJ mol}^{-1} (0.121 \text{ nm})$$
$$549 \text{ kJ mol}^{-1} (0.106 \text{ nm})$$

基礎13の表を再度見てみよう．エチレンの二重結合の結合解離エネルギーは 728 kJ mol⁻¹ であり，同じ種類の結合の平均結合解離エネルギーは 611 kJ mol⁻¹ である．

これは最も簡単なアルケンであるエチレンの値に比べてずっと小さい．

この値は何を平均しているのであろうか．その答えはそれほど単純ではない．

メタン，エチレンとアセチレンの結合解離エネルギーを考える．各 C–H 結合が順番に解離していくとする．

$$+439 \text{ kJ mol}^{-1} \qquad +462 \text{ kJ mol}^{-1} \qquad +424 \text{ kJ mol}^{-1}$$

$$+339 \text{ kJ mol}^{-1}$$

メタンの C–H 結合の強さは，四つの数値の平均（416 kJ mol⁻¹）だろうか，それとも最初の解離のエネルギーだろうか．ここでいったん，エチレンとアセチレンをみてみよう．エチレンからアセチレンが得られるので一緒に考える．

$$+458 \text{ kJ mol}^{-1} \qquad +141 \text{ kJ mol}^{-1}$$

$$+339 \text{ kJ mol}^{-1} \qquad\qquad +549 \text{ kJ mol}^{-1}$$

$$+351 \text{ kJ mol}^{-1}$$

$$+487 \text{ kJ mol}^{-1}$$

エチレンの最初の C–H 結合解離エネルギーは 458 kJ mol⁻¹ である．アセチレンでは 549 kJ mol⁻¹ である．エチレンの四つの C–H 結合の平均結合解離エネルギー

は 409 kJ mol⁻¹, アセチレンの二つの C−H 結合では 518 kJ mol⁻¹ である. 平均値を比べると, エチレンの解離エネルギーはメタンより小さい. これは平均としては正しいが, 一つの結合の解離としては正しくない.

個別の結合の強さを比較するために平均結合解離エネルギーを使うと, 正しい傾向がわからないことがある. 反応のエンタルピー変化を計算するために最初の結合解離エネルギーを使うと, 数値は実際の値よりかなり離れるかもしれない.

この問題点を確認するために, 具体的に計算してみよう.

> 本節冒頭に示した特定の結合解離エネルギーと基礎13の表中の平均結合解離エネルギーを用いて, この反応のエンタルピー変化を計算せよ. 表中のH−Hの値も使う必要がある.

特定の結合解離エネルギーを用いると, 解答は以下のようになる.

発　生	吸　収
四つの sp² C−H 結合: 4×458 kJ mol⁻¹ 一つの H−H 結合: 436 kJ mol⁻¹ 一つの C＝C 結合: 728 kJ mol⁻¹	六つの sp³ C−H 結合: 6×420 kJ mol⁻¹ 一つの C−C 結合: 377 kJ mol⁻¹
2996 kJ mol⁻¹	2897 kJ mol⁻¹

これに基づいて計算すると, 反応は 99 kJ mol⁻¹ の吸熱となる.

平均結合解離エネルギーを用いると, 結果は以下のようになる.

発　生	吸　収
四つの sp² C−H 結合: 4×410 kJ mol⁻¹ 一つの H−H 結合: 436 kJ mol⁻¹ 一つの C＝C 結合: 611 kJ mol⁻¹	六つの sp³ C−H 結合: 6×410 kJ mol⁻¹ 一つの C−C 結合: 350 kJ mol⁻¹
2687 kJ mol⁻¹	2810 kJ mol⁻¹

これに基づいて計算すると, 反応は 123 kJ mol⁻¹ の発熱となる.

実際のエチレンの水素化のエンタルピー変化は −137 kJ mol⁻¹ (発熱) であり, 平均結合解離エネルギーを用いて計算した方がこの値によく一致している. 特定の結合解離エネルギーを用いて計算すると, エンタルピー変化の符号が逆になる.

特定の個別の結合解離エネルギーと平均結合解離エネルギーがある. **結合解離エネルギー**は, 分子中の個別の結合の強さを示す. **平均結合解離エネルギー**は, 反応のエンタルピー変化を計算するために相加的に使うことができる代表的な値である.

さらに, 二つの異なるアルケンの水素化反応のエンタルピー変化を比較するとき, 各系の適切な平均結合解離エネルギーを使う必要がある. これらのデータは必ずしも簡単に見つからない.

これは, エチレンが完全に解離する経路で生じるさまざまな中間体の安定性が異なるためである.

これらの数値は注意して使うべきである. すべてのC−H結合(あらゆる他の種類の結合)が同じではないことを覚えてほしい.

68

 演習 7

反応エンタルピーの計算

有機化学者がこのような計算を行うことはほとんどないが，反応を見て吸熱的であるか発熱的であるかが直感的にわかるようになるために，演習することにしよう.

平均結合解離エネルギーの表をもう一度示す．いくつかの数値を追加している．この表の数値を用いて，次の各反応の反応エンタルピーを求めよ.

平均結合解離エネルギー（kJ mol^{-1}）

H–H	436	C–C	350	C≡N	898
H–Cl	432	C–H	410	C≡C	835
H–Br	366	C–O	350	C=C	611
H–I	298	C–N	300	C=O	732
H–O	460	C–Cl	330	C=N	615
H–N	390	C–Br	270	N–N	240
H–S	340	C–I	240		

必要なことは，結合を数えて，その数を加えるまたは引くことだけである.

💡 **問題1** まず置換反応を考える．置換反応では，一つの結合が切れて一つの結合ができる．次の例ではこれが2回起こる．NC基はシアノ基ではなくイソシアノ基であることに注意しよう．窒素原子がエトキシカルボニル基のα炭素に直接結合している.

もちろん，窒素原子を含む結合は解離していないので，この問題では関係がない.

💡 **問題2** この問題は複雑にみえる．一方の出発物には一つの八員環と二つの三員環がある．生成物は構造の書き方が異なるので，結合の順番を見つけるのは簡単ではない．もし生成物と出発物の関係がわからなければ，生成物の模型をつくってみよう.

❓ ほかにどのような構造異性体が生成すると予想されるか（基礎27, p.159）.

反応の詳細2（p.149）に進めば，置換反応が特定の立体化学で起こることがわか

る．その時点でこの問題に戻り，なぜこの立体異性体だけが生成するか理解できることを確かめよう．

さっそく，巻矢印を使って生成物の構造を書いてみよう．答えが正しいかどうか気にすることはない．そのうち構造を書くことに慣れていくだろう．

💡 **問題3**　次は脱離反応である．ここでもあえて非常に複雑な例を選んでいる．問題となっている構造の部分に注目するスキルを身につけよう．

非常に長く見える C-O 結合がある．これは構造を書くときの都合によるもので，すべての結合はほぼ同じ長さである．ここでは形について気にすることはない．生成する結合と解離する結合に注目しよう．

この化合物の模型をつくってみよう．6章を学んでからここに戻ってくると，どのような機構で反応が起こり，どのような反応条件が必要であるかわかるだろう．

💡 **問題4**　次は本書で扱わない反応である．まだ習っていない略称の置換基があるが，変化していないので考える必要はない．

二重結合が単結合になるときは，二重結合を完全に切って単結合をつくればよい．

💡 **問題5**　最後の問題はかなり難しい．この反応はストリキニーネの古典的な全合成の第一段階である．解離する結合，生成する結合はそれほど多くない．もちろん，どのように反応が起こるかは知らなくてもよい．結合の変化だけを追跡しよう．

この場合，反応前後の結合をすべて数え，それらを差引いた残りを考えるのが簡単だろう．最終的には，結果にたどり着く方法は人によって違う．自分に合った方法を見つけよう．

原則としてどのような反応でも計算することができるが，ときには複雑な反応剤の結合解離エネルギーを考える必要があるかもしれない．酸化状態が変わらないで反応する有機分子については，この手法は比較的簡単で役に立つ．本書では酸化または還元反応を詳しく扱っていないので，酸化状態については定義していない．

基礎14

反応エネルギー図

基礎11（p.61）では，出発物と生成物のエネルギー差を考えた．反応生成物が出発物より安定であると反応が進むように思えるかもしれないが，実際はずっと複雑である．出発物と生成物の間で何が起こるかを考える必要がある．また，反応が進むかどうかだけではなく，反応が有意な速度で進むかどうかも検討する必要がある．これは**反応エネルギー図**を書くとわかりやすい．

反応エネルギー図 reaction profile

反応エネルギー図（または反応座標図）はエネルギーと反応の進行度の関係を示す図である．

SN2 機構：中間体のない反応エネルギー図

非常に簡単な反応エネルギー図を示す．出発物は左側に，生成物は右側にある．この場合，生成物は出発物より安定である．したがって，この反応は発熱であり，有利な反応である．反応エネルギー図から反応の速さはわからないが，反応が平衡に達すると出発物より生成物が多くなるはずである．

活性化エネルギー activation energy

反応速度は活性化エネルギーで決まる．基礎15（p.73）の式で計算できる．

反応が進むために越えなければならないエネルギーの障壁があり，これは**活性化エネルギー**とよばれる．十分な割合の分子が十分なエネルギーをもてば，反応は進行する．

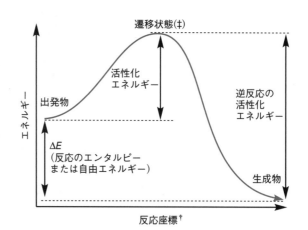

† 訳注：反応座標は反応の進行度を示す．

障壁が高いほど，すなわち活性化エネルギーが大きいほど，一定時間内に十分なエネルギーをもつ分子は少なく，反応は遅い．必要なエネルギーをもつ分子を多くしたければ，反応の温度を上げればよい．

ここで反応がどこまで，そしてどれくらい速く進むかを説明する手段ができた．

この反応エネルギー図でもう一つ説明する必要があるのは遷移状態である．ヨードメタンと水酸化物イオンのSN2反応を考える．

$$HO^- + H_3C-I \longrightarrow \left[\begin{array}{c} H \\ \overset{\delta-}{HO}--\overset{|}{C}---\overset{\delta-}{I} \\ H\ H \end{array} \right]^{\ddagger} \longrightarrow HO-CH_3 + I^-$$

遷移状態 transition state

角括弧 ［ ］で囲んだ中央の構造は**遷移状態**である．記号‡は遷移状態を示す．遷

移状態については**基礎23**（p.118）で詳しく学ぶ．ここでは，求核剤が炭素原子を攻撃するにつれて，ヨウ化物イオンが離れていく．C−O結合が部分的に生成しC−I結合が部分的に解離すると，エネルギーが極大になり，その後生成物に向かって安定になる．この反応エネルギー図には中間体は存在しない．

S_N1 機構: 一つの中間体をもつ反応エネルギー図

　異なる機構で進む置換反応として，ハロゲン化アルキルのS_N1反応を考える．最初の段階はカルボカチオンの生成である．カルボカチオンについては**基礎16**（p.74）およびそれ以降で説明する．ここでは，カルボカチオンは結合の解離により生成する電荷をもつ化学種であり，出発物や生成物より高いエネルギーをもつ（不安定である）ことがわかっていればよい．反応エネルギー図を示す．

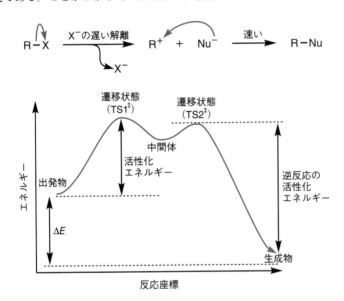

　反応エネルギー図は一つの山ではなく，最初の山の後に谷を経て二つ目の山をもつ．二つの山の間にあるのがカルボカチオン**中間体**（正確には，完全に分離したR^+とX^-）である．R−X結合がばねであると考えてみよう．このばねを伸ばすことで結合を切るには，結合が切れる瞬間までエネルギーを加え続ける必要がある．結合が切れると少しエネルギーが下がる．反応座標に沿った最高エネルギーの点は，遷移状態（TS1‡）である．

　カルボカチオンと求核剤の間に結合が生成するにつれて，逆のことが起こる．最初はエネルギーが上がり，結合が生成するにつれてエネルギーが下がり始める．中間体と生成物の間にもう一つの遷移状態（TS2‡）がある．

　遷移状態と中間体についてもう少し詳しく考えよう．これらが何であるか理解しておくことは非常に重要である．

中間体とは何か

　単純な反応を考える．

$$A \longrightarrow B \longrightarrow C$$

基本的反応様式1（p.42）で，置換反応には二つの機構があることを学んだ．決める必要があるのは，ある基質が置換反応を起こすかどうか，もし起こすとすればどちらの機構であるかである．

基礎14

中間体 intermediate

中央にある B は，出発物 A から最終生成物 C への反応の途中に生成する．反応によって B にはいろいろな意味がある．基本的には，二つの異なる状況がある．

1. A から B への変換が，B から C への変換より速い．
2. A から B への変換が，B から C への変換より遅い．

前者の場合，原則として反応は B で止まり，B は反応の生成物となりうる．すなわち B は非常に安定である．興味があるのは後者の場合であり，B はある程度安定ではあるが，速やかに反応して生成物になる．

ここで考える最も重要な中間体はカルボカチオンとカルボアニオンである．**基礎16** では，これらの化学種の安定性に影響を与える要因を学ぶ．中間体が安定であるほど，反応座標でのエネルギーは低くなる．遷移状態と中間体のエネルギーの関係に関するハモンドの仮説（**基礎19**, p.102）を学べば，中間体がどれくらい速く生成するかわかるようになる．

遷移状態とは何か

簡単にいうと，遷移状態はエネルギー曲線の頂点で存在するものである．S_N2 反応を考えてみよう．求核剤から炭素への結合が生成すると同時に，炭素から脱離基への結合が解離する．反応の方向に沿ってエネルギーが最大になるどこかの点で，二つの結合はそれぞれ半分結合しているとみなすことができる．この説明で当面は十分である．遷移状態について詳しいことは**基礎23** で学ぶ．

反応の選択性

これから官能基選択性，位置選択性，立体選択性などいくつかの種類の選択性を学ぶことになる．

> 混乱しないようにしよう．ある反応で二つ以上の生成物が可能であるとき，最も速く生じる生成物への経路が最も低いエネルギー障壁をもつ．

ただし，さまざまな過程の生成物が相互に変換しないことを仮定しているので，これは少し単純化しすぎている．

各種類の選択性を正しく理解しているか確認しよう．

官能基選択性は**基礎26**（p.158），位置選択性は**基礎27**（p.159），立体選択性は**基礎28**（p.159）で説明する．

 基礎15

反応はどれくらい速いか

基礎13（p.64）では，反応がエネルギー的に有利（発熱）かどうかをどのように決めるかを学んだ．**基礎14**（p.70）では反応エネルギー図を学び，反応には活性化エネルギーがあることを説明した．もし活性化エネルギーが非常に高いと，発熱（または発エルゴン）であるかどうかに関係なく，反応は非常に遅い．

グルコースの酸化の反応式を示す．計算に影響はないので，ここでは立体化学は省略している．p.68 の表の結合解離エネルギーを用いて[†]，反応のエンタルピー変化を計算せよ．

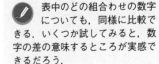

HO, OH などの構造式 + 6 O₂ ⟶ 6 CO₂ + 6 H₂O

酸素雰囲気下では，木は二酸化炭素と水に比べて不安定であるが，自発的には酸化されない．熱力学的には安定ではないが，速度論的には安定であり，酸化は非常に遅い．

† 訳注: O＝O 結合の平均結合解離エネルギーは 498 kJ mol⁻¹ を用いよ．

すべての結合を切って，グルコースを完全にばらばらにしてみよう．C−H 結合が表示されていないことを忘れないように．

反応速度を考える

次の式は基本的な物理化学の速度論の式であり，**アレニウスの式**とよばれる．

アレニウスの式 Arrhenius equation

$$k = Ae^{\frac{-E_a}{RT}}$$

ここで，k は反応の速度定数，E_a は活性化エネルギー（J mol⁻¹），R は気体定数（8.314 J mol⁻¹ K⁻¹），T はケルビン（K）単位の温度，A は衝突の頻度に関係した頻度因子である．

式の関係に注目すると，ある変数が変化したとき答えがどのように変化するか理解しやすくなる．この場合は対数の関係である．

次の重要な質問を考える必要がある．

1. 温度が変化すると速度定数はどのように変化するか．
2. 妥当な活性化エネルギーはどれくらいであるか．

ある活性化エネルギーと温度での反応の相対速度

さまざまな活性化エネルギーと温度での反応の相対速度を表に示す．

反応の相対速度

温度(K)	活性化エネルギー(kJ mol⁻¹)		
	10	20	50
273	45,000,000	550,000	1
293	60,000,000	1,000,000	4.5
313	79,500,000	1,700,000	16.8

† 反応剤の濃度など他の重要な要因がわからないので，これは仮定である．

表中の数字は何を意味するだろうか．活性化エネルギーが 20 kJ mol⁻¹ の反応は 293 K で反応が終了するのに 1 分かかるとすると，活性化エネルギーが 50 kJ mol⁻¹ の反応が終了するには約 22 週間必要である[†]．

反応は温度が上がるにつれて速くなる．これらは比例ではなく対数の関係なの

表中のどの組合わせの数字についても，同様に比較できる．いくつか試してみると，数字の差の意味するところが実感できるだろう．

で，"反応温度が x 度上昇すれば，速度が2倍になる"のように単純に表現できない．

エネルギーが $100\ kJ\ mol^{-1}$ 以上の反応は室温では非常に遅い．反応が許容できる速度で進むためには，加熱が必要である．反応には，$-78\ ℃$ でも速く進むものがあれば，$150\ ℃$（またはそれ以上）に加熱が必要なものもある．反応は幅広い温度で行うことができる．触媒を使うと活性化エネルギーが小さくなり，反応が速くなる．知っておいてほしいのは，活性化エネルギーが少し大きくなっただけでも，反応はかなり遅くなることである．

ある反応が遅くなると，別の反応が起こりやすくなる．さまざまな反応が競合する例は多い．

基礎16
カルボカチオン，カルボアニオンとラジカルの基礎

本節ではカルボカチオンおよびカルボアニオンの基礎を学んでいく．安定性についてもあわせて説明する．

単純なカルボカチオン：構造と安定性

カルボカチオン carbocation

† 正確な用語はカルベニウムイオンであるが，教科書によってはこのような化学種をカルボニウムイオンとよぶことがある．カルボニウムイオンは R_5C^+ である．R_3C^+ も R_5C^+ も正に荷電した炭素をもつので，両方ともカルボカチオンとよぶのは正しい．命名の問題を避けるために，本書ではこの構造をカルボカチオンとよぶ．

カルボカチオンは，三つの結合をもつ正に荷電した炭素原子を含む化学種 R_3C^+ である†．カルボカチオンの電子構造は，正電荷が局在化した p 軌道（すなわち空の p 軌道）をもつ sp^2 混成炭素原子からなる．したがって，アルケンと同様にカルボカチオンは平面である．

第三級，第二級，第一級の用語に慣れる必要がある．第三級カルボカチオンが安定であることを知っていても，どれが第三級かわからないと意味がない．

カルボカチオンを安定化する要因をみていこう．置換基としてメチル基をもつカルボカチオンの基本的な傾向は次のとおりである．

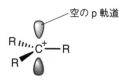

メチル基が電子を供与することには慣れる必要がある．アルキル基を数えるだけではいけない．

電子の供与により正電荷が弱まると，カルボカチオンは安定化される．この傾向をふまえると，正電荷を安定化するためにメチル基は電子供与基でなければならない．実際に，メチル基は正電荷に電子を供与することができる．では，どの電子が供与されているのだろうか．

基本的な原理に基づくと，メチル基が供与できる電子は，正しい対称性で p 軌道と重なる必要がある．次の図に，カルボカチオンの空の p 軌道と C−H 結合の被占

sp³ 軌道を示す．これらの軌道の対称性は一致している．sp³ 混成の形は p 軌道の寄与に由来することを思い出そう．

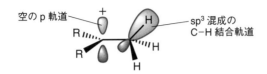

　重なることができる二つの軌道のうち，一つは被占軌道，もう一つは空軌道である．二つの軌道が重なると二つの新しい軌道ができ，一つはエネルギーが低く，もう一つはエネルギーが高い．電子は 2 個存在するので，低いエネルギーの軌道に電子が入り，系全体のエネルギーは低くなる．

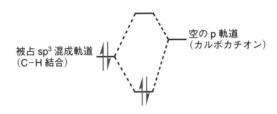

　カルボカチオンは sp² 混成である．炭素に結合した置換基は三つだけで，最外殻電子は6 個である．基礎 6(p.27) で述べたように，sp² 炭素の結合は sp³ 炭素の結合より強い．結合が強くなるように，電子対と置換基はできるだけ離れようとする．

　この安定化は C−H 結合に限ったものではない．しかし，カルボカチオンの p 軌道と sp³ 混成の C−H または C−C 結合の軌道の相互作用は，他の種類の結合と比べて大きな安定化をもたらす．また，相互作用できる C−H または C−C 結合が多いほど安定化が大きい．したがって，$(CH_3)_3C^+$ は CH_3^+ よりずっと安定である．しかし，後で述べるように，どちらも不安定であることに変わりはない．

超共役

　この種の安定化は**超共役**とよばれる．超共役の共鳴構造は次のように書くことができる．左側の構造は，中央の炭素原子が正電荷をもつカルボカチオンであり，一つだけ C−H 結合を明示している．巻矢印は C−H 結合の中央から始まり，C−C 結合に向かう．この巻矢印により，C−H 結合が切れて，C−C 結合が二重結合になる．

超共役 hyperconjugation

$$\left[\begin{array}{c} \text{H}_3\text{C} \\ \overset{+}{} \quad \text{H} \\ \text{H}_3\text{C} \end{array} \longleftrightarrow \begin{array}{c} \text{H}_3\text{C} \quad \text{H}^+ \\ \\ \text{H}_3\text{C} \end{array} \right]$$

　共鳴構造では C−H 結合が切れているのに，実際には切れていないことに混乱するだろう．幸いにも，ここでは共鳴構造と分子軌道の表示を関係づけることができる．共鳴構造は，C−H 結合による電子の供与がカルボカチオンを安定化することを示す．

　共鳴構造の書き方に慣れて，共鳴構造が安定性について何を意味するか理解する必要がある．しばらくすると，実際に書かなくても可能な共鳴構造をすべて予想できるようになるだろう．また，安定性を示すために，どの共鳴構造を書けばよいかもわかるだろう．

安定性とは何か

　結合した置換基がカルボカチオンをどのように安定化するかを学んだ．しかし，メチルカチオン CH_3^+ と t-ブチルカチオン $(CH_3)_3C^+$ の安定性を直接比較することができるだろうか．

　異性体でなければ安定性を直接比較することはできない．t-ブチルカチオンと n-ブチルカチオンの固有の安定性（生成熱）であれば比較することができる．

　このことは，これまでの説明を無駄にしているわけではない．エネルギーの基準を加える必要があるだけである．カルボカチオンの安定性は適切な前駆体の安定性と比べなければならない．ここでは，一般的なハロゲン化アルキル R−X からカルボカチオンの生成を考える．

$$R-X \longrightarrow R^+ + X^-$$

　次の反応エネルギー図を見てほしい．**基礎14**（p.71）の図とほとんど同じである．問題点に注目できるように，いくつかの情報を削除している．

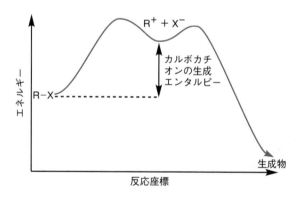

　同じ X を使う限り，X^- の安定性は変わらないはずである．X^- が含まれているが，単に R^+ の安定性をみていると考えればよい．したがって，図中で強調したエネルギー差は，前駆体に対するカルボカチオンの安定性である．

カルボカチオンの安定性における立体効果

　基本的な事実から始める．

　カルボカチオンは平面形である．ハロゲン化アルキルは四面体形である．

　次の反応を考える．ここでは，分子の形を示すために実線くさびと破線くさびを

使っている．この表示に慣れておくと便利である．

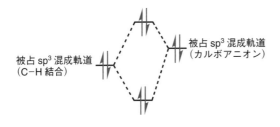

　反応エネルギー図を見てほしい．カルボカチオンが生成するにつれて，C−Br 結合が解離してエネルギーが高くなる．これと同時に *t*-ブチル基のメチル基同士は離れていく．立体ひずみが軽減されるので，これは有利な変化である．臭化 *t*-ブチルでは，メチル基は互いに混み合っている．反応エネルギー図では，R−X は立体ひずみのため不安定化されている．したがって，カルボカチオンの生成エンタルピーは小さくなる．

　結果としてメチル基がカルボカチオンの正電荷を安定化する電子効果と，ハロゲン化アルキル前駆体を不安定化する立体効果が働く[†]．

† アルケンのプロトン化によりカルボカチオンが生成するとどうなるだろうか．同じ立体効果が働くだろうか．

単純なカルボアニオン: 構造と安定性

　カルボアニオンは負電荷をもつ炭素原子を含む化学種である．単純なアルキル基をもつカルボアニオンの安定性は，カルボカチオンと逆の傾向にある．

カルボアニオン carbanion

第三級 < 第二級 < 第一級 < メチル

最も不安定　　　　　　　　　　　　　　最も安定

　これは予想どおりで，多くのメチル基があると正電荷が安定化されるが，負電荷は不安定化される．この分子軌道図は以下のように書くことができる．カルボカチオンの場合にみられた安定化はここでは起こらず，むしろカルボアニオンは不安定化されている．

被占 sp³ 混成軌道
（C−H 結合）

被占 sp³ 混成軌道
（カルボアニオン）

　単純なカルボアニオンは四面体形である．外殻電子は 8 個あり，四つの分子軌道に入る．8 個の電子のうち 2 個は結合をつくっていない．炭素が非共有電子対をもつとみなしてよい．カルボアニオンは四面体形と述べたが，一つの位置には非共有電子対があるので，より正確には三角錐形というのが正しい．一般に，カルボアニオンは以下に示すような反転を速く起こす．ある種のカルボアニオンでは，反転が重要である．ここでは，メチルアニオンはアンモニア NH₃ と等電子であり，アン

モニアと同じように反転することがわかればよい.

これは形，すなわち立体化学に関係することである．立体化学は3章で学ぶ．

カルボアニオンの安定性における立体効果

カルボアニオンの安定性における立体効果について考える．

> **?** 立体効果だけを考えたとき，アルキル基が多くなるとカルボアニオンは安定になるか，それとも不安定になるか．

四面体形のカルボアニオンでは，アルキル基が増えると立体ひずみが増大する．したがって，カルボアニオンは置換基（単純なアルキル基）が多いほど立体的にも電子的にも不安定になる．

ラ ジ カ ル

ラジカルは対をつくっていない不対電子をもつ化学種である．ラジカルは合成中間体として有用であり，生体反応で非常に重要である．ここでは，単純なラジカルについてだけ説明する．カルボカチオンを安定にする要因はラジカルも安定にするので，安定性の傾向は同じである．

第三級		第二級		第一級		メチル
$(CH_3)_3C\cdot$	>	$(CH_3)_2\overset{\cdot}{C}H$	>	$CH_3\overset{\cdot}{C}H_2$	>	$\overset{\cdot}{C}H_3$
最も安定						最も不安定

ラジカルは1電子を示す点を用いて上記のように表示する．ラジカルは電荷をもたない．ラジカルアニオンやラジカルカチオンもあるが，ここでは気にしなくてよい．

分子軌道図はカルボカチオンの場合と似ているので，ラジカルがなぜ同じ傾向を示すのかわかるだろう．

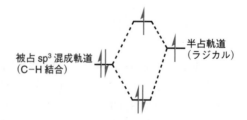

ここでは2電子は安定になり，1電子は不安定になっている．全体としては安定になるので，C−H結合はラジカルを安定化する．

ま　と　め

　安定性の傾向は十分に理解しておく必要がある．これまでは基礎だけを説明した．以降，さまざまな種類の置換基について，カルボカチオンやカルボアニオンの安定性に及ぼす効果を考えていく．新しい内容を学ぶために，全体的な傾向を理解しておく必要がある．反応性を説明するとき，二つの異なる化合物あるいは一つの化合物中の二つの異なる官能基の反応速度を比較することがよくある．このような選択性は，有機合成にとどまらず生体反応においても重要である．

　よくあるまちがい5（p.106）でも取上げるが，まずは以下のことに注意しよう．

　カルボカチオンとカルボアニオンでは安定性の傾向が異なる．カルボカチオンの安定性を最初に学び，置換基が多いほど安定であることが習慣となってしまうと，カルボアニオンも置換基が多いほど安定であると考えるかもしれない．このまちがいは重大である．

　さらに注意点を二つあげておく．

部分電荷に関すること　部分電荷の考え方について少し考える．ほとんどすべての反応では，反応座標に沿って反応が進むにつれて，電荷が再分配される．このとき，正電荷または負電荷が生じ，構造によってその化合物は安定化または不安定化される．この安定化または不安定化の程度によって，反応が起こるかどうか，いくつかの可能性のうちどの反応が起こるかが決まる．カルボカチオンやカルボアニオンの安定性がわからないと，どのようなときに部分電荷が安定化されるかわからないだろう．

安定とは何を意味するのか　一般に，カルボカチオン，カルボアニオンおよびラジカルはすべて不安定である．しかし，そのなかでも相対的に安定なもの，不安定なものがある．

　"安定"という言葉をみると，その化学種は本当に安定であると思うかもしれない．しかし，"あるカルボカチオンが安定であると，反応性が低いであろう．すなわち，最も安定なカルボカチンを経由する反応は最も遅くなるであろう"という論理はまちがっている．

　カルボカチオンの安定性を説明するために用いた反応エネルギー図を見直してみよう．最終生成物は出発物より安定である．もしそうでなければ，反応は望む方向に進行しない．
　カルボカチオンの生成には活性化障壁があり，カルボカチオンの反応にも活性化障壁がある．カルボカチオンの反応の障壁がカルボカチオンの生成の障壁より高い状況は予想しにくいだろう．

　カルボカチオンを経由する反応の速度を考えるとき，最も遅い段階は常にカルボカチオンの生成である．したがって，二つの反応を比較するとき，安定なカルボカチオンはより速く生成するので，安定なカルボカチオンを経由する反応が最も速い．カルボカチオン自体の反応は，どれだけ安定であってもカルボカチオンの生成より速い．

基礎 17
カルボカチオンの安定性に及ぼす
さまざまな効果

　　基礎 16（前節）では，カルボカチオンの炭素原子に結合したアルキル基の数が，安定性に大きな影響を及ぼすことを学んだ．もちろん，カルボカチオンの炭素原子にはさまざまな置換基が結合することがあり，その安定性にさまざまな影響を与えるだろう．本節ではこれを詳しく考えていく．大原則から始める．

　　カルボカチオンは電子供与基により安定化され，電子求引基により不安定化される．

学習の初期の段階では"置換基が多いほど安定である"または"置換基が電子をもつので電子供与性に違いない"のように型どおりに反応を考える傾向がある．これらは必ずしも正しくはない．型どおりに反応を考えることから抜け出し，演習を通して直感を養おう．

　　この段階で重要なことは，さまざまなカルボカチオンを見て，結合した置換基を系統的に調べ，その置換基がカルボカチオンを安定化するか不安定化するかを決めることである．

平面形カルボカチオンは四面体形カルボカチオンより安定である

　　基礎 16 では，カルボカチオンは平面形であることを学んだ．これを詳しく考えるために，仮想の四面体形カルボカチオンと直接比較する．形以外は同じの平面形カルボカチオンと四面体形カルボカチオンのエネルギーを比較すると，平面形カルボカチオンが約 $100\ kJ\ mol^{-1}$ 安定である[†]．ここでは比較の方法は説明しない（**発展 2**, p.91）．

† 訳注: これは超共役と立体効果で説明できる（**基礎 16**, p.75〜77）

　　すでに学んだ巻矢印を用いて，カルボカチオンを生成する反応およびカルボカチオンそのものの構造を考える．架橋二環性の第三級カルボカチオンが生成する仮想的な反応を以下に示す．この反応は極度に遅く，起こらないといってもよい．なぜだろうか．

知っておくべきことは，カルボカチオンが平面になることができないと非常に不安定であることである．

これを理解するために最も簡単な方法は分子模型をつくることである．プラスチック製の分子模型を用いると，物体の形がわかりやすくなる．いずれは使わなくてもわかるようになるだろう．

　　理由は非常に単純である．このカルボカチオンは平面になることができない．したがって不安定であり，生成しない．
　　この場合，上記のカルボカチオンの模型をつくりカルボカチオンの炭素を平面にすると，分子模型が壊れてしまうであろう．この炭素を平面にするには，かなりの力をかける必要がある．実際の分子におけるひずみも同じことである．これが確認できれば，簡単には忘れないだろう．
　　カルボカチオンに結合できる他の置換基の効果をみていこう．

カルボカチオンを安定化する二重結合

カルボカチオンの空の p 軌道と正しい対称性と構造で配置できる被占軌道があると，カルボカチオンが安定化される．

　　カルボカチオンの安定性に影響を及ぼす要因は他にも多くある．しかし，それらを調べていくと，原理はすべて同じであることがわかる．基本的には，カルボカチ

オンの炭素原子に対して電子を供与するものがカルボカチオンを安定化する.

　電子を供与する構造の一つとしてアルケンがある. 次のアリルカチオン[†]は, 二つの等価な共鳴構造をもつ. 両羽の矢印を用いて角括弧内に共鳴構造を示す.

†　アリル基とは CH$_2$=CH−CH$_2$− をさす.

基礎
17

臭化アリル　　　　　　　　　　　　　　アリルカチオン

　次の例では, 二重結合の代わりにベンゼン環が置換している. ベンジルカチオン[†]はベンゼン環の π 軌道の電子によって安定化される. これは次に示すような共鳴構造で表示できる.

†　ベンジル基とは Ph−CH$_2$− をさす.

臭化ベンジル　　　　　　　　　　　　　　　　　　　　　　　ベンジルカチオン

　共鳴構造を書くとき, いくつか注意点がある.

1. 共鳴構造の間の共鳴を示すために両羽の巻矢印を使い, すべての共鳴構造を角括弧で囲む.
2. 正電荷はどの炭素につけてもよいわけではない. 正電荷をつけてよい炭素は決まっている.
3. "異なる構造間"で共鳴しているカチオンを示しているのではない. この単純化された書き方を用いて, 電荷の分布, 二重結合の程度などを示す. 上記の構造では正電荷は四つの炭素原子のどこかに分布し, 本当の構造はすべての共鳴構造の共鳴混成体である.

　次のように, 安定化を軌道の重なりで示すこともできる. これは超共役 (**基礎16**, p.75) の分子軌道表示によく似ている. アリルカチオンでも同じように表示することができる.

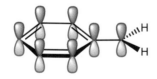

　ベンジルカチオンは t−ブチルカチオン (CH$_3$)$_3$C$^+$ とほぼ同じくらい安定である. 一つの芳香環による安定化は, 九つの C−H 結合による安定化〔(CH$_3$)$_3$C$^+$ では九つの C−H 結合すべてが空の p 軌道と同時に重なるような位置はとれないことに注意〕と同程度である.

　次ページに示す二つのカルボカチオンはそれぞれ二つと三つのベンゼン環をもつので, さらに安定であると考えるだろう.

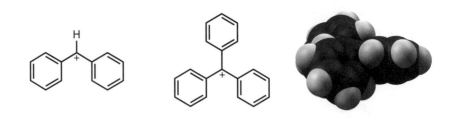

そのとおりである．しかし，3番目のフェニル基による安定化の効果は，2番目までのフェニル基による効果に比べてかなり小さい．これは，カルボカチオンの形を見ると理解することができる．トリフェニルメチルカチオンの三次元空間充塡模型を右に示した．フェニル基がわずかにねじれ，構造がプロペラに似ていることがわかる．このねじれのため上記の軌道の重なりが効果的に働かなくなり，各フェニル基による安定化が十分ではなくなる．これは**発展2**（p.93）で定量的に考える．

カルボカチオンを不安定化する二重結合

二重結合はいつもカルボカチオンを安定化するわけではない．次の構造を考える．

構造と安定性についてよく理解していると，カルボニル基に直接結合した炭素原子に正電荷があると抵抗を感じるので，書くことはまずない．理解を深めるため，ここではこのカルボカチオンがなぜ不安定であるかを考えていく．

$$H_3C-\overset{O}{\overset{\|}{C}}-\overset{+}{C}H_2$$

共鳴構造を書いてみる．カルボニル基の典型的な共鳴を考えると，隣接した二つの炭素原子に正電荷があり，不利である．

この巻矢印にはまったく問題はない．問題はそれが何を意味するかである．

次に，アリルカチオンの場合と同様な共鳴構造式を考える．

このカルボカチオンがなぜ不安定であるかを理解できれば，他の同様な構造がわかるようになる．これは有機化学を十分に習得するために重要な課題である．

ここでは酸素原子に正電荷がある．しかし，これまでにみてきた酸素原子の正電荷とは違い，少しおかしい．ふつう酸素原子に正電荷があると，酸素原子は三つの結合と一つの非共有電子対をもち，最外殻に8個の電子をもつ．一方この例では酸素原子は一つの結合と正電荷をもつ．正電荷をもつのは2電子不足しているためであり，酸素原子は最外殻に6個の電子をもっている．これは非常に不利である．

隣接原子の非共有電子対によるカルボカチオンの安定化

塩化物イオンは優れた脱離基ではないが，塩化メトキシメチルの S_N1 反応は非

常に速く起こる．カチオンの安定化は次のように示される．

MeO—CH₂Cl → [MeÖ⁺(H)(H) ⟷ MeÖ⁺=CH₂]

　右の共鳴構造（アルデヒドのようにも見える）が実際の姿に近い．このカルボカチオンが生成する反応は，巻矢印を用いて次のように書くのがよい．ここでは，酸素の非共有電子対が塩化物イオンを分子の外に押し出すと考える．軌道の相互作用は，C–H結合との相互作用に似ている．被占軌道が空軌道と重なり，全体として安定化される．電子を供与するのがC–H結合の結合性軌道であるか酸素の非共有電子対であるかが異なるが，考え方は同じである．

MeÖ—CH₂Cl → MeÖ⁺=CH₂

　このカルボカチオンはどれくらい安定だろうか．第二級アルキルカルボカチオンよりはかなり安定であるが，第三級アルキルカルボカチオンほど安定ではない．**発展2**（p.91）で安定性を定量化する．
　非共有電子対をもつ元素は酸素だけではない．窒素でも同じように考えることができる．

[Me₂N⁺(H)(H) ⟷ Me₂N⁺=CH₂]

　カルボカチオンの安定性を評価するとき，酸素と窒素の違いを考える必要がある．窒素は酸素より電気陰性度が小さく，非共有電子対を共有する方が有利である．このカルボカチオンは第三級アルキルカルボカチオンよりかなり安定である．

芳香族性によるカルボカチオンの安定化

　最後のカルボカチオンは少し変わっているが，比較的理解しやすい．臭化トロピリウムは融点203℃の結晶性の固体である．この融点は予想されるより高い．これはこの化合物がイオン性であるためである．トロピリウムカチオンは非常に安定なので，臭化物イオンが次のように解離する．このカチオンは，三つの二重結合と正電荷をもつ非局在化した七員環系である．

トロピリウムカチオンの共鳴構造を巻矢印を用いて書け．

臭化トロピリウム
（1-ブロモシクロヘプタ-2,4,6-トリエン）　　トロピリウムカチオン

すでに芳香族性とベンゼンの分子軌道を学んだ. **基礎10**（p.59）で学んだ芳香族性の定義（ヒュッケル則）によると, このカチオンは $(4n+2)\pi$ 系の $n=1$ の場合（6π 電子）である. よってこのカチオンは芳香族なので非常に安定である.

二重結合の位置とカルボカチオンの安定性

次の四つのカルボカチオンを見てみよう.

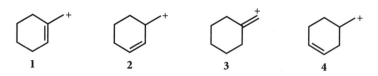

二重結合が正電荷の近くにあるので, **1** は **2** より安定であると考えるだろう. これに基づくと, 二重結合がより近くにあるので, **3** はさらに安定であると答えるかもしれない. これはまちがいである.

カルボカチオン **1** はアリル型なので, 四つのなかで一番安定である. アリル型カルボカチオンでは, 二重結合をつくる分子軌道がカルボカチオンの空の p 軌道と重なり安定化される. この安定化は他の三つのカルボカチオンにはない. このなかで **3** は最も不安定である. 同様に, 二重結合がカルボカチオンに近いので **2** は **4** より安定であると考えるかもしれないが, どちらの場合も上述した軌道の重なりはないので, これらのカルボカチオンの安定性にはほとんど差がない.

置換基の安定化と不安定化を考えるとき, "近い" のような漠然とした用語は使わない方がよい. 代わりに, 置換基が系を安定化または不安定化する基本的な理由に注目しよう.

 基礎18

カルボアニオン: 安定性と pK_a

まだ規則や習慣を身につける段階なので, おもにカルボアニオンとすでに学んだ他の系の関連に注目して, 共鳴構造を書いて理解することを目指す. カルボアニオンの安定性を対応する炭素原子の酸性度から説明していく. この酸性度あるいは安定性を定量化するために pK_a とよばれる尺度を使う. まず pK_a を説明し, その後いくつかの例を考える.

pK_a の定義

次の平衡を考える.

$$\text{HA} \rightleftharpoons \text{H}^+ + \text{A}^-$$

この酸解離反応の平衡定数[†] K_a は以下のように定義される.

$$K_a = \frac{[\text{H}^+][\text{A}^-]}{[\text{HA}]}$$

† 訳注: 水溶液中の酸解離定数は, HA $+\text{H}_2\text{O} \rightleftharpoons \text{H}_3\text{O}^+ + \text{A}^-$ の平衡に基づいて次の式で定義される.
$$K_a = \frac{[\text{H}_3\text{O}^+][\text{A}^-]}{[\text{HA}]}$$
本書では, $[\text{H}_3\text{O}^+]$ を $[\text{H}^+]$ と略した式が用いられている.

HA の酸性度が高いほど, K_a は大きくなる. K_a はとりうる値の範囲が広いので,

以下のように pK_a を定義すると便利である.

$$pK_a = -\log_{10}K_a$$

この式には負の符号があるので，弱い酸より強い酸の方が pK_a が小さい. また，対数目盛なので, pK_a 19 の化合物は pK_a 20 の化合物に比べて 10 倍酸性度が高い.

基礎 18

pK_a の値の基準が必要であり，水の pK_a 15.7 が基準となる. この値より小さければ酸性で，大きければ酸性ではない.

"酸性ではない"と"塩基性である"を混同しないようにしよう. メタンの pK_a は非常に大きいことをすぐに学ぶ. メタンは決して塩基ではない.

カルボン酸はなぜ酸性か

酢酸とエタノールを比べてみる. 二つの化合物の平衡と pK_a を示す. エタノールの酸性度は水の酸性度に非常に近い. 酢酸は 10^{11} 倍酸性度が高い.

カルボン酸はカルボアニオンではないが, C^- と O^- に基本的な違いはない. 違うのは安定性の程度である.

$$H_3C-\overset{O}{\underset{OH}{C}} \quad \rightleftharpoons \quad H_3C-\overset{O}{\underset{O^-}{C}} \quad + \quad H^+ \qquad \begin{array}{l}\text{酢酸}\\ pK_a\,4.76\end{array}$$

$$H_3C-CH_2-OH \quad \rightleftharpoons \quad H_3C-CH_2-O^- \quad + \quad H^+ \qquad \begin{array}{l}\text{エタノール}\\ pK_a\,15.9\end{array}$$

酢酸の酸性は，以下の右に示す非局在化の構造を用いて説明できる. この構造では，負電荷が二つの酸素原子に均等に分布し，炭素原子と各酸素原子との結合は 1.5 重結合である. 左の共鳴構造はこれと同じことを示す.

$$\left[\; H_3C-\overset{O}{\underset{O^-}{C}} \quad \longleftrightarrow \quad H_3C-\overset{O^-}{\underset{O}{C}} \;\right] \qquad H_3C-\overset{O^{1/2-}}{\underset{O_{1/2-}}{C}}$$

カルボニル基の α 位のアニオン

カルボニル基の化学では，カルボニル基に隣接した炭素原子を α 位の炭素とよぶ. カルボニル基の α 位のアニオンは安定化される. これは酸素のアニオンでもみられた.

酢酸とエタノールを比較したときと同じ方法で，アセトンとプロパンを比較できる.

$$H_3C-\overset{O}{\underset{CH_3}{C}} \quad \rightleftharpoons \quad H_3C-\overset{O}{\underset{\underline{C}H_2}{C}} \quad + \quad H^+ \qquad \begin{array}{l}\text{アセトン}\\ pK_a\,19\end{array}$$

$$H_3C-\overset{}{\underset{CH_3}{C}H} \quad \rightleftharpoons \quad H_3C-\overset{}{\underset{\underline{C}H_2}{C}H} \quad + \quad H^+ \qquad \begin{array}{l}\text{プロパン}\\ pK_a\,51\end{array}$$

アセトンはプロパンより非常に酸性が強く，正確には 10^{32} 倍強い. その理由を理解するために対応するアニオンの共鳴構造を書く. 炭素原子は，アニオンに対応する電子対をもっている. したがって，巻矢印は負電荷から C–C 結合に向かい，

その結果カルボニル炭素と電子対を共有しようとする．これだけではカルボニル炭素のもつ電子が多すぎるので，C=O の π 電子から酸素原子へ電子対が動くことにより，はじめて電子対を受取ることができる．

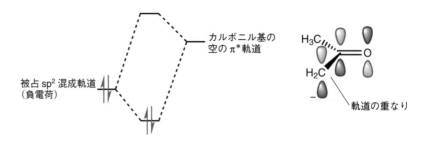

なぜこのようになるのだろうか．酸素原子は電気的に陰性であるので，電子を引きつけやすい．したがって，二つの巻矢印によって書ける，酸素原子が負電荷をもつ右の共鳴構造が有利である．

両羽の矢印は共鳴を示すことを思い出そう．左の構造だけでも右の構造だけでも適切ではなく，両方の構造が必要である．記号と線を用いて原子核と電子を表示する構造に限界があることを理解しておくことは重要である．

では分子軌道で考えるとどうなるだろうか．負電荷に対応する電子対は，空の分子軌道と重ならなければならない．巻矢印は，カルボニル基の π 結合の解離を示す．したがって，炭素の負電荷に対応する電子対の軌道が重なるのは，カルボニル基の空の π* 軌道である．エネルギー図と軌道の重なりを次に示す．

カルボニル基の
空の π* 軌道

被占 sp² 混成軌道
（負電荷）

H₃C
H₂C
O
軌道の重なり

プロパンとアセトンの酸性度の違いは，エタノールと酢酸の違いよりずっと大きい．エタノールと酢酸では，どのアニオンの構造も酸素原子が負電荷をもつ．酸素原子は電気的に陰性なので，負電荷をもつのは有利である．アセトンでは，酸素原子が負電荷をもつ構造は一つだけである．プロパンは酸素原子をもたないので，酸素原子が負電荷をもつ構造はありえない．

アセトンの pK_a が比較的小さいのは，対応するアニオンの安定性のためである．プロパンとアセトンの pK_a の差は，プロパンの酸性度が非常に低いことによる．

アセトンの酸性度の別の解釈：エノールとエノラートの基礎

アセトンの脱プロトンにより生じるアニオンの構造は O⁻ と C=C 二重結合で書くことができるので，次に示すように対応するアルコールから生成すると考えるかもしれない．

OH
H₃C   CH₂
エノール

O⁻
H₃C   CH₂   + H⁺

もしそうであれば，上記でエノールと示した構造の脱プロトンを考えなければな

らない．**エノール**とはアルケンの炭素原子に結合したヒドロキシ基をもつアルコールである．本書では扱わないが，エノールは非常に重要である[†]．

もう一つの用語として**エノラート**がある．エノラートはすでに出てきた．

エノール enol

[†] エノールの用語は，アルコールとアルケンを含むどの化合物にも使えるわけではない．アルコールのヒドロキシ基はアルケンの炭素原子に結合していなければならない．

エノラート enolate

この用語において，en（エン）はアルケンを，ol（オール）はアルコールを意味する．また，アルコールからプロトンが取除かれて負電荷があるので，最後に ate（アート）を付ける．この構造をもつ右側の構造にエノラートと示したが，左側の構造にもこの用語が使える．結局，両方とも同じものを示している．

カルボアニオンの構造と形

カルボカチオンでは，形の説明は簡単であった．カルボアニオンの形は，電子がどこにあるかによって決まる．すでに考えた単純なカルボアニオンは四面体形である．一方，特に π 結合が関与するような安定なカルボアニオンは平面である．

たとえば，前出のアセトンの脱プロトンにより生成するエノラートを考える．炭素原子の負電荷はカルボニル結合と重なることができるので，実際の構造は共鳴構造式の右側の構造に近いと予想できる．この構造では炭素はアルケンとなっているので，平面であると予想される．このとき，カルボアニオンの炭素は sp^2 混成である．

したがってカルボアニオンの構造は二つの可能性がある．

1. カルボアニオンの炭素は sp^3 混成であり，負電荷に対応する電子対をもつ sp^3 混成軌道は，カルボニル基の π* 軌道と効果的に重なることができない．
2. カルボアニオンの炭素は sp^2 混成であり，負電荷に対応する電子対をもつ p 軌道は，カルボニル基の π* 軌道と効果的に重なることができる．

pK_a からわかること：炭化水素はどれくらい酸性か

メタンの pK_a は 48 である．すなわち K_a は 10^{-48} である．別の言い方をすれば，平衡においてメタン分子 10^{48} 個のうち 1 個がイオン化してメチルアニオンになっている．10^{48} 個のうち 1 分子とは，160×10^{18} トン中の 1 分子である．

地球がもしすべてメタンでできているとすると，そのうちメチルアニオンになっているのは 37 分子のみである．

$$CH_4 \rightleftharpoons \bar{C}H_3 + H^+$$

メチルアニオンは単純なアニオンのうち最も安定であることを学んだ．したがって，メタンは単純な炭化水素のなかで最も酸性が強いものの，実際にはまったく酸性を示さない．

代表的な pK_a の値

代表的な化合物と pK_a の値を次ページの表に示す．pK_a が小さいほど，水素（分子中に化学的に区別できる水素が複数あるときは青で示す）の酸性度が高く，相当

するカルボアニオンは安定である.

　メタンとアセトンについては詳しく説明した．アセトンはメタンに比べて 10^{29} 倍酸性度が高い．これは pK_a で差が 29 あることを意味する．これは非常に大きい数字である．

メタンの pK_a は 46, 48, 50 とされることがある．最大 pK_a で 4, 酸性度で 10^4 の差があるが，気にすることはない．同様に，水の pK_a は一般的に 15.7 が受け入れられているが，14 あるいは 15 とされることもある．この範囲で考えている限り，まったく問題ない．

化合物	pK_a	化合物	pK_a
CH_4	48	H_2O	15.7
	32		15
H_3C≡H	25		
	25		13
	19	H_3C–NO_2	10

　酸性度を考えるとき，"なぜ化合物 X の pK_a は Y であるのか"よりは，"なぜ化合物 X の pK_a は化合物 Z の pK_a より Y だけ小さいのか"のように pK_a を比べる方が好ましい．

　酢酸エチルとアセトンを比べてみよう．アセトンに比べて酢酸エチルは 100 万倍酸性度が低い．この差は pK_a では 6 である．

　ここで重要なのは，メチル基とエトキシ基の違いは何かという疑問である．pK_a は次式の反応の平衡定数に関係している．

　上段（アセトン）の平衡より下段（酢酸エチル）の平衡の平衡定数が小さい．これは，平衡の矢印の左側と右側の化学種の安定性の差が，酢酸エチルの方が大きいことを意味する．その理由が，アニオンが不安定なためであるか，酢酸エチルが安定なためであるかを考えていこう．

　エステルの酸素原子には非共有電子対があるため，カルボアニオンの共鳴構造をもう一つ書くことができる．次にそれを示す．しかし，二つの負電荷と一つの正電荷がある共鳴構造（右）は，安定化には寄与しそうにない．

[化学構造式：酢酸エチルエノラートの共鳴構造（H₂C̄–C(=O)–OEt ⟷ H₂C=C(–O⁻)–OEt ⟷ H₂C̄–C(–O⁻)=⁺OEt）]

エステルでは次に示す共鳴安定化が最も重要であることが一般に受け入れられている．対応するアニオンではこの安定化はありえない．結論として，酢酸エチルの平衡定数がアセトンよりも小さいのは，酢酸エチルの安定性に起因する．

ここで行ったことは，そこから得られた結論よりもずっと重要である．正しい質問から正しい答えが導かれる．

[化学構造式：酢酸エチルの共鳴構造（H₃C–C(=O)–OCH₂CH₃ ⟷ H₃C–C(–O⁻)=⁺OCH₂CH₃）]

次にペンタン–1,3–ジオンを考える．青で示す水素原子の pK_a は 13 である．これはアセトンの水素原子に比べて 1000 万倍酸性度が高い．この化合物には二つのカルボニル基があり，これまでと同様な効果がある．炭素に結合した水素原子として，pK_a 13 はかなり酸性である．水の pK_a は 15.7 なので，この化合物は水より酸性度が高い．

[化学構造式：ペンタン–1,3–ジオン（H₃C–C(=O)–CH₂–C(=O)–CH₃）]

さらに極端な場合として pK_a 10 であるニトロメタン H_3C-NO_2 の安定化を考える．ニトロ基の構造は省略せずに書ける必要がある．ここで対応するカルボアニオンが生成すると，炭素原子上の負電荷は，三つの電気的に陰性な原子の電子求引性の誘起効果により安定化される（**基礎 5, p.26**）．

[化学構造式：ニトロメタンの解離平衡（H₃C–N⁺(=O)O⁻ ⇌ H₂C̄–N⁺(=O)O⁻ ＋ H⁺）]

しかし，より重要なのは共鳴効果である．以下の共鳴構造を見て確かめよう．

[化学構造式：ニトロメタンカルボアニオンの共鳴構造（H₂C̄–N⁺(=O)O⁻ ⟷ H₂C=N(–O⁻)O⁻）]

次にプロピンを考える．考え方はこれまでと少し異なる．

[化学構造式：プロピン（H₃C–C≡C–H）]

アルキン炭素に直接結合した水素原子の pK_a は 25 である．この酸性度は水に比べるとずっと低いが，メタンよりずっと高い．**基礎 6**（p.27）では，アルキンの C–H 結合（約 550 kJ mol⁻¹）はアルカンの C–H 結合より強いことを学んだ．**基礎 12**（p.63）では，強い結合が必ずしも解離しにくいわけではないことを説明した．これがその

例である．対応するカルボアニオンの構造は次のように書ける．安定化を説明するために共鳴構造を書くことはできない．

$$H_3C-\!\!\!\equiv\!\!\!-$$

この安定性は混成から考えることができる．この炭素原子はsp混成である．したがって，C–H結合と対応するアニオンはどちらも50%のs性をもつ．s電子は原子核に非常に強く保持される．したがって，C–H結合が強くなるのと同じ要因で，カルボアニオンも安定になる．

最後に以下の二つの例を考える．シクロペンタジエンのpK_aは15，ペンタ-1,4-ジエンのpK_aは32である．どちらの化合物も二つの二重結合の間にCH$_2$をもつ．違いは何だろうか．

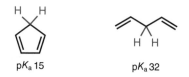

構造をよく見てアニオンを書いてみよう．まず，上記の構造には二つの水素原子が明示され，以下の構造には示されていないが，水素原子が1個だけ取除かれていることに注意しよう．

左側のアニオンは環状で，完全に非局在化している．これは，どの炭素原子にも負電荷があるような共鳴構造が書けることを意味する．共鳴構造式は次のようになる．

ここで電子数を数えてみよう．σ結合は数えないので，各π結合に2電子と負電荷に2電子がある．したがって，完全に非局在化したπ系には合計6電子がある（ヒュッケル則 $n=1$）．これは芳香族性を示し，非常に安定になる．

非環状のペンタジエニルアニオンでも共鳴構造を書くことができる．

この共鳴による効果は重要である．pK_aは32であり，メタンの48よりずっと小さい．しかし，芳香族性による安定化の効果はさらに10^{17}倍大きい．要するに，

環状のシクロペンタジエニルアニオンは非環状のペンタジエニルアニオンよりずっと安定である．前者は芳香族性を示し，大きく安定化される．

　ここでもう一つ指摘しておくことがある．置換基によっては正電荷も負電荷も安定化する．アルケンはこのような置換基の一つである．

　酸性度は，化合物（たとえばメタン）のpK_aで説明することも，アニオン（たとえばメチルアニオン）の安定性で説明することもある．これらは同じ性質を，二つの見方で説明していることになる．

　メタンのpK_aは48であり塩基ではない．しかし，メタンの解離によってメチルアニオンが生成すれば，非常に強い塩基である．

反応でどのような塩基を用いるか

　カルボアニオンは一般的に電気的に中性の分子からプロトンを取除くと生成する．カルボアニオンを塩基として使うとき，各反応でどのような塩基が適切であるかを考える必要がある．これを行うために酸性・塩基性の尺度を定量化する必要がある．

　以下の平衡を考える．ここで，HA は脱プロトンされる化合物で，B⁻ はアニオン性の塩基である．

$$HA \ + \ B^- \ \rightleftharpoons \ A^- \ + \ HB$$

　もし HB より HA の酸性度が高ければ，平衡は右に向かう．もし HB より HA の酸性度が低ければ，平衡は左に向かう．

　化合物を完全に脱プロトンしたい場合は，その化合物より十分に大きいpK_aをもつ化合物の共役塩基を塩基として使う必要がある．平衡で低濃度のアニオンを発生させたい場合は，小さい（ただし小さすぎない）pK_aをもつ化合物の共役塩基を塩基として使う必要がある．

　あまり深入りはしないが，もう一つ気をつけることがある．pK_aは平衡によって決まり，溶媒の影響を受ける．したがって，同じ化合物でも溶媒によってpK_aが異なることがある．pK_aの測定は非常に複雑で，特に非常に弱い酸のときは難しい．

シクロヘキサンを考えたとき，必ずしもすべての六員環が芳香族性を示さないことを学んだ．ここでは，必ずしもすべての芳香環が六員環でないことを学んでいる．

2

発展 2
カルボカチオンの安定性の尺度

　2番目の**発展**の節である．**発展**では本書の標準的なレベルより少し進んだ内容を扱うので，必要に応じて学べばよい．

ここで扱うテーマを把握しておこう．すべて同じ種類の置換基をもっているので，メチル，エチル，イソプロピル，t-ブチルカチオンの安定性は比較しやすい．しかし，一つのフェニル基と三つのメチル基のように置換基の種類が異なるとどのように比較したらよいだろうか．置換基の種類にかかわらず，安定性を定量化できるようにする必要がある．

水素化物イオン親和力

カルボアニオンの安定性を定量化するとき，対応する炭化水素の酸性度を評価するために pK_a の尺度を用いた．カルボカチオンについても同様なことができる．**基礎12**（p.63）で学んだ水素化物イオン親和力とよばれる尺度を使う．水素化物イオン親和力は以下の反応の ΔG で定義され，さまざまな方法で測定できる．

$$R-H \rightleftharpoons R^+ + H^-$$

当然のことながら，実験値は多くの要因に影響を受ける．ここでは計算データを用いて，このような問題を避ける[†]．表に示すデータは，t-ブチルカチオンの値を基準とした値である．したがって，負の値をもつカチオンは t-ブチルカチオンより安定で，正の値をもつカチオンは不安定である．

[†] この計算は密度汎関数理論（DFT）法により，B3LYP混成汎関数と 6-31+G* 基底関数系を用いて行った．ソフトウェアは Spartan'10 を使用した．文献に報告されているデータを使うこともできるが，複数の文献のデータを比較するのは難しいので，同じ条件で計算したデータを使うのが無難である．

化合物番号	カルボカチオン	水素化物イオン親和力（t-Bu$^+$ 基準, kJ mol^{-1}）	化合物番号	カルボカチオン	水素化物イオン親和力（t-Bu$^+$ 基準, kJ mol^{-1}）
1	$\overset{+}{C}H_3$（四面体形）	459	**9**	Ph$-\overset{+}{C}H_2$	11
2	$\overset{+}{C}H_3$	343	**10**	$H_3C-\overset{+}{\underset{CH_3}{C}}-CH_3$	0（基準）
3	$H_3C-\overset{+}{C}H_2$	163	**11**	（橋かけ構造）	−10
4	$H_3C-\overset{+}{\underset{CH_3}{C}}-CH_3$（四面体形）	134	**12**	Ph$-\overset{+}{\overset{H}{C}}-$Ph	−93
5	$H_2C=\overset{+}{C}H_2$	91	**13**	$(H_3C)_2N-\overset{+}{C}H_2$	−130
6	$H_3C-\overset{+}{\overset{H}{C}}-CH_3$	62	**14**	Ph$-\overset{+}{\underset{Ph}{C}}-$Ph	−158
7	（橋かけ構造）	58	**15**	（トロピリウム）	−172
8	$H_3CO-\overset{+}{C}H_2$	32			

平面形と四面体形のカルボカチオン

まず表中の **1** と **2** および **4** と **10** を比較すると，四面体形のカルボカチオンは平面形の構造より約 120 kJ mol^{-1} 不安定であることがわかる．ただし，この計算はH−C−HまたはC−C−Cの結合角を四面体の角度 109.5° に固定して行っているので，少し注意が必要である．この構造が変わると値も少し変わる．メチルカチオンに比べて t-ブチルカチオンの方が平面形と四面体形のエネルギー差が大きいのは，ほとんどが立体的な理由による．メチル基はかさ高いので，t-ブチルカチオンが四面体形になるとメチル基同士が近くなり，立体障害が大きくなる．いつものように，平面構造の安定性がどれくらい立体効果によるものか，電子効果によるものかを考えるべきである．

基礎17（p.80）では架橋二環性カルボカチオンを考えた．意外かもしれないが，

このカチオン **7** は，結合が少しひずむことができるので仮想的な四面体形の *t*-ブチルカチオンほど不安定ではない．

芳香族カルボカチオン

表の後半にある安定なカルボカチオンについて簡単にみておく．**基礎 17**（p.83）では，トロピリウムカチオン **15** を考えた．この表から，トロピリウムカチオンは単純なカルボカチオンとしては最も安定な *t*-Bu$^+$ より 172 kJ mol^{-1} 安定である．この非常に大きな差は，芳香族性によるカルボカチオンの安定化によるものである．

ベンジル型カルボカチオン

以下に図示するように，メチルカチオンにベンゼン環が置換すると，カチオンは非常に安定化される（**2** と **9**）．2 番目のベンゼン環が置換してもかなり安定化され（**12**），3 番目のベンゼン環でもさらに安定化される（**14**）．しかし，ベンゼン環の数が増えるにつれて，一つのベンゼン環による安定化の効果は明らかに減少している．

$$\overset{+}{C}H_3 \xrightarrow{-332\ kJ\ mol^{-1}} Ph\overset{+}{\diagup}CH_2 \xrightarrow{-104\ kJ\ mol^{-1}} Ph\overset{H}{\underset{+}{C}}Ph \xrightarrow{-65\ kJ\ mol^{-1}} Ph\overset{Ph}{\underset{+}{C}}Ph$$

2　　　　　　　**9**　　　　　　　　**12**　　　　　　　　**14**

カチオンの構造を考えれば，この結果は比較的簡単に説明できる．ベンゼン環が安定化に関わるためには，ベンゼン環の π 軌道はカルボカチオンの空の p 軌道と同じ方向に並ばなければならない．ベンゼン環が一つであればこれは非常に容易であるが，ベンゼン環が二つまたは三つになるとそうもいかない．カルボカチオンの共鳴構造を書くと（**基礎 17** の例を参照して実際に書いてみよ，p.81），共鳴効果があることがわかるはずである．つまり，これは電子効果である．

ベンゼン環が二つまたは三つあると非常に混み合う．これは立体効果である．この立体効果のためベンゼン環は少しねじれ，π 電子が p 軌道と重なりにくくなる．この様子は，下図のトリフェニルメチルカチオン **14** の三次元表示を見るとわかる．各ベンゼン環は平面から約 34° ねじれている．この例では，空間充填模型がわかりやすい．ジフェニルメチルカチオン **12** はほとんど平面であるが，立体障害により二つのベンゼン環が離れている．結合角のひずみはあるが，π 軌道の重なりを維持する方が明らかに有利である．

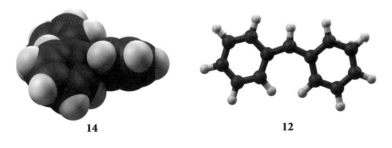

14　　　　　　　　　　　　　**12**

ここでは，立体効果が電子効果に影響を与えている．

この考え方は複雑なように思えるが，そのうち慣れてくるであろう．そのために，構造を可視化する能力を身につけよう．

同じ考えは，第二級または第三級アリルカルボカチオンの安定性にも適用できるかもしれない．

アリルカチオン **5** も同様に説明できるが，ベンジルカチオン **9** ほどは安定ではない．一つの二重結合による安定化の効果は，一つのメチル基よりはかなり大きいが (**3**)，二つのメチル基よりは小さい (**6**)．

非共有電子対による安定化

次の三つの化合物 **2**, **8**, **13** から，誘起効果と共鳴効果を比較することができる．

$$\overset{+}{C}H_3 \xrightarrow{-311\ kJ\ mol^{-1}} H_3CO-\overset{+}{C}H_2 \xrightarrow{-162\ kJ\ mol^{-1}} (H_3C)_2N-\overset{+}{C}H_2$$

2　　　　　　　　　　　**8**　　　　　　　　　　　**13**

8 と **13** では，正電荷をもつ炭素原子に電気的に陰性の原子が結合している．酸素と窒素の電気陰性度は炭素より大きいので，誘起効果だけを考えると正電荷をもつ炭素原子をより電気的に陽性にする．これはカルボカチオンを不安定化する．しかし，共鳴効果は正電荷をもつ炭素に対して非共有電子対を供与（実際には共有）するので，カルボカチオンを安定化する．

$$\left[H_3C\overset{..}{\underset{..}{O}}-\overset{+}{C}H_2 \longleftrightarrow H_3C\overset{+}{O}=CH_2 \right] \qquad \left[(H_3C)_2\overset{..}{N}-\overset{+}{C}H_2 \longleftrightarrow (H_3C)_2\overset{+}{N}=CH_2 \right]$$

これらの置換基を水素原子 (**2**) と比較すると，共鳴効果が優位であることがわかる．

ふつうは誘起効果よりも共鳴効果の方が優位である．共鳴効果の安定化の程度は非常に大きい．

上記の二つの置換基を互いに比較することは価値がある．ジメチルアミノ基 (**13**) はカルボカチオンを非常に安定化し，その効果は三つのメチル基 (**10**) や二つのベンゼン環 (**12**) 以上である．メトキシ基 (**8**) の効果は大きいが，一つのベンゼン環 (**9**) の効果より小さい．窒素は酸素より電気陰性度が小さいので，窒素による共鳴効果の方が大きい．

ジメチルアミノ基はメトキシ基と比較して，共鳴効果による電子供与効果が大きく，誘起効果による電子求引効果が小さいと結論できる．窒素は炭素より電気陰性度が小さいので，これは妥当である．

第三級カルボカチオンの安定性について再考

非常に有名な古い教科書[†]に，80%エタノール水溶液中（典型的な S_N1 条件）で以下の三つの化合物の加溶媒分解の相対速度が以下のように記述されている．

† このデータは正しく，教科書が執筆された当時はその説明が受け入れられていた．この例は，新しいデータが利用できると，説明が変わることもありうることを示す．

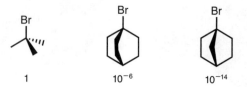

1　　　　　　　　10^{-6}　　　　　　　　10^{-14}

これらのデータは，生成するカルボカチオンの相対的な安定性から説明された．**7** と **11** の環状カルボカチオンの構造を，構造と超共役の二つの面から考えてみる．

これらのカルボカチオンはどちらも平面にはなれない．平面形のカルボカチオンは，類似の四面体形のカルボカチオンよりかなり安定であることをすでに学んだ．**11** に比べて **7** のカルボカチオンは，ひずみがかなり大きく平面性が低い．したがって，非常に不安定であること（68 kJ mol⁻¹）は驚くべきことではない．

おもな安定化の要因として超共役を考えると，どちらのカルボカチオンにおいても，いずれかの C−H 結合がカルボカチオンの p 軌道と適切に整列できないことは明らかである．ではどう考えればよいだろうか．

実際，**11** のカルボカチオンは平面形の *t*−ブチルカチオンより少し安定である．

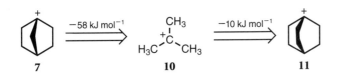

これらのデータは，気相における対応するアルカンに対するカルボカチオンの安定性を示す．分子式が異なるので，**10** と **11** のカルボカチオンを直接比較するのは容易ではない．そのため，水素化物イオン親和力の尺度が必要になる．

11 のカルボカチオンは *t*−ブチルカチオンよりなぜ安定なのだろうか．

まず 10 kJ mol⁻¹ の差は小さく，これを過大に説明すべきではない．カルボカチオンは上記に示す構造よりかなり平面に近くなっている．超共役が起こるのは C−H 結合だけではない．**11** の三つの C−C 結合の軌道は，カルボカチオンの空の p 軌道と完全に整列するように固定されているので，同じように安定化に寄与する．

では，**11** のカルボカチオンが生じる加溶媒分解反応はなぜ非常に遅いのだろうか．

7 のカルボカチオンは *t*−ブチルカチオンより不安定なので，カチオンの生成が遅いはずである．**11** のカルボカチオンは安定なので，対応する臭化アルキルの加溶媒分解は臭化 *t*−ブチルに比べて速く進むと予想するだろう．実際にはどうであろうか．

三つのデータをもとに理解を深めていく．加溶媒分解の速度がカルボカチオンの安定性だけで決まれば，**11** のカルボカチオンは *t*−ブチルカチオン **10** より速く生成するはずである．中間体が同じ機構により生成する限りは，これは完全に妥当であり速度は同程度になる．

実際には反応は速くない．実験結果がすべてである．

では三つのデータのうちどれが予想外の値であろうか．*t*−ブチルカチオンの生成が明らかに速い．**11** のカルボカチオンの生成が明らかに遅いのは，そのためである．現在提案されている一つの解釈では，*t*−ブチルカチオンの生成は求核的な溶媒により促進される．これは右のように示すことができる†．

† この効果が最初に提案された論文では，どのような構造も書かれていないので，これは筆者の解釈である．

もちろん，これは大部分の他の比較的安定な第三級カルボカチオンにもあてはまる．**7** が例外なのである．

†1　これは S_N1 機構で学ぶことがすべてまちがっていることを意味しているのではない．いったんカルボカチオンが生じると，平面になり溶媒和され，その後求核攻撃が起こる．**発展4**(p.208)で説明するように，S_N1 と S_N2 は連続的な機構のなかで限定的な場合である．

†2　訳注：現在でも多くの教科書では，加溶媒分解の速度の違いは，カルボカチオンの平面構造のとりやすさに基づいて説明されていることが多い．t-ブチルカチオンが生成するときの求核的な溶媒分子の関与については，議論が続いている．

これに基づくと，S_N1 反応のなかにもわずかではあるが S_N2 反応の寄与があるようにみえる[†1]．

この例は複雑なので，すべて理解できなくでも気にすることはない．この例を取上げたことには理由がある．実測されたデータを解釈するために理論が組立てられるが，研究の進歩に伴いその理論が修正されうることを示すためである[†2]．

 よくあるまちがい3

メチル基は電子供与基であるか

次の説明は正しいだろうか．

> メチル基はカルボカチオンを安定化し，カルボアニオンを不安定化する．したがって，メチル基は電子供与性である．

実際，カルボカチオンとカルボアニオンについて考えている限りはこれでよい．しかし，安定な電荷をもたない分子にはあてはまらない．いくつかのデータをみながら説明していく．

まず，核磁気共鳴（NMR）分光法のデータを考えていく．ここではこの測定法を十分に知らなくてもよい．分子中の各水素原子は化学シフト，すなわち ^1H NMR スペクトルにおけるピークの位置で表示することができる．構造中に青で示す水素原子の化学シフト（ppm）を構造の下に示す．

CH₄	H₃C–CH₃	$\begin{array}{c}H_3C\\CH_2\\H_3C\end{array}$	$\begin{array}{c}H_3C\\CH\text{-}CH_3\\H_3C\end{array}$	H₃C–OH
0.23	0.86	1.33	1.68	3.39

酸素は電気的に陰性である．これは異論のない事実である．

左端にメタン，右端にメタノールがある．メタノールの化学シフトが非常に大きいのは，酸素が電子求引性のためである．

上記の図では左から右に向かうにつれて，水素原子が順次メチル基に置換されている．水素を一つメチル基に置換するとエタンになり，化学シフトは0.86である．さらに2番目，3番目の水素をメチル基に置換すると，化学シフトはそのたびに大きくなる．この事実は，メチル基は電子求引性であることを示している．

次に，**基礎5**（p.26）で学んだ電気陰性度の値の一部を表に示す．

元 素	電気陰性度
C	2.55
H	2.20
N	3.04
O	3.44

> 実際，炭素は水素より電気的に陰性である．よって，メチル基は水素原子に比べて電子求引性であると予想できる．上記の化学シフトは予想外ではない．

しかし，メチル基はカルボカチオンに対して電子を供与することができる．これは誘起効果ではない．もちろんこの性質はメチル基に限ったものではない．電気的に陰性の酸素原子が隣接したカルボカチオンに電子を供与したことを思い出そう．

$$\left[\; H_3C\overset{..}{\underset{..}{O}}\text{---}\overset{+}{C}H_2 \quad\longleftrightarrow\quad H_3C\overset{+}{O}\text{=}CH_2 \; \right]$$

　電気的に陰性の誘起効果は確かに存在する．しかし，この誘起効果は電子供与性の共鳴効果によって相殺される．これは**発展2**（p.94）で定量的に考えた．

　もし電子を供与する先があれば，メチル基は電子供与性である．重要な質問は，どの電子であるかということである．それはC–H結合の電子であり，軌道の重なりによって供与する．しかし，電荷をもたない安定な分子であれば，誘起効果が重要であり，メチル基は電子求引基としてふるまう．

基礎16(p.75)に戻り，超共役を理解していることを確認せよ．

演習 8

演習 8
カルボカチオンと　　カルボアニオンの共鳴構造式を書く

 ← ※演習マーク

　この演習の具体的な目標は二つある．

1. 置換基が電荷とどのように相互作用するかを示す正しい共鳴構造式が書けるようになること．

2. ある構造の最も重要な共鳴構造を直感で図示できるようになること．

　基礎17（p.80），**基礎18**（p.84）と**発展2**（p.91）でカルボカチオンとカルボアニオンの共鳴構造を考えた．また，さまざまな置換基が隣接した電荷の安定性にどのように影響するかを詳しく学んだ．ここでは，重要な共鳴構造を見きわめることを練習する．

　まずは自力で書いてみて，解答を確認しよう．その後追加問題で理解を深めてほしい．

アルキル基だけをもつ単純なカルボカチオンやカルボアニオンについて練習しようとしているのではない．ここではメチル基とエチル基を区別しなくてよい．問題を考え過ぎないように．

共鳴安定化が自然にわかるようになる必要がある．この考え方を身につけずに先に進もうとすると，置換基効果を覚えようとするか，置換基の相対的な位置関係だけを考えてしまうことになるだろう（基礎17の最後を参照）．

問　題　次のカルボカチオンおよびカルボアニオンについて共鳴構造式を書き，カルボカチオンまたはカルボアニオンが安定化されているか不安定化されているかを考えよ．これはかなり漠然とした問題であるが，その意図はすぐにわかるはずである．

何と比べて安定または不安定であろうか．ここでは，同じ数の水素原子と，他の置換基が単純なアルキル基であるカルボカチオンおよびカルボアニオンと比較する．

(a) 　　(b) 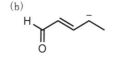　　(c) 　　(d)

解答 a　最初の問題を通していくつかの事項を学ぶ．この構造は第二級カルボカチオンである．正電荷をもつ炭素が，二つの置換基と一つの水素原子に結合している．正電荷はアルケンの二重結合により安定化される．この効果は**基礎17**で共鳴構造

何度かまちがい，何がまちがっていたのか理解することをおそらく経験するだろう．正しく答えられるようになれば，自信もつくはずである．

と分子軌道により説明した．ここでは共鳴構造で示す．

電子対があるのは二重結合なので，巻矢印は二重結合から始まる．巻矢印は正電荷ではなく隣の単結合に向かう．電子対を炭素に与えているのではなく，炭素と共有している．

最初は多くの人がこのまちがいをする．巻矢印を少し先まで伸ばすのは，わずかな違いに思えるかもしれないが，まちがいである．練習して正しく書けるように努力しよう．

基礎17(p.81)のベンジルカチオンの軌道を参考にして考えよ．

> 上記の共鳴構造式の安定化に関与する分子軌道を書いてみよう．書いた構造と軌道を関係づけることが重要である．

もう一つの共鳴構造を考える．メトキシ基があり，酸素原子は非共有電子対をもつ．これを使うと以下のように書ける．

右のように書くともはやカルボカチオンではない．しかし，確かに安定化されている．

右に示す共鳴構造が大きな安定化の効果をもつことはすでに学んだ．この共鳴構造がこのカルボカチオンを最もよく表している．

解答 b (b)は，(a)と**基礎18**を見直して考えてみよう．もしわからなければ，次の問題に進んでから戻ってきてもよい．

解答 c (c)は，ニトロ基の書き方を知っていれば共鳴構造式を書くことができる．ニトロ基では以下のように電子が非局在化している．しかし，これはカルボアニオンの安定性とは無関係である．

本題に移ろう．以下の場合，炭素原子の負電荷は酸素原子に共有されている．

三つの巻矢印のうち一つだけは原子に向かっている．他の巻矢印は結合に向かっている．この違いを理解できるかを確認しよう．

> ✏ 前記の二つの構造の間には中間の段階がある．これを書いてみよう．

　中間の段階を書く必要があるか．それはこの問題の説明に関係があるか．おそらくないであろう．しかし，ここでは練習のため，あえて巻矢印を負電荷から始めて一つずつ進めてみよう．巻矢印を書いてその結果の構造を書き，これを繰返して分子中の書けるところまで続ける．この例は，始めることができる負電荷が二つあるので複雑である．すべての解答を次に示す．

これは重要な質問である．すべての共鳴構造を見つけたことはどのようにすればわかるか．

解答 d　(d) には二重結合もあるが，ここでは塩素原子に注目する．塩素は周期表で 17 族である．塩素原子は電気的に陰性で，3 組の非共有電子対をもつ．塩素原子の非共有電子対は書かないことが多い．

　酸素の場合と同じように，クロロ基が正電荷を安定化する共鳴構造を書くことができる．これを次に示す．

　右側の共鳴構造は基本的にはまちがっていない．しかし，酸素原子をもつ同様な構造（問題 a）に比べて，あまり正しくないように見える．その理由を考える．

　まず，正しくないように見えるのは，このような共鳴構造をほとんど見ないからである．酸素原子をもつ同様な構造はよく出てくる．

　この共鳴構造をあまり見ないのは，関与する軌道が異なるためである．炭素の正電荷は 2p 軌道である．酸素の非共有電子対は主量子数 2 の軌道であり，塩素の非共有電子対は主量子数 3 の軌道である．軌道の重なりは同じ主量子数の軌道，すなわち酸素の非共有電子対の方が効果的である[†]．

共鳴構造が何を示しているか思い出そう．

†　訳注: 軌道の広がりが同程度であり，効率よく重なることができるため．

　発展 2（p.92）と同じ尺度，すなわち水素化物イオン親和力の計算値を用いると，クロロメチルカチオン $ClCH_2^+$ は t-ブチルカチオンより $200\,kJ\,mol^{-1}$ 不安定である．安定性としては，メチルカチオンとエチルカチオンの間にあたる．

　クロロ基はメチル基に比べて不安定化の効果が大きい．軌道の重なりが小さいため，誘起効果が共鳴効果より優勢であり，クロロ基は電子求引性を示す．

　メトキシ基とも比較してみよう．塩素と酸素の電気陰性度はほとんど同じなので，もし違いがあれば共鳴効果によるものである．クロロメチルカチオン $ClCH_2^+$ はメトキシメチルカチオン $CH_3OCH_2^+$ より約 $170\,kJ\,mol^{-1}$ 不安定である．

💡 **追加問題**　理解を深めるために，以下のカルボカチオンとカルボアニオンについて共鳴構造を書いてみよう．そのうち直感的にわかるようになる．

最もよくあるまちがいは5価の炭素である．炭素原子に向かう巻矢印を書いたとしても，炭素はそれ以上電子を受け入れることができない．これはよくあるまちがい2 (p.55)でみたので覚えておこう．一度コツをつかんだら，このようなまちがいはなくなるだろう．

⚠ よくあるまちがい4

共　　鳴

共鳴は何を意味するか

　最初のよくあるまちがいは，共鳴構造が何を意味しているか基本的に誤解していることである．"二つの構造の間で化合物が共鳴している"と聞くことがよくある．

この表現はまちがいである．

　ベンゼンの構造を見てみよう．個別の構造は，すべての環の結合が等価であることを示していない．これを示すためには，両方の共鳴構造が必要である．決して二つの構造が非常に速く相互変換しているのではない．真の構造は，各共鳴構造の共鳴混成体である（**基礎10**, p.59）．

　次のカルボカチオンは，二つの共鳴構造**1**と**2**として示される．求核攻撃はどこで起こるであろうか．

1　　　　　　　**2**

　以下のような考え方にはまちがいがある．"**1**は第一級アリルカルボカチオンである．**2**は第三級アリルカルボカチオンである．第三級カルボカチオンの方が安定なので，正電荷はC3にある．したがって，求核攻撃はC3で起こる．"

　これを考え直していく．まず，正電荷はC1とC3の間に非局在化している．電荷をより安定化することができるので，C1よりC3に正電荷が多く分布していると予

想するかもしれない．この考え方自体は正しい．ただし，求核剤は必ずしも正電荷が多く分布している炭素を攻撃するわけではない．立体的な要因も考える必要がある．

たとえ構造 **2** を書いたとしても，C1 を攻撃する巻矢印もうまく書くことができる．

この生成物の二重結合はより多くの置換基をもつため安定である（**基礎34**，p.211），求核剤は C1 を攻撃するとき立体障害を受けにくい．よって，求核攻撃は C1 で優先して起こる．

一つの共鳴構造から一つの反応しか起こらない，という考え方をしているのであれば修正する必要がある．

もう一つの生成物を書いてみよう．

まちがい: メトキシ基は常に電子求引基である

これは**基礎10**（p.59）ですでに学んだが，繰返す価値がある．原則は同じなので，よくあるまちがい**3**（p.96）を見直してもよい．たとえば化合物 **3** とカルボカチオン **4** では以下のような共鳴構造式を書くことができるので，メトキシ基は電子供与性である．

ただし，電子対が移動する先がなければ，誘起効果だけが働いてメトキシ基は電子求引性である．**3** や **4** でも誘起効果により電子は求引されているが，共鳴効果による電子供与が優勢である．

まちがい: カルボニル基は電子供与基である

これは**基礎10**（p.60）で学んだ．そこでの説明に従うと，酸素原子は非共有電子対をもち，非共有電子対は共有されて正電荷を安定化する．しかし，非共有電子対をもつものはすべて電子供与性である，と断定するのはまちがいである．共鳴効果で置換基が電子供与性であることを説明するとき，以下の二つのことを考えなければならない．

1. 電子対の供与を示す共鳴構造が書けるか．
2. 関連した被占軌道と適切な空軌道の重なりを示す図が書けるか．

実際のところ，これらは同じことである．

　正しい巻矢印を用いて，酸素の非共有電子対からアルケンの二重結合への供与を示す構造 **5** の共鳴構造を書いてみよう．

5

書こうとしても書けないことを確かめよう．

　もちろん，カルボニル結合の π 電子の電子対を共有する共鳴構造を書こうとすると，酸素原子は最外殻に 6 電子と正電荷をもつことになる．これもまちがっている．

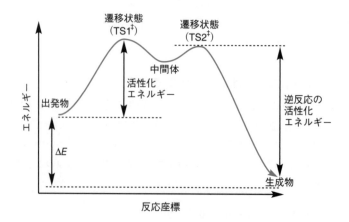

基礎 19

ハモンドの仮説

ハモンドの仮説 Hammond postulate

　ハモンドの仮説は実に簡潔で単純な考えである．ハモンドの仮説を説明だけで学ぶと理解しにくいが，とにかく説明から始める．

　二つの状態，たとえば遷移状態と不安定な中間体が，反応の過程で連続的に生じ，ほぼ同じエネルギー量をもつとき，二つの状態を相互に変換するために必要な構造の変化はわずかである．

　この説明が実際に意味するところを考えていく．中間体を一つもつ反応エネルギー図を示す．これは S_N1 反応（**基本的反応様式 1**, p.44）でもよいが，何段階の過程でもよい．

（図：反応エネルギー図）

　遷移状態 TS1‡ と TS2‡ は両方とも，出発物や生成物よりも中間体のエネルギー

にずっと近い．したがって，TS1‡から中間体，そしてTS2‡への分子構造の変化は小さい．これは何を意味しているのだろうか．中間体の構造がわかれば，中間体を安定化する要因を調べることができる．たとえば，S_N1反応では中間体はカルボカチオンであり，すでにその安定性に及ぼす要因を学んだ．

ここで重要なことがある．中間体とTS1‡または中間体とTS2‡の間の分子構造の変化は小さいので，中間体を安定化する要因はTS1‡とTS2‡も安定化する．

加えて，もし出発物に対して遷移状態が安定化されれば，活性化エネルギーが低くなり反応が速くなる．

したがって，ハモンドの仮説は，中間体の構造と反応エネルギー図を見て，反応速度をうまく予測するときに実に重要な考え方である．

仮想的な二つのS_N1反応を比較する．詳しくは学んでいないが，律速段階（最も遅い段階）がカルボカチオンの生成であることは重要である†．

† この例には少し矛盾がある．カルボカチオンが生成する条件ではメトキシドは存在しない．実際の求核剤はメタノールであり，その後プロトンを失う必要がある．ここでは論点を明らかにするために，例を単純化している．

反応Aと反応Bはメチル基の数が一つ異なるだけである．反応Bではメチル基が一つ少ないので，この場合のカルボカチオン中間体は不安定である．ハモンドの仮説によれば遷移状態も不安定な（エネルギーが高い）はずである．したがって，反応Bは反応Aより高い活性化エネルギーをもつ．活性化エネルギーによって反応速度が決まるので，反応Aは反応Bより速い．

出発物からカルボカチオン中間体の生成は吸熱反応である．遷移状態は出発物よりもカルボカチオン中間体よりも高いエネルギーをもち，そのエネルギーはカルボカチオン中間体に近い．したがって，ハモンドの仮説によれば，遷移状態の構造はカルボカチオン中間体の構造に近い．

吸熱反応は反応の遅い段階で（生成物に似た）遷移状態をもつ傾向がある．生成物（この場合カルボカチオン中間体）を安定化する要因は遷移状態も安定化するので，反応を加速する．

カルボカチオン中間体から生成物の生成は発熱反応である．遷移状態はカルボカチオン中間体よりも生成物よりも高いエネルギーをもち，そのエネルギーはカルボカチオン中間体に近い．したがって，ハモンドの仮説によれば，遷移状態の構造はカルボカチオン中間体の構造に近い．

発熱反応は反応の早い段階で（出発物に似た）遷移状態をもつ傾向がある．出発物（この場合カルボカチオン中間体）を安定化する要因は遷移状態も安定化するので，反応を加速する．

ハモンドの仮説は，安定な構造，理解しやすい反応中間体，理解しにくい遷移状態のエ

ネルギーを関連づける．すべての反応にハモンドの仮説を直感的に適用すると，反応速度の理解にたいへん役立つ．

　ここで注意することがある．反応によっては，機構が異なっても結果が同じになることがある．ハモンドの仮説が適用できるのは，同じ機構で進む二つの反応の速度を比較する場合だけである．カルボカチオン中間体は非常に不安定なので，反応BはS_N1機構で起こらないかもしれない．実際，この場合は別の機構（S_N2）が有利になる．異なる過程を比較しないようにしよう．

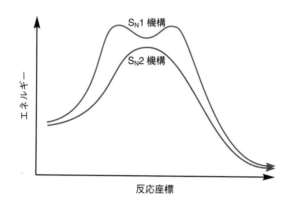

基礎20
共 役 と 安 定 性

　基礎10（p.56）では共役と共鳴について学んだ．重要なのは，二重結合の共役（あるいは重なり）によって，化合物が安定化されることである．
　科学者として事実と理論を理解することは重要であるが，その理論に至るために使われるデータを理解することも重要である．これから学習が進むにつれて，多くのデータをみることになる．これまでの説明がわかっていれば，大丈夫なはずである．本節ではデータに基づいた演習も行う．

ブタ-1,3-ジエンの水素化エンタルピー

　次の二つの反応を考える．この反応は本書では説明していないが問題はない．

次表のデータを用いて，上記二つの反応のエンタルピー変化を計算せよ．

あえて必要ではないデータも示している．関連するデータを選べるようになることが重要である．

平均結合解離エネルギー （kJ mol^{-1}）

H−H	436	C−C	350	C=C	611
H−Cl	432	C−H	410	C≡C	835
H−Br	366	C−O	350	C=O	732
H−I	298	C−Cl	330	C≡N	898
H−O	460	C−Br	270		
H−S	340	C−I	240		

ここから解答を示していくが，まずは自分で計算してみよう．

最初の反応では，一つの H−H 結合と一つの C=C 結合を切り，一つの C−C 結合と二つの C−H 結合ができる．

$$\Delta H = (436 + 611) - (350 + 410 \times 2) = -123\,\text{kJ mol}^{-1}$$

2番目の反応では，二つのの H−H 結合と二つの C=C 結合を切り，二つの C−C 結合と四つの C−H 結合ができる．

$$\Delta H = (436 \times 2 + 611 \times 2) - (350 \times 2 + 410 \times 4) = -246\,\text{kJ mol}^{-1}$$

これらの反応の実測のエンタルピー変化は次のとおりである†．

2番目の反応は最初の反応の数値の2倍になると予想できただろうか．

† これらの反応には触媒が必要であるが，心配しなくてよい．ここでは，原子数の収支だけを考えている．

+ H$_2$ ⟶ 　　$\Delta H = -128\,\text{kJ mol}^{-1}$

+ 2 H$_2$ ⟶ 　　$\Delta H = -238\,\text{kJ mol}^{-1}$

これらの値は上記の計算値にかなり近いが，不一致がある．ブタ-1-エンの水素化の実験データを単純に2倍すると，ブタ-1,3-ジエンの水素化の ΔH は −256 kJ mol^{-1} になる．これから，ブタ-1,3-ジエンは予想より 18 kJ mol^{-1} 安定であることがわかる．これは共役による安定化である．

ブタンを下に，ブタ-1-エン ＋H$_2$ を中央に，ブタ-1,3-ジエン＋H$_2$ を上になるようにエネルギー図を書いてみよう．すべてのエネルギー差を計算せよ．

ベンゼンの水素化エンタルピー

同じ計算をベンゼンについても行うことができる．上記の表のデータを使い，次の二つの反応のエンタルピー変化を計算する．結合解離エネルギーは共役を考慮していないことを忘れないようにしよう．実験値を右に示す．

ブタ-1-エンの計算から値を予想することができるか．

+ H$_2$ ⟶ 　　$\Delta H = -120\,\text{kJ mol}^{-1}$

+ 3 H$_2$ ⟶ 　　$\Delta H = -208\,\text{kJ mol}^{-1}$

もちろん，芳香族性による安定化がないとすれば，ベンゼンの水素化エンタル

ピーは $\Delta H = -360 \, \text{kJ mol}^{-1}$ となることが予想される. 計算した値に近いことを確認せよ.

二つの値には $152 \, \text{kJ mol}^{-1}$ もの大きな差がある. これは単結合の解離エネルギーの約半分に相当し, 非常に大きい.

ベンゼンの安定化は以下の二つの要因の組合わせによる.

1. 二重結合 (π 電子) の数
2. 完全に共役した環状 π 系の構造

"完全な共役系" は重要な用語であり, 少し考える価値がある. 共役二重結合を電流が流れる電気回路とみなそう. これを止めるためには絶縁物 (CH_2 基) が必要である. 完全な共役系の共鳴構造は, 単結合と二重結合が交互に並んで環状構造をつくっている. 電流は 1 周して最初の位置に戻ることができ, 止まることなく流れ続ける.

芳香族化合物の多くの反応では, 芳香族性による安定化が失われる. このような反応は多くのエネルギーが必要であり遅いため, 進行するには熱が必要である. 芳香族性の回復は反応の強い推進力になる.

すべての反応にいくつかの基本原則を一貫して適用することができる.

アルケンと芳香族化合物の反応を学ぶとき, この安定化の有無によって反応性の違いがすべて説明できることがわかるだろう.

よくあるまちがい 5
カルボカチオンとカルボアニオン

すでに学んだように, またこれから学ぶように, 大部分のまちがいは構造とそれらを表示するために使う用語の不一致から生じる.

第三級カルボカチオンは第二級または第一級カルボカチオンより安定であることはすでに学んだ. しかし, "第三級は安定である" とパターンで学ぶことには危険がある. カルボアニオンの場合, 置換基が多いほど不安定である. カルボカチオンまたはカルボアニオンを見たときは, 常に時間をかけて, 置換基が電荷を安定化しているのか不安定化しているのかをよく考えよう.

電荷を安定化または不安定化する原因が誘起効果または共鳴効果のどちらであるか理解してほしい.

超共役も共鳴効果の一つであると考える. よくあるまちがい 3 (p.96) で学んだように, 超共役は確かに誘起効果ではない.

具体的な例をみてみよう. カルボアニオン 1 は隣接するカルボニル基によって安定化される. カルボアニオン 2 も安定化されると考えるかもしれないが, 実際

には非常に不安定化されている.

$$\underset{\mathbf{1}}{\overset{\displaystyle O}{H_3C}\!\!-\!\!\overset{\displaystyle}{\underset{}{}}\,^-} \qquad \underset{\mathbf{2}}{\overset{\displaystyle O}{H_3C}\!\!-\!\!\overset{\displaystyle}{\underset{}{}}\,^-}$$

　このよくあるまちがいは,上記のような好ましくない学び方の一例である.もし,"負電荷はカルボニル基に安定化される"ことだけを覚えていると,二つを区別することは難しいだろう.しかし,時間をかけて共鳴構造を書き,カルボニル基が負電荷を安定化する位置にあるかどうかを理解すると,ずっと早く,あるいは少なくともまちがいなく答えにたどり着くだろう.

　これから学ぶどの反応も電荷の再分布の段階を含む.ある置換基がどのように電荷を安定化するか,あるいは不安定化するかわからなければ,反応が速くなるか遅くなるかを予想することはできないだろう.

何度も繰返して学ぶことは重要である.身につけるために時間がかかるのは当然である.

基礎 21

共役系の反応性

　いくつかの事項を組合わせていこう.共役系は非共役系より安定であることを学び,その証拠を示した.共役によって,多くの有機反応の中間体であるカルボカチオンやカルボアニオンが安定化されることも示した.

　では,共役系は反応しにくいのだろうか.確かに共役系は安定だが,安定であるほど反応性が低いといえるだろうか.これは反応の結果何が生成するかによって決まる.反応性については十分に説明していないが,この問題を考えるのに必要なことはすでに学んだ.

　共役ジエン **1** にプロトンが付加すると,共鳴安定化されたアリル型カルボカチオン **2** が生成する.非共役ジエン **3** にプロトンが付加すると,第二級カルボカチオン **4** が生成する.

$$\text{（反応式：共役ジエン 1 への H}^+\text{付加によるカルボカチオン 2 の生成）}$$

$$\text{（反応式：非共役ジエン 3 への H}^+\text{付加によるカルボカチオン 4 の生成）}$$

　発展 2（p.92）で示した表のデータをもう一度みてみよう.比較するために必要なデータを見つけることが重要である.カルボカチオン **2** と **4** の安定性はわからない.しかし,エチルカチオンとアリルカチオンのデータはある.これらはどちら

この例は第二級アルキルカチオンと第二級アリルカチオンである.これらを区別できるようにしよう.

も第一級カルボカチオンだが，一方は二重結合により安定化されている．アリルカチオンはエチルカチオンより約 70 kJ mol⁻¹ 安定である．これは，メチル基と C＝C 二重結合による安定化の程度の違いによるものである．

  ジエン **1** とジエン **3** からカルボカチオンが生成する反応の反応エネルギー図を書け．基礎 10（p.57）で学んだように，共役系は非共役系より 20 kJ mol⁻¹ 安定である．

本章で示した値に基づくと，共役ジエン **1** からカルボカチオン **2** の生成は非共役ジエン **3** からカルボカチオン **4** の生成に比べて約 50 kJ mol⁻¹ 有利であることがわかったはずである．

共鳴安定化によるとジエン **1** はジエン **3** より安定であるが，ジエン **1** の方が反応しやすい．

もちろん，活性化エネルギーはわからないので，これらの値は反応速度には関係ない．しかし，**基礎 19**（p.102）で説明したハモンドの仮説から推測することはできる．カルボカチオンの生成のような吸熱反応では，遷移状態は生成物であるカルボカチオンに似ており，同じ要因で安定化されることを学んだ．

 基礎 22

有機反応における酸触媒作用

本節の内容は本節と Web 掲載の**演習問題 4** の 2 段階で学んでいく．まだこの問題を完全に理解できるほど十分な知識をもっていないが，非常に重要であるので学び始めることにする．

酸触媒は活性化エネルギーを低くし，反応速度を大きくするために広く用いられる．**基礎 15**（p.72）では，活性化エネルギーが変化すると反応速度がどのように影響を受けるかを学んだ．酸触媒作用が利用できるとしても，どの酸が最も効果的であるかはわからない．これは溶媒（極性や酸と反応剤の溶解性）や化合物中にある他の官能基のような要因に影響されることが非常に多い．経験を重ねると，特定の反応にどの酸触媒が最もよく使われるかわかるようになる．

まず，酸触媒がなぜ働くか基本的な理由を理解する必要がある．幸いにもあまり複雑ではない．

もし触媒の効果を解析したいのであれば，触媒過程を非触媒過程と比較しなければならない．比較しなければ，触媒の効果はわからない．

基本的反応様式 1（p.44）では，求核置換反応である S_N1 機構を説明した．**基礎 14**（p.71）では反応エネルギー図を学んだ．本節では，カルボカチオンが生成するときのエネルギーが触媒によってどのように変化するかを学ぶ．

本当に重要なのは，練習してすべての有機化学の問題にこの考え方を使えるようにすることである．

本節ではまず基礎的な事項を学ぶ．反応における問題点を明らかにするところから始めよう．さらに，Web 掲載の**演習問題 4** に取組めば，非常に複雑な反応エネルギー図が書けるようになるだろう．重要なのは，基礎的な知識を有意義な問題に適用することである．

アルコールからカルボカチオンが生成するときの酸触媒作用

簡単な平衡過程を次に示す.

$$R\!-\!OH \rightleftharpoons R^+ + \bar{O}H$$

これは C−O 結合の不均等開裂によるカルボカチオンの生成である. ふつうカルボカチオンは反応の中間体だが, ここでは生成物と考える. これは一つの結合が切れる単純な過程である. この過程に遷移状態はあるが中間体はない.

ここでエネルギーを考える. 水酸化物イオンはあまり安定ではないので優れた脱離基ではない. 水の pK_a は 15.7 であり, 以下の平衡の K_a は $10^{-15.7}$ である.

$$H_2O \rightleftharpoons H^+ + \bar{O}H$$

有機化学で出てくる大部分のカルボカチオンもプロトンより不安定である. したがって, カルボカチオンの K_a は $10^{-15.7}$ よりずっと小さい. この K_a の値であれば, 反応は吸熱のはずである[†]. ここで簡単な反応エネルギー図が書ける.

ここでも基準の値から推定することの重要さがわかる.

[†] 厳密には吸エルゴンだが, 吸熱の用語の方がよく使われる.

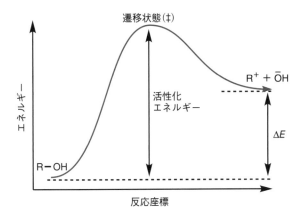

これを次の反応と比較する.

$$R\!-\!\overset{+}{O}H_2 \rightleftharpoons R^+ + H_2O$$

ここではアルコールがプロトン化されている. このとき脱離するのは電荷をもたない水であり, ずっと優れた脱離基である. 同じカルボカチオンが生成しているのに, 平衡の位置は右に移動する.

もう少し詳しくみてみよう. 左の化学種はプロトン化されており, 不安定である. どちらの反応でも同じカルボカチオンが生成するが, もう一つの生成物は, 最初の反応では不安定な水酸化物イオンである一方で, 2 番目の反応では安定な水である.

したがって, 酸触媒の過程は不安定な出発物と安定な生成物をもつ. それでもなお反応は吸熱であり, 発熱ではない. ここで新しい反応エネルギー図が書ける. 比

較するために前の図と重ねている．

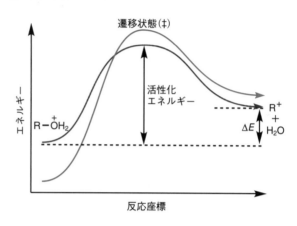

ハモンドの仮説（**基礎 19**, p.102）によると，吸熱反応において遷移状態は出発物よりもカルボカチオンと脱離基に似た構造をもつ．触媒反応の生成物が安定化されると，遷移状態も安定化される．生成物を安定化するのが簡単でなければ，活性化エネルギーは高いままであろう．

活性化エネルギーが比較できれば，速度も比較できる．

結果として，2 番目の触媒反応が速くなる．

　ところで，プロトン化されたアルコールはプロトン化されていないアルコールより不安定なことはどうしてわかるのだろうか．

　非常に強い酸を使えばアルコールが完全にプロトン化されるので，プロトン化されたアルコールがプロトン化されていないアルコールより安定になりうる．しかし，弱酸を使う場合には，カルボカチオンの生成速度に加えてアルコールがどの程度プロトン化されているかを考える必要がないだろうか．もし二つの活性化障壁があると，反応が遅くなるだろうか．

実際にはそうではないが，これを確かめるためにはかなり詳しい情報が必要である．

　これについての演習を行う前に，本節の考え方を十分に理解しておく必要がある．基礎が身についたら，Web 掲載の**演習問題 4** に取組もう．

最初は理解しにくいと思うが，時間をかけて考えよう．読み進めてから戻ってきてもよい．辛抱強く続ければ必ず理解できるだろう．

 反応の詳細 1

飽和炭素における求核置換反応

　反応についてさらに詳しく学んでいく．反応の詳細の節はどうしても長くなり，情報が多くなるが，進め方は同じである．反応性に関する多くのことを予想する十分な知識をもっていることを確認するために，基礎的な原則を適用する方法を示していく．基礎的な事項を応用して反応性の傾向を予想できる方が，暗記するよりもずっと優れている．

　基本的反応様式 1（p.42）では，飽和（sp^3 混成）炭素における置換反応には二

つの機構があることを学んだ．ここで反応をより詳しくみるために，次の質問を考えよう．

1. どの基質がどの機構で反応するか．
2. どの脱離基が最も優れているか．
3. 立体化学の結果はどうなるか．
4. どのような反応条件が機構を有利にするか．
5. 求核剤を変えるとどのような効果があるか．

　ある置換反応が S_N1 と S_N2 のどちらの機構で進行するか決めることは，最初のうちは簡単ではない．まず，個別の機構をみて，機構がどのような構造的な特徴に支配されるかを学ぶ．S_N1 反応から始めよう．

S_N1 反 応

S_N1 反応を再び示す．

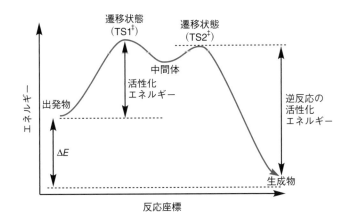

次の一連の化合物を，S_N1 機構による置換反応の速度の順番に並べよ．

$$H_3C-\underset{\underset{\displaystyle CH_3}{|}}{\overset{\overset{\displaystyle CH_3}{|}}{C}}-Br \qquad H_3C-Br \qquad H_3C-\underset{Br}{\overset{|}{CH_2}} \qquad H_3C-\underset{\underset{\displaystyle CH_3}{|}}{\overset{\overset{\displaystyle H}{|}}{C}}-Br$$

　立体効果と電子効果を考えよ．反応は中間体をもつので，ハモンドの仮説を用いて確認せよ．反応エネルギー図を書いてみよう．

> ここではかなり多くのことを考えなければならない．すべてに慣れる必要がある．しばらくすると，関連するすべての要因を一目で確認できるようになるだろう．

構造的な要因　S_N1 反応における律速段階すなわち最も遅い段階は，カルボカチオン中間体の生成である．反応速度を決めるのは活性化エネルギーである．反応エネルギー図を再び示す．

　すでに何がカルボカチオンを安定にするかわかっている．カルボカチオンが安定であれば，カルボカチオン生成の活性化エネルギーも小さくなる．ハモンドの仮説（**基礎19**, p.102）を忘れないようにしよう．

　出発物に関する要因は，基本的に正電荷をもつ炭素に何が結合しているかによって決まる．カルボカチオンの安定性には以下の傾向があることをすでに学んだ（**基礎16**, p.74）．

$$(CH_3)_3\overset{+}{C} \quad > \quad (CH_3)_2\overset{+}{CH} \quad > \quad CH_3\overset{+}{CH_2} \quad > \quad \overset{+}{CH_3}$$

　したがって，$(CH_3)_3C-Br$ は CH_3-Br より S_N1 反応をずっと起こしやすい．これは電子効果である．

　立体効果も考えなければならない．$(CH_3)_3C-Br$ の空間充填模型を欄外に示す．たいへん混み合っていることがわかる．臭化物イオンが離れるにつれて，カルボカチオンは平面に近づき，メチル基は互いに離れるように動く．これによって立体障害が軽減される．

　この場合，立体効果と電子効果を分けることは簡単ではない．立体障害のため t-Bu-Br は不安定であり，エネルギーが高い．これには活性化エネルギーを小さくする効果もある．t-ブチルカチオンの安定性のうち，どこまでが立体効果でどこまでが電子効果かを判断することは難しい．

　　実際には，優先的に S_N1 反応が起こるためには，第三級カルボカチオン（または同等の安定性をもつカルボカチオン）を生成することができる基質が必要である．メチル，第一級，第二級の基質では S_N2 反応が起こりやすい．

合成を計画するとき，どの反応が起こらないかを知っておくと役に立つ．この場合，第三級カルボカチオンであるという単純な理由だけでは十分ではない．平面の第三級カルボカチオンだけが安定であることを知っておくべきである．

　反応に影響するさまざまな要因を見逃さないようにしよう．**基礎17**（p.80）では，以下のカルボカチオンは平面になれないので非常に不安定であることを学んだ．したがって，カルボカチオンは生成しない（生成の障壁が高い）ので，対応する臭化物は S_N1 反応を起こさない．

　十分に安定なカルボカチオンであっても，必ずしも優先的に S_N1 反応が起こるとは限らない．塩化メトキシメチル CH_3OCH_2Cl は非常に安定なカルボカチオン（練習のためもう一度書いてみよ[†]）を生成するので，この化合物は S_N1 反応のよい基質であり，反応速度は大きい．同時にこの化合物は S_N2 機構でも速く反応する．

† 訳注：よくあるまちがい4(p.101)の**4**の構造を参照．

　　ふつうは S_N1 機構が優勢であるが，各機構によって生じる生成物の相対比は反応の種類（たとえば求核剤）や条件（たとえば溶媒）によって変わる．

　一般的に，一つの化合物の置換が S_N1 機構でも S_N2 機構でも進むことはよくある．各機構の反応による生成物の割合は，二つの反応の速度によって決まる．これは非常に複雑である．遷移状態における結合の生成と解離の程度を正確に調べると，明らかに S_N1 反応の性質をもつ S_N2 反応があれば，その逆もある．

これについて詳しいことは発展4(p.208)でもう一度考えることにする．

脱　離　基　脱離したあと安定なものほど，優れた脱離基である．S_N1 反応と S_N2 反応では脱離基の能力の傾向は同じである．このことは S_N2 反応の項で考える．

　酸触媒を用いた S_N1 反応で使われる条件について一つ補足がある．カルボカチオン生成の反応式をみてみよう．反応エネルギー図の途中に中間体があるとき，カルボカチオンだけではなく，（この場合）負の荷電をもつ脱離基 X^- も考えるべきである．X^- が安定であれば，中間体も安定であり，より速く生成する（ハモンドの仮説）．

$$R-X \longrightarrow R^+ + X^-$$

　次の二つの反応式を比べてみる．水酸化物イオンは脱離基としての性質は低く，非常に強い塩基である．**基礎22**（p.109）で説明したように，水はずっと優れた脱離基である．アルコールをプロトン化する（酸触媒）と脱離基が脱離しやすくなり，S_N1 反応を加速することができる．

$$R-OH \longrightarrow R^+ + \overset{-}{O}H$$

$$R-\overset{+}{O}H_2 \longrightarrow R^+ + H_2O$$

溶媒効果　S_N1 反応は極性の中間体をもつので，極性溶媒を用いることで中間体は安定化され，生成が促進される[†]．溶媒は非求核性である必要があり，もしそうでなければ溶媒がカルボカチオンを攻撃して別の置換生成物が生じてしまう．ギ酸 HCO_2H は S_N1 機構を促進するためによく使われる．純粋なエタノールよりエタノール水溶液の方がずっとよい溶媒である．

　　ギ酸の求核性があまり高くないのはなぜか．

　ここで関連する用語を確認しておこう．**比誘電率**は溶媒の極性の尺度である．多くの場合，溶媒は求核剤である．溶媒との反応は**加溶媒分解**とよばれる．

立体化学　立体化学はまだ十分に学んでいないので，機構の立体化学的な特徴を説明する準備はできていない．置換反応の立体化学的な特徴は，**反応の詳細2**（p.149）で説明する．

求核剤の効果　S_N1 反応における求核剤は律速段階の後にならないと反応しない．したがって，求核性の違いは全体の反応速度に影響しない．

　しかし，求核性が低い求核剤を用いると S_N1 反応が起こる場合でも，求核性が高い求核剤を用いると部分的にまたは優先的に S_N2 反応が起こることがある．求核剤の種類によって機構そのものが変わることがある．

　この状況は反応エネルギー図で考えることができる．S_N1 反応の反応エネルギー図は影響を受けないが，S_N2 反応の遷移状態のエネルギーが低下すると反応が競合するようになる．

[†]　厳密にいうと，反応を加速するためには，カルボカチオン生成の遷移状態を安定化する必要がある．しかし，遷移状態はカルボカチオンの構造に近いことを学んだので，カルボカチオンを安定化する溶媒がカルボカチオン生成の遷移状態も安定化することは妥当である．

比誘電率 relative permittivity, dielectric constant

加溶媒分解 solvolysis

S_N1 反応の反応エネルギー図を書け. 同じ図に，異なる求核剤を用いた二つの S_N2 反応の反応エネルギー図を書け. 三つの過程の活性化エネルギーは，求核性が高い求核剤を使うと S_N2 反応が有利になり，求核性が低い求核剤を使うと S_N1 反応が有利になるように書け.

　解答を以下に示す. 詳しく説明しないが，反応エネルギー図の形とエネルギーがなぜこのようになるか理解できていることを確認せよ.

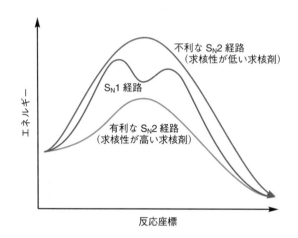

S_N2 反 応

S_N2 反応を再び示す.

$$Nu^- \overset{\curvearrowright}{} C{-}X \longrightarrow \left[\overset{\delta-}{Nu}{-}{-}C{-}{-}{-}\overset{\delta-}{X} \right]^{\ddagger} \longrightarrow Nu{-}C + X^-$$

遷移状態

　反応速度に及ぼすさまざまな要因を考える必要がある. 最終的に，どのような条件下で S_N2 反応が起こりやすいかを知るために役立つ.

構造的な要因　S_N2 反応では，反応が進むにつれて遷移状態は負電荷を帯び，その電荷は置換を受けようとしている炭素原子に分布する. もしこの炭素原子に結合しているいずれかの置換基が負電荷を安定化すれば，S_N2 反応の活性化障壁は低くなり反応は速くなる. 逆に，もしいずれかの置換基が負電荷を不安定化すれば，S_N2 反応の活性化障壁は高くなり反応は遅くなる. これらの二つの説明は，事実上同じことである.

　純粋な S_N2 機構による置換反応の相対速度を次に示す. 求核剤として塩化物イオン，溶媒としてアセトンを用いたときの値である.

Me—Br	Et—Br	⟋⟍Br	⤬Br	✗Br
78	1.5	1	3×10^{-2}	7×10^{-3}

　まず臭化メチル（左）と臭化イソプロピル（右から2番目）に注目する．前者は後者に比べて置換反応が2600倍速く起こる．反応速度に大きな差があるとき，それには明確な理由がある．これらの化合物から臭化物イオンが脱離して生じるカルボカチオンはどちらも不安定なので，カルボカチオンの生成を経由しないで反応が起こる．したがって，どちらもS_N2機構である．

　S_N2機構の遷移状態では，炭素原子に部分負電荷が生じる．この部分負電荷は，完全な負電荷のときと同じように，臭化イソプロピルの二つのメチル基によって不安定化される（**基礎16**, p.77）．もちろん，これらの二つのメチル基は立体効果によって求電子剤の接近も妨げる．ここでも立体効果と電子効果を考えているが，二つの効果を分離することは容易ではない．

基礎16（p.74），特に電荷に関する後半の部分を読み直そう．

　次の化合物のS_N2反応は非常に速い．

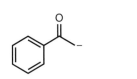

　ケトンがどのようにS_N2機構の遷移状態を安定化するのだろうか．負電荷が生じようとしているので，極端な場合として左のような完全な負電荷を考える．カルボニル基は隣接する負電荷を安定化することを学んだ（**基礎18**, p.85）．

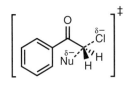

負電荷の安定化を示す共鳴構造を書け．ベンゼン環のどこかに負電荷があるとまちがいである．

この塩化物が置換するときの遷移状態は右のように書ける．

　負電荷がα炭素原子に生じようとしているので，完全な負電荷を安定化する同じ要因が，部分負電荷も安定化する．安定化を示す共鳴構造は書けないが，共鳴構造は安定化を示す一つの方法にすぎない．

立体化学　これについては反応の詳細2（p.151）で詳しく説明する．

脱離基　脱離基の効果を理解するために，全体の反応をもう一度考える．

$$R-X \ + \ Nu^- \longrightarrow R-Nu \ + \ X^-$$

　もしX^-が安定であれば，正方向の反応が有利である．これは酸-塩基の平衡と同じように考えることができる．

$$HX \ \rightleftharpoons \ H^+ \ + \ X^-$$

　HXが強い酸であれば，X^-はより安定である．したがって，脱離しやすい脱離

ハロゲン化水素	pK_a
HF	3.2
HCl	−7
HBr	−9
HI	−10

基は強い酸の共役塩基である．ハロゲン化水素の水溶液中の pK_a を表に示す．HI が最も強い酸であり，HF が最も弱い酸である．

したがって，ハロゲン化物イオンでは，脱離能の傾向は次のようになる．

$$I^- \quad > \quad Br^- \quad > \quad Cl^- \quad >>> \quad F^-$$

S_N1 反応の項では，アルコールのヒドロキシ基がプロトン化されると，脱離しやすさにどのような影響を受けるかを学んだ．S_N2 反応は，酸性条件では起こりにくい．多くの場合，プロトンを加えても求核剤と反応して取除かれてしまう．

求核剤は塩基にもなり，塩基は求核剤にもなることを思い出そう．

しかし，酸素を優れた脱離基にするために，プロトン化と同じ原理を使うことができる．4-トルエンスルホン酸の pK_a は −2.8，水の pK_a は 15.7 である．したがって，4-トルエンスルホナートイオン†は水酸化物イオンよりずっと優れた脱離基である．

† 一般にトシラートとよばれる．

4-トルエンスルホナートイオンが安定である（すなわち優れた脱離基である）理由を説明するための共鳴構造式を書け．

4-トルエンスルホン酸

$$H_2O \quad \xrightleftharpoons{pK_a\ 15.7} \quad H^+ \quad + \quad {}^-OH$$

アルコールから対応する 4-トルエンスルホン酸エステルへの変換は非常に簡単である．この変換をどのように行うかはここでは考えない．

概念的には，これはアルコールのプロトン化と同じであり，脱離基の共役酸の pK_a が小さくなるので，求核置換反応が起こりやすくなる．

このような官能基の"活性化"は非常に一般的であり，その意味と原則を理解する必要がある．そうしなければ，新しい例が出るたびに，個別の断片的な事実として暗記することになってしまう．

この方法の利点の一つはすでに示した．プロトンが求核剤と反応するので，アルコールのプロトン化は現実的ではない．2番目の利点は，幅広い化合物に使用できることである．酸に敏感な官能基は多くあるが，この方法では問題にならないため広範囲に使える．

溶媒効果 S_N2 反応は比較的極性の高い負の電荷をもった遷移状態をもつため，S_N1 反応と同様非求核性の極性溶媒を用いるとよい．しかし，実用的な観点から，

優れた溶媒として最も重要な要素の一つは，出発物を両方とも十分に溶解できることである．ジメチルスルホキシド（DMSO）とジメチルホルムアミド（DMF）はともに優れた溶媒である．

これらの溶媒は非プロトン性極性溶媒に分類され，水素結合の供与体をもたない．一方，メタノールはプロトン性極性溶媒であり，OH 基の水素は水素結合することができる．

溶媒が溶媒和[†]しやすいと，求核剤も溶媒和を受けて基質に到達しにくくなる．たとえば，メタノールと DMF は同じ比誘電率をもつ．しかし，求核剤にアジ化ナトリウムを用いた置換反応では，アジドイオンを溶媒和しにくい DMF の方がずっと優れた溶媒である．

† 訳注：溶液中で，静電気力や水素結合などの相互作用により，溶質が溶媒によって安定化されること．

複雑すぎると思うかもしれないが，原則に注目すれば，ポイントが整理されてくるだろう．

求核剤の効果　S_N2 反応における求核剤の効果は複雑である．求核性は用いる溶媒の種類によって影響を受けることが多い．まず，非プロトン性極性溶媒中の傾向だけをみていく．非プロトン性極性溶媒中では，求核剤は求核性が損なわれるほど溶媒和されることはないので，求核性は共役酸の pK_a とよく相関する．

$$^-NH_2 \quad > \quad {}^-OH \quad > \quad F^-$$

$$F^- \quad > \quad Cl^- \quad > \quad Br^- \quad > \quad I^-$$

実際，アニオンが不安定な（共役酸の pK_a が大きい）ほど反応しやすい．これは予想どおりである．攻撃する元素が同じであれば，この傾向は成り立つ．アセタートイオン（共鳴構造を書いてみよ）の負電荷はフェノキシドイオンの負電荷より安定化されている．その結果，アセタートイオンの方が求核性が低い．

$$^-OH \quad > \quad PhO^- \quad > \quad AcO^-$$

他の場合も同様である．負電荷をもつ求核剤は（電気的に）中性の求核剤より反応しやすい．

$$PhS^- \quad > \quad PhSH \qquad {}^-OH \quad > \quad H_2O$$

アミンの場合，アルキル基の数が求核性に関与する．一連のアミンの求核剤を次に示す．

$$Et_3N \quad > \quad Et_2NH \quad > \quad EtNH_2 \quad > \quad NH_3$$

アルキル基は電子供与性であることを学んだ．これはカルボカチオンやカルボアニオンの安定性（基礎16）から考えたが，同じ原則はアミンの塩基性にも適用できる．窒素の非共有電子対（カルボアニオンを考えよ）はエチル基が加わるたびに不安定化される．アミンが不安定であれば，そのアミンは強い塩基すなわち求核性の高い求核剤である．

原則をいくつ適用できるかを確認せよ. ただし, 行き詰まらないようにしよう. この演習のポイントは, 何が関連して何が関連していないかを判断することである.

> 次の反応を考えてみよう. この反応を用いてエチルアミンを合成することはできるか. 友人と議論して, 納得できる結論かどうか確認せよ.

$$Et-I \;+\; NH_3 \;\longrightarrow\; EtNH_2 \;+\; HI$$

非常に溶媒和しやすい溶媒を使うと, 求核剤にも溶媒和して求核剤が基質に接近しにくくなる. この傾向があてはまるのはプロトン性極性溶媒 (たとえばエタノール) であり, 求核性の傾向が逆転することがある[†]. 次のように考えてもよい. 求核性が非常に高いと, 基質とよく反応するが溶媒ともよく反応し (溶媒和され), 多くの溶媒分子に囲まれるため, 求核性が低下する場合もある.

† 訳注: たとえばプロトン性極性溶媒中では, ハロゲン化物イオンの求核性の順番は $I^- > Br^- > Cl^- > F^-$ となる.

ま と め

置換反応にはほとんどの基本的な原則を適用することができる. 特に立体化学 (**反応の詳細2**, p.149) について詳しく学んだ後で, 本節に戻って基礎を確認しよう.

これらの原則を置換反応にどのように適用するかがわかると, 他の反応に適用するときに役立つだろう.

基礎23

遷移状態とは何か

多くの読者は, 遷移状態がエネルギー図に沿って最高エネルギーの点にある "もの" として受け入れていることだろう. 次のような S_N2 反応を考えると, 遷移状態を示すために中央のような構造を書くだろう.

$$HO^- \;+\; H_3C-I \;\longrightarrow\; \left[\begin{smallmatrix} & H & \\ {}^{\delta-}HO\text{-}\!\text{-}C\text{-}\!\text{-}\text{-}I^{\delta-} \\ & H\,H & \end{smallmatrix}\right]^{\ddagger} \;\longrightarrow\; HO-CH_3 \;+\; I^-$$

ここでは C−O 結合が生成し始め, C−I 結合が解離し始めている. 中間体はないので, 反応エネルギー図は**基礎14** (p.70) の最初の例のようになる.

遷移状態を詳しく定義するために, 本節では赤外分光法と計算機化学を用いてもう少し詳しく説明する. はじめて読むときはすべてを理解できなくても, 後から戻ってくればよい. 遷移状態についてよく考えると, 反応速度をよりうまく予測できるようになる.

結合が振動すると何が起こるか

分子の振動は遷移状態の基本である. ケトンの一つであるアセトンの三次元表示を見てみよう. C=O 結合の振動を両矢印で示す. この化合物の赤外スペクトルで

は, 約 $1710 \, cm^{-1}$ に $C=O$ 結合の振動に対応する非常に強い吸収が観測される[†].

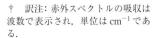

† 訳注: 赤外スペクトルの吸収は波数で表示され, 単位は cm^{-1} である.

基礎
23

結合が通常の位置から伸びるにつれて, 化合物のエネルギーは増加する. 同様に, 結合が通常の位置から縮むと, やはりエネルギーは増加する. これは分子の固有振動であり, 最も安定な平衡状態からのひずみである.

遷移状態における結合の振動

遷移状態における結合の振動は考え方が少し異なる. 本節冒頭に示したヨードメタンと水酸化物イオンの反応をもう一度見てほしい.

遷移状態の構造とエネルギーを計算機化学を用いて計算することができる. コンピューターで計算したこの反応の遷移状態を次に示す. 反応エネルギー図では, ちょうど曲線の頂上にある状態である. O と C の距離を a, C と I の距離を b で示す.

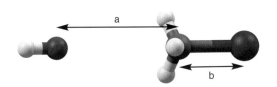

距離 a が短くなれば, 距離 b は長くなる. この場合, 反応は生成物の方へ進み, 系のエネルギーは低くなる. 距離 a が長くなれば, 距離 b は短くなる. この場合, 反応は出発物の方へ戻り, やはり系のエネルギーは低くなる.

したがって, 基底状態の分子の固有振動では, 通常の構造からひずむとエネルギーが高くなる. 反応座標に沿った両方向への遷移状態の振動では, エネルギーが低くなる.

計算機化学では, 計算された構造が虚数[†]の振動数を一つだけもてば, それは遷移状態であることがわかる.

† 虚数は −1 の平方根である. これは量子化学計算に使われる数学に関連している.

遷移状態は系の最高エネルギーであるか

上記の例をふまえると, ヨードメタンの一つの C−H 結合が伸びると, 系のエネルギーは高くなる. 同様に, 遷移状態のエネルギーはひずみによって高くなる. 遷移状態は反応座標に沿ったときだけエネルギー極大であるが, それ以外の方向ではエネルギー極小である. これは非常に複雑であり, 慣れるのに時間がかかるかもしれない.

これを別の方法で考えてみよう. 山脈の手前から向こう側に行きたいとき, 最も高い頂上は通りたくはないだろう. もし楽に行きたいのであれば, 最も低い峠を通るだろう.

発展3

混成を越えた結合

電子と軌道を考えるとき，量子力学を使う．最も単純な系を除けば，シュレーディンガー方程式を正確に解くことはできない．実際の有機化合物ではなおさらそうである．したがって，これまで結合について説明してきたことは，すべてモデルであり，近似が使われている．モデルによっては，より多くの近似が使われている．本書では今後も混成のモデルを使っていく．

> 混成を理解して，混成に関する用語を使いこなせるようになる必要がある．混成を用いると，単結合は2原子間の結合に寄与する一つの軌道中にある2電子とみなすことができる．

基礎6（p.33）で混成の利点について述べたが，繰返す価値がある．化学反応では結合の生成・解離が頻繁に起こる．これを説明するとき，結合を一つの軌道に2電子をもつ個別の存在と考えるのは，たいへん便利である．この結合は**二中心二電子結合**とよばれる．

どのモデルにも限界がある．ジボラン B_2H_6 の構造を左に示した．この化合物には，二つのホウ素原子に同時に結合している水素原子がある．これまで水素がつくる結合は一つだけであると説明してきた．これは安定な有機化合物では正しい．ジボランでは，各 $B-H-B$ の架橋が結合性軌道に2電子をもつ**三中心二電子結合**を考える．多くの人はこれに混乱するだろう．

そもそも，互いに $90°$ の角度をなす三つの p 軌道と方向性のない一つの s 軌道を混ぜると，互いに $109.5°$ の角度をなす新しい分子軌道ができるという考え方自体に違和感を感じるかもしれない．

> 混成にとまどいを感じても，あまり深く考えないでそれを受け入れて，混成という用語を使おう．一つの結合は一つの軌道中の2電子と考えると便利である．しかしこれは結合のモデルにすぎない．

もとの軌道と混成軌道は両方ともシュレーディンガー方程式の有効な解であるので，軌道を混成することは実際に有効である．しかし，結合については，混成軌道を使わない別の説明がある．本節では，有機分子中の結合を混成軌道ではなくもとの原子軌道を使う方法で説明したい．混成とより厳密な分子軌道のモデルを比較対照すると，混成が多くの点でこのモデルと等価である理由がわかる．

メタンの分子軌道表示

混成では，炭素の 1s 軌道は完全に無視する．したがって，メタン CH_4 では，炭素は8個の最外殻電子を共有している．このうち4個が炭素自身の電子で，水素原子は1個ずつ電子を与える．各分子軌道に2個ずつ電子を入れれば，合計で四つの軌道が満たされる．

これを分子軌道のモデルでみていこう．炭素は一つの 2s 軌道と三つの直交した（互いに $90°$ の角度をなす）p 軌道をもち，これらの軌道から分子軌道ができる．

二中心二電子結合
two-center, two-electron bond

三中心二電子結合
three-center, two-electron bond

ここでは分子軌道を用いて説明するが，今後も混成を使った説明を続けていく．多くの場合，混成で正しく説明できるが，分子軌道のモデルが必要なことがある．

以下にメタンの分子軌道図を示す.

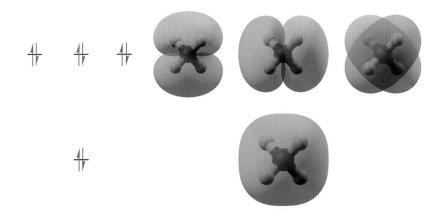

　メタンの最低エネルギーの分子軌道を下に示す. この軌道では, 炭素のs軌道がすべての水素原子のs軌道と重なっている. したがって, 完全に対称であり分子全体に広がっている. この分子軌道には四つのすべてのC-H結合が関係しているので, 一つの結合に対して一つの軌道をもつという考え方が成り立たない. 他の三つの軌道をその上に示す. これらの軌道は事実上炭素の三つのp軌道であり, それぞれのローブは二つの水素原子のs軌道と重なっている.

　全体として, 炭素原子のまわりの四つの水素原子について, エネルギー的に最も有利な炭素原子の空間的な配置は四面体形である. これは混成を使わなくても説明できる. 混成で用いた軌道の方向の変化は, 炭素の原子軌道に由来する分子軌道から自然に導かれる.

　この説明が混成より簡単であるかどうかは判断しにくい. 対称性を変えないで原子軌道を扱うことができるので, 分子軌道による説明の方が単純であるように思える. しかし, 二中心二電子結合の考え方は成り立たないので複雑である. どちらの方法を使うにしても, 混成の優れた点がわかったと思う. 本来の分子軌道では, もはや結合は2電子をもつ明確な存在として考えることはできない. しかし確かに, 全部で8個の電子があり四つの結合がある. 結局同じことである.

エチレンの分子軌道表示

　次にエチレンの分子軌道を考える. 混成の観点からエチレンを考えると, π結合をつくるために, 炭素原子から一つずつ二つのp軌道を使う. 分子軌道のモデルでも同じことが起こる.

　まずσ結合からみていこう. ここではメタンのときに書いたような分子軌道図は示さないが, 軌道の形を考える. 炭素原子から3個ずつ, 四つの水素原子から1個ずつ, 全部で10個の電子を使って五つの分子軌道を満たしていく. 次ページに示す二つの軌道(a), (b)は炭素のs軌道に由来する. メタンでもみられたように, (a)の軌道は分子全体に広がる. (b)の軌道は, 二つの炭素原子の間に節をもつのでC-C結合には寄与していないが, C-H結合には寄与している.

水素原子を任意に選んで, 四つの軌道をもう一度見てみよう. 選んだ水素原子のC-H結合がすべての軌道に寄与していることを確認しよう.

3

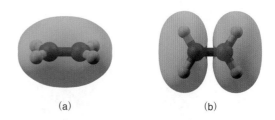

(a)   (b)

　残った p 軌道に由来する三つの軌道を次に示す．(c) の軌道が最低エネルギーである．

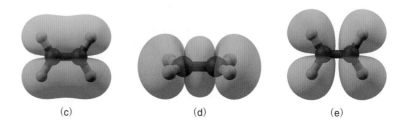

(c)   (d)   (e)

　(c) の軌道は二つの炭素原子の p_y 原子軌道に由来すると考えられ，明らかに C−C 結合に寄与するが，C−C 結合の軸上に軌道が広がる従来考えてきた σ 結合とは異なる．(d) の軌道は p_x 原子軌道に由来し，C−C 結合の軸のまわりで球状に対称である．(e) の軌道も p_y 原子軌道に由来し，C−C 結合には寄与しない．この分子軌道は，π 軌道を説明した後でもう一度考える．すべての軌道は，さまざまな程度で C−H 結合に寄与する．

　σ 結合は，sp^3，sp^2，sp 混成の順番に s 軌道の寄与が増加するにつれて強くなることを説明した．分子軌道の考え方からも同じ結論を導くことができる．エチレンでは，π 結合をつくるために各炭素の p 軌道が一つずつ使われているので，残った一つの s 軌道と二つの p 軌道で三つの σ 結合をつくる．実際に，これらの結合はやはり 33% の s 軌道と 67% の p 軌道からなり，sp^2 混成と同じである．混成を使っても使わなくても結果は同じである．

　最後に π 結合を考える．まだ使われていない p_z 軌道が重なると，(f) に示す新しい結合性軌道ができる．π 結合は二中心二電子結合とみなすことができる．

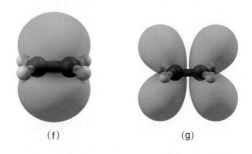

(f)   (g)

　基礎9（p.50）で説明したように，電子が入った結合性分子軌道があれば，必ず電子が入っていない反結合性軌道がある．エチレンの $π^*$ 軌道を上の (g) に示す．反結合性軌道は混成していないと考えるので，混成のモデルから考えたものとちょうど同じである．

　ここで2番目のp_y軌道（e）をもう一度みてみよう．この軌道はπ^*軌道によく似ているが，空ではなく被占軌道である．また，四つのすべてのC−H結合に寄与している．

水の分子軌道表示

　水は重要な分子であり，酸素原子を含む多くの有機化合物の結合について重要な点を説明できる．水がなぜ直線形ではなく折れ線形であるかも，分子軌道のモデルを用いて説明できる．もちろん，これは混成でも説明できる．

　まず，8個の電子があり四つの軌道に入る．混成に基づく従来の説明では，二つのO−H結合と二つの非共有電子対があると考えた．

　水には二つの最低エネルギーの分子軌道がある．軌道(h)は，両方の水素原子のs軌道と重なった酸素のs軌道に由来する．もう一つの軌道(i)は少しエネルギーが高く，酸素のp軌道の一つが両方の水素原子のs軌道と重なっている．なぜ水が折れ線形であるかはまだ明らかでないが，これらの軌道は二つの単結合を示す．もし水が直線形であれば，軌道(i)はよく重なることができない．

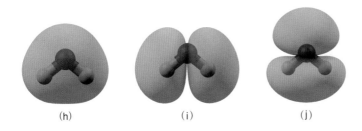

(h)　　　　　(i)　　　　　(j)

　軌道(j)はこれをよく説明する．この軌道は酸素のp軌道に由来し，一方のローブは両方の水素原子のs軌道と重なる．混成のモデルでは，この軌道は非共有電子対であるが，分子軌道ではO−H結合の寄与がある．もし水が直線形であれば，軌道(i)と同じように，この相互作用を維持することができない．

　最後の軌道(k)を次に示す．わかりやすいように軌道を構造の横から見ている．本質的に，この軌道は結合に寄与しない酸素のp軌道である．これは確かに非共有電子対である．

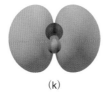

(k)

　これは分子の構造や反応を考えるうえで重要である．非常に単純な反応である，水のプロトン化によるヒドロニウムイオンの生成をみてみよう．

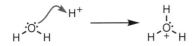

ヒドロニウムイオンは三角錐形である．また，1組の非共有電子対も考慮すると，四面体形とみなすことができる（分子軌道のモデルでは別の方法で説明される）．同様に，水は2組の非共有電子対を考慮すると四面体形とみなすことができ，そのうち1組がプロトン化される．

この説明を使うと，プロトン化の構造がわかりそうである．混成だけ考えると，プロトンは三角錐形になるような軸に沿って近づくと思いがちである．しかし，実際に水がプロトン化されるときは，三つのすべての水素原子と酸素原子が平面内にあるような構造が有利である．プロトン化がほとんど終わるときにはじめて，構造が三角錐形に変化する．これは分子軌道を検討しなければわからない．

どちらでも同じ結果になり，酸素が二つの非共有電子対をもつと考えた方がずっと簡単である．しかし，厳密な構造を考えることが重要な場合もある．たとえば，酸素原子へのプロトン化が鍵になる反応が多くある．炭水化物は食物の重要な成分であり，その代謝はグリコシド（糖）結合の加水分解に依存する．この作用をもつ体内の酵素が加水分解の前に糖をプロトン化するとき，正確な向きでプロトンを供与するように最適化される必要がある．酸素の非共有電子対とプロトン化の構造が死活問題であるといっても過言ではない．

そんなに心配しなくてよい．人体は炭化水素をどのように分解するかを知っている．もし水が2組の等価な非共有電子対をもつと考えた方が都合よければ，それでよい．反応機構を書くときはほとんどの場合問題ない．

クロロメタンの分子軌道表示

基礎9（p.51）では，電子対が反結合性軌道に入ると結合が切れるという考え方をはじめて示した．この考え方を用いて，混成軌道に着目して S_N2 反応を説明した．ここでは，実際の軌道を用いてちょうど同じ説明ができることを示す．

メタンの結合を見ると，どのC−H結合も炭素のp軌道の同じ軸上に並んでいない．これは，おもにp軌道に由来するσ結合がないことを意味する．

クロロメタン CH_3Cl を見ると，状況が少し異なることがわかる．炭素のs軌道はメタンの場合と似ているので，ここでは示していない．p軌道を見てみよう．炭素のp軌道は塩素（緑）のp軌道と重なることができる．これは炭素と塩素の間に少しπ結合があることを意味するので少し複雑であり，混成でこれを予想することはできない．しかし，超共役と似ているところがある．炭素のp軌道と水素のs軌道との重なりが見られる．

もう一つの炭素のp軌道はC−Cl結合に沿って並び，塩素のp軌道と重なる．この結合性軌道は，C−H結合への寄与も多少あるが，おもにC−Cl結合に寄与す

る．しかし，S_N2 反応で重要なのは結合性軌道ではなく反結合性軌道である．対応する反結合性軌道も示す．

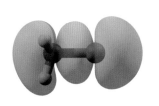

結合性

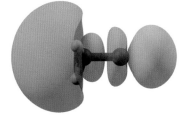

反結合性

この反結合性軌道には炭素と塩素の間に節がある．もし C−Cl 結合を切るのであれば，この反結合性軌道に電子対を入れる必要がある．このとき求核剤の電子対を使うことができ，原理的には炭素の左からまたは塩素の右から攻撃することが可能である．エネルギー的には，求核剤が炭素を攻撃して Cl^- が脱離する方がずっと有利である．

混成軌道を用いても実際の軌道と同じ結果が得られることは心強い．混成を結合のモデルとして使うことに，より自信がもてるはずである．

ま と め

　混成の考え方が好きでなかったとしても，混成はあくまで実際の結合のモデルであることを理解して慣れてほしい．混成からより完全な分子軌道理論へ進む必要があるかもしれないので，そのときに必要な情報をここで示した．

　分子軌道の理論は洗練されているので，三中心二電子結合もそのまま理解できる．メタンのような簡単な分子でも，あらゆる結合が多中心多電子結合である．しかしこれは複雑すぎる．結合が一つ切れるまたはできる反応を示すとき，この結合を個別の存在とみなすのが便利である．分子軌道理論にはこの便利さがない．それでも，上記のクロロメタンの例のように，すべての便利さが失われるわけではないことがわかる．クロロメタンの sp^3 混成の σ^* 軌道と実際の分子軌道が似ているので，混成を使ってもまったく問題ない．

　混成のモデルをとにかく使ってみよう．ほとんどの場合問題は起こらない．使い続ければ自然に理解できるようになる．

3 分子の形

はじめに

　これまでの章でも，分子の形に関するいくつかの事項を学んだ．たとえば，第三級ハロゲン化アルキルは立体障害が大きいため，カルボカチオンを生成しやすい．このとき，電子効果に加えて立体効果が重要である．

　本章では，立体化学，すなわち分子の三次元的性質が，一般に反応性とどのように関係しているかについて考える．

　この段階では，分子がその鏡像と同一ではないことを意味するキラリティーについて考えることが多い．キラリティーは S_N1 反応，S_N2 反応でも重要である．

　基本的なスキルとして，分子を三次元的に書けること，イメージできること，また二つの構造が同一か，異なるか，立体異性体であるかを決定できることが必要になる．立体化学に関する規則は整理されていて理解しやすい．しかし，自然と規則を使えるようになるためには，練習が必要である．本章では規則に関する説明が多く，かなりの努力が必要かもしれないが，立体化学なしで有機化学を習得することはできない．重要なスキルを把握して，どのように，そしていつ使うかを身につけよう．

立体化学は分子の形に関するあらゆる側面を含む．

習慣 4
立体化学の表示：
くさび投影式とニューマン投影式

　分子の形を表示するために取決めが必要である．標準的な方法はくさび投影式であり，紙面上にない原子を実線くさび（紙面の手前に向かう）または破線くさび（紙面の奥に向かう）で示す．また，結合に沿って分子を見たいときは，ニューマン投影式を用いるとよい．

これらの表示を理解するのは簡単だが，使いこなすのは難しい．

くさび投影式

くさび投影式 wedge projection

　実線くさびと破線くさびの使い方は習慣1（p.8）ですでに述べたが，**くさび投影式**についてさらに基礎を固めていく．下記の構造は，ヒトの体内に存在するタンパク質を構成するアミノ酸の一つである．四面体形の sp^3 炭素が3個あるが，そのうち1個は CH_3 基なので考える必要はない．他の2個の四面体形炭素は，紙面から手前に向かう OH 基と NH_2 基を，紙面の奥に向かう2個の水素原子をもつ．三次元表示を欄外に示す．

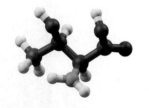

水素原子を省略して表示しても2個の炭素原子は四面体形であり，水素原子は構造中に存在する．

　従来どおり水素原子を省略して書くことも可能である．実線くさびで結合した OH 基をもつ炭素を見ると，紙面内に2本の実線の結合がある．したがって，省略された水素原子は左の構造で示された位置になければならない．

これを理解するだけで十分である．重要なのは，構造を見て立体的にどうなっているかイメージできることである．最初のうちは分子模型を組立てるとわかりやすい．重要な原理がすべてわかったら，コツをつかむまでくさび投影式の構造を書く練習をしていこう．

ニューマン投影式

ニューマン投影式は，結合に沿って分子を見るために考案された立体化学の表示法である．エタンのニューマン投影式は次のようになる．

ニューマン投影式 Newman
projection

この表示法には重要な取決めがある．中心で交わる3本の線は手前の炭素原子への結合である．したがって，3個の H^a は手前の炭素に結合している．円と交わる3本の短い線は奥の炭素原子への結合である．したがって，3個の H^b は奥の炭素に結合している．この取決めを知っておくことは重要である．多くの例を見ていくと，慣れてきて解釈や図示がうまくなるであろう．ニューマン投影式は5章であらためて学習する．

> エタンの分子模型をつくり，結合に沿って見て，ニューマン投影式が正しいことを確認せよ．

 基礎24

配 置 異 性 体

化合物の三次元的な形を学ぶことはたいへん重要である．これは多くの性質に影響を及ぼし，そのうち最も重要なのは生物学的な性質である．極端な場合，化合物の一方の立体異性体は病気の治療に使えるが，同じ化合物のもう一方の立体異性体は致命的な効果を示すことがある．立体化学はいくら重要と言っても言いすぎることはないが，だからといって必ずしも複雑ではない．

分子の形を示すために，前節では実線くさびと破線くさびを用いた表示を学んだ．本節では立体化学の考え方を学び，それに必要な重要な用語を定義する．

立体異性体: エナンチオマーとジアステレオマー

立体異性体は，原子の結合順が同じであるが原子の三次元配置が異なる異性体である．立体異性体にはいくつかの種類があるが，ここでは次に定義する2種類の配置異性体だけを考える．

立体異性体 stereoisomer

エナンチオマーは，もとの構造と鏡像関係にあり原子の三次元配置が異なる立体異性体である．定義では"重ね合わせることができない"という表現を加えてもよい．これは，もとの構造とその鏡像が同じでないことを意味する．エナンチオマー

エナンチオマー enantiomer, 鏡像異性体
ともいう

の例としてアミノ酸であるアラニンを示す．

$$H_3C \quad CO_2H \qquad HO_2C \quad CH_3$$
$$H \quad NH_2 \qquad H_2N \quad H$$

ジアステレオマー diastereomer

ジアステレオマーは，鏡像関係にない化合物の立体異性体である．いうまでもなく，ジアステレオマーは同じ化合物ではない．"重ね合わせることができず，鏡像関係にない"と表現することもできる．ジアステレオマーの例を示す．この化合物は習慣5（次節）で詳しく説明する．ここでは，二つの構造が同じ化合物ではなく，鏡像関係にないことを確認するだけでよい．

$$NH_2 \qquad\qquad NH_2$$
$$H_3C \quad CO_2H \qquad H_3C \quad CO_2H$$
$$OH \qquad\qquad OH$$

立体異性体についてまとめておく．すべての原子の結合順序が同じである二つの構造を考えるとき，次の三つの可能性がある．

1. 同じ化合物である．
2. 同じではないが，鏡像関係である．
3. 同じではなく，鏡像関係でもない．

同一ではないが，鏡像関係にあれば，エナンチオマーである．同一ではなく，鏡像関係でもなければ，ジアステレオマーである．

これがわかれば，立体化学を理解するための基礎が十分に身についたことになる．

キラリティーと配置異性体

キラル chiral
アキラル achiral
キラリティー chirality

ある化合物がその鏡像と重ね合わせることができなければ，その化合物は**キラル**である．重ね合わせることができれば**アキラル**である．このような構造的な性質は**キラリティー**とよばれる．

ある化合物にエナンチオマーがあれば，その化合物はキラルである．ある化合物がキラルであれば，その化合物にはエナンチオマーがある．

ここで問題の核心にたどり着いた．エナンチオマーをもつためには，どのような構造的な特徴が必要だろうか．

ステレオジェン中心 stereogenic center

ステレオジェン中心は，四つの異なる置換基が結合した四面体形原子であり，代表的なのは sp^3 混成炭素である．化合物がキラルになる理由として代表的なのはステレオジェン中心をもつことである．

配置異性体 configurational isomer

配置異性体は，結合の解離と生成を含む過程でのみ相互変換できる立体異性体である．立体配置は立体化学の重要な概念である．詳しくは**習慣6**（p.137）で分類する．

分子模型で立体異性体を相互変換するために結合を切らなければならないとき，化学的にも同じことをしなければならない．配置異性体は完全に別々のものとして存在する．

立体化学の表示が必要な場面がわかれば，立体化学の理解を深めることができ

る．以下のようなときに何を行えばよいのかをこれから学んでいく．

- 二つの構造が同じ立体異性体かどうかを決めたいとき
- ある化合物（構造）がキラルであるかどうかを決めたいとき
- ある化合物に立体異性体がいくつ存在するかを知りたいとき
- 反応の立体化学的な結果（どの立体異性体が生成するか）を決めたいとき

　最後の二つは関連している．生成する可能性がある立体異性体の数がわからなければ，どのような結果となりうるかわかりようがない．

　同じ構造でもいくつもの異なる書き方ができるので，複雑に思えるかもしれないが，しばらくすると慣れるだろう．繰返し練習して学ぶことで，スキルと自信を身につけることができる．

　あまり目にすることはないであろうが，最後にもう一つ立体化学の用語を紹介する．**エピマー**とは，一つを除いてすべてのステレオジェン中心が同じである化合物のジアステレオマーを意味する．2種類の糖，グルコースとガラクトースの構造を次に示す．これらの化合物はステレオジェン中心を五つもつ．そのうち四つは同じであり，一つは異なる（ガラクトースの構造中に青で示す）．したがって，グルコースとガラクトースはエピマーといえる．これらはジアステレオマーでもある．エピマーはこの種のジアステレオマーを示す用語である．

エピマー　epimer

グルコース　　　　　　　ガラクトース

基礎 25（p.147）で立体異性体の性質を説明するとき，この例をもう一度見ることになる．

習慣 5
立体異性体の書き方

同じ構造をいろいろな向きで書く

　以下の説明では例としてアミノ酸を用いる．ヒトの体内のタンパク質や酵素はアミノ酸の高分子（ポリマー）であり，一つの例外を除いてアミノ酸はキラルである．ヒトの体内に存在するのは，各アミノ酸の一方のエナンチオマーだけである．

　アミノ酸であるアラニンの二つの表示を次ページに示す．二つともまったく同じ構造である．NH_2 基と水素原子は左と右のどちらに書いてもよい．実際には NH_2

基は水素原子の手前に書きたいが，重ねて表示すると混乱するので，便宜上左右にずらして書く．

$$H_3C \quad CO_2H \qquad H_3C \quad CO_2H$$
$$H_2N \quad H \qquad H \quad NH_2$$

同じ構造の表示をさらに二つ示す．

$$HO_2C \quad CH_3 \qquad HO_2C \quad CH_3$$
$$H \quad NH_2 \qquad H_2N \quad H$$

これらの構造の分子模型をつくり，手に持って回してみよう．すべての構造が同じ立体異性体を表示していることが確認できるはずである．

これらの構造では，CO_2H 基と CH_3 基が互いに入れ替わるように 180° 回転しただけである．重要なのは，実線くさびと破線くさびが示す構造を正しく認識することである．

同じ立体化学をもつ同じ構造の表示をさらに四つ示す．

$$H_2N \quad H \qquad H_2N \quad H \qquad H \quad CH_3 \qquad H \quad CH_3$$
$$H_3C \quad CO_2H \qquad HO_2C \quad CH_3 \qquad H_2N \quad CO_2H \qquad HO_2C \quad NH_2$$

ここでは必ずしもキラルな化合物の例を使う必要はなかった．キラルであってもなくても，どのような構造もいろいろな向きで書くことができる．しかしアラニンはキラルなので，次にその鏡像を考えることにする．

エナンチオマー

基礎 24（p.129）でエナンチオマーを定義した．化合物がエナンチオマーをもつためには，キラルである必要がある．化合物がキラルになる理由として最もよくあるのは，ステレオジェン中心を一つもつことである[†]．このように，すべての定義は相互に関係している．

† 二つ以上のステレオジェン中心をもつ化合物も，まもなく説明する追加の条件（習慣 7, p.145）を満たせばキラルである．

例として，アミノ酸であるアラニンの二つのエナンチオマーを以下に示す．化合物名中の R と S は立体化学を表示するための記号であり，その意味は習慣 6（p.137）で学ぶ．

$$H \quad CH_3 \qquad \qquad H \quad CH_3$$
$$H_2N \quad CO_2H \qquad \qquad HO_2C \quad NH_2$$
$$(S)\text{-アラニン} \qquad \qquad (R)\text{-アラニン}$$
$$\text{鏡面}$$

ここで非常に重要な点がある．これらの構造は鏡像関係にあり，二つの構造の間に垂直な鏡面があるように書かれているが，他のどのような鏡面を選んでもよい．したがって，二つのエナンチオマーはさまざまな方法で書くことができる．

鏡像関係の見分け方

同じ結合順をもつ二つの構造を考える．すなわち，これらの構造は互いに同じ構造，エナンチオマー，ジアステレオマーのどれかである．

　前述の例では，二つの構造が両者の間の垂直な鏡面で映した関係になっていることがわかる．しかし，いろいろな向きで構造を書くとどうなるであろうか．以下の構造を前の図と比べてみよう．以下の三つの図では，比較のために左側に (*S*)-アラニンの構造を示す．まず，(*R*)-アラニンを向きを変えて書いたものを右側に示す．

H₂N／H＼CH₃／CO₂H
(*S*)-アラニン　　　H₃C／HO₂C＼NH₂／H
(*R*)-アラニン

　ここで重要なスキルがある．ステレオジェン中心を一つもつ化合物で二つの置換基（どの二つでもよい）を入れ替えると，もとの構造の鏡像になる．

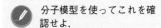
分子模型を使ってこれを確認せよ．

　上記の右側の構造で，水素原子のところが NH_2 基になるように，置換基を入れ替える．この操作により下記の右の構造になり，立体化学は *R* ではなくなる．これは前ページに示した (*R*)-アラニンの鏡像であり，置換基を入れ換えたことで CO_2H 基と NH_2 基が同じ位置にきた．

H／H₂N＼CH₃／CO₂H
(*S*)-アラニン　　　H₃C／HO₂C＼H／NH₂
(*S*)-アラニン

　もう一度鏡像にするために，残りの二つの置換基（この場合 H と CH_3）を入れ替える．鏡像の鏡像はもとの構造である．

H／H₂N＼CH₃／CO₂H
(*S*)-アラニン　　　H／HO₂C＼CH₃／NH₂
(*R*)-アラニン

もっと早く確認する方法は，各構造の分子模型をつくって鏡像かどうかわかるまで手で回してみることである．模型をつくることを勧める．

　もとの構造に戻ったので，互いに鏡像であることがわかるだろう．
　二つの立体異性体が重ね合わせられないことはどのようにしたらわかるだろうか．この質問については，二つの構造が同一であることがわかれば，答えは明確である．しかし，本当に構造を重ね合わせられないことを確認するのは難しい．練習すると，化合物がキラルであるかどうかを区別するためのコツをつかめるであろう．有機化学を十分に習得できるかどうかは，規則をどれだけ身につけるかにかかっている．

　ステレオジェン中心[†]を一つもち，それ以外の立体化学的な特徴（たとえば二重結合）をもたない化合物には，二つの立体異性体が存在する．これらは互いにエナンチオマーである．これは絶対に正しい．

　本節以降，多くの構造の例を示して説明していく．

ジアステレオマー

　ジアステレオマーは，重ね合わせることができず，鏡像の関係にもない．

もし二つの化合物が同じ結合順をもつが，原子の配置が空間的に異なる（すなわち同じ

[†]　ステレオジェン中心はしばしばキラル中心とよばれるが，ステレオジェン中心の用語の方が好ましい．ステレオジェン中心をもつがキラルではない化合物は多くある．アキラルな化合物がキラル中心をもつというのは奇妙に思える．同様に，ステレオジェン中心がなくても，化合物がキラルになることがある．このような例は Web 掲載の演習問題 6 で扱う．

ではない）ならば，エナンチオマーかジアステレオマーのどちらかである．エナンチオマーでなければ，ジアステレオマーである．

　化合物がジアステレオマーをもつ最も一般的な要因は，二つ以上のステレオジェン中心をもつことである．しかし，可能性はこれだけでない．

　次の左に示す構造は，アミノ酸であるトレオニンの天然に存在する立体異性体である．この構造はすでに出てきたが（習慣4, p.128），異なる向きで書いている．右の構造は，左の構造のエナンチオマーの表示例である．この構造では，あえてステレオジェン中心に結合した水素原子を示していない．sp^{3}混成炭素が四面体の形をもつことを考えて，水素原子がどこにあるべきかを認識する必要がある．ステレオジェン中心は両方とも反転していることがわかる．両者の構造の分子模型をつくって比べてみよう．

　次の構造では，上記の二つの構造と比べて，ステレオジェン中心が一つだけ反転している．したがって，上記の二つの構造の鏡像ではない．しかし，結合順は同じなので明らかに立体異性体である．エナンチオマーでないので，これは上記の二つの構造のジアステレオマーである．

　演習9（次節）ではさらに多くの立体異性体の構造を見ていく．

立体異性体のニューマン投影式

　習慣4ではトレオニンのくさび表示を示し，ニューマン投影式も定義した．これらの関係を考えることにする．トレオニンの構造をもう一度示す．C2とC3に結合した水素原子を加えると以下のようになる．説明しやすくするために炭素に番号を付けた．

　水素原子を加えると複雑になるが，新しい情報はない．C2からC1，C2からC3への結合は実線，NH$_2$への結合は破線くさびなので，Hへの結合は実線くさびのはずである．

　この構造のニューマン投影式を書く．どこから見るかによって書き方が異なる．ここでは，上記の構造の中央の結合に沿って左から右に見ることとし，すべての置

換基を向きが同じになるように書いた.

いったんニューマン投影式が書けると, 中央の結合のまわりで回転することで配座異性体が生じる. これをもう一度くさび表示に戻すと右のようになる.

結合の回転と配座異性体については 5 章で学ぶ. ここでは, 分子模型を用いて単結合が回転できることを確認してほしい.

　練習を重ねると, ニューマン投影式を使わなくても最初のくさび表示を別のくさび表示に変換することができるようになる. 手順に自信がもてるまで, 確実な方法で行うようにしよう.

立体化学の問題は, 正しいかまちがっているかのどちらかである.

あいまいな書き方を避ける

　くさび表示を書くときは, ただ一つの構造に対応させる必要がある. これは必ずしも容易ではないが, あいまいな書き方はできる限り避けるべきである. 次の構造を見てみよう.

　C2 と C3 の間の結合は実線くさびである. しかし, この結合は C2 が C3 の手前にあることを意味しているであろうか. 投影式に基づくとそのように見えるかもしれないが, そうともいえない. もしそうであれば, C3 と C2 に結合した水素は両方とも C2 の奥にある. これはまぎらわしい. あいまいさを避ける最良の方法は, 二つのステレオジェン中心が結合しているときは, 実線くさびや破線くさびではなく必ず実線で結ぶことである. これができない場合もあるが, 大部分の構造では可能である.

　もう一つよく見かけるあいまいな書き方がある. 次ページの二つの構造を見てほしい. 右側の構造では, CH_3 基は紙面の奥に向かい CH_3 基に近づくほど結合が細くなるので, 破線くさびの遠近は実際の感覚に近い. この表示を使う化学者もいれば, あまりこだわらない化学者もいる. もし仮に左側破線くさびに遠近を適用すれば, 破線くさびの結合は, メチル基に対して分子の残りの部分が紙面の奥に

向かうことを意味するように見えてしまうが，そうではない．左側の表示の見方に慣れるようにしよう．

ま と め

化合物は形をもつので，形を正確に表示する方法を知らなければならない．どんな表示が使われていても理解できるようになっておく必要がある．これまでに出てきたのは，くさび表示とニューマン投影式である．

前節で説明したことを再確認する．原子の結合順が同じ二つの構造があるとき，以下の三つの可能性がある．

1. 同じ化合物である．同じ構造を多くの異なる向きで書くことができるので，同じであるかどうか確認する必要がある．
2. 同じではないが，鏡像関係である．
3. 同じではなく，鏡像関係でもない．

二つの構造が完全に同じであれば，それらは同じ化合物である．同じではなく鏡像関係であれば，エナンチオマーである．同じではなく鏡像関係でもなければ，ジアステレオマーである．

エナンチオマーの用語は覚えていても，ジアステレオマーの用語は覚えていないことがよくある．エナンチオマーと同じようにジアステレオマーにも自信がもてるようになるまで，立体化学の定義を学び続けてほしい．

演習 9

立体異性体に慣れる

これは有機化学を学ぶうえで重要な課題である．常に正しく書けるように，重要なスキルは100%信頼できるものでなければならない．

ここまでの演習問題は，基本的なスキルを練習するためにやや作為的であった．ここでは，少しずつ実際に近くしていく．化合物の立体構造を，いろいろな向きから書けるようにする必要がある．100%の自信をもってこれができるようになろう．

各構造では原子の位置が同じではない．たとえば，(a) のエチル基に注目すると，最初の構造では面内の右にあるのに対して，2番目の構造では左にある．フェニル基に注目すると，最初の構造では実線くさびであるのに対して，3番目の構造では左にある．もしまちがえた場合は，もう一度戻って確認して慣れるようにしよう．

問題1 次の (a)～(e) について，左上に指定された置換基をもつように立体化学を3通りで表示せよ．

(a)

(b)

(c) 　Ph $\diagdown$ i-Pr 　　　Cl 　　　　i-Pr 　　　　H
　　　Cl 　H

(d) 　H₃C $\diagdown$ CHO 　　H 　　　　OHC 　　　　Br
　　　　Br 　H

(e) 　H $\diagdown$ CH₃ 　　　Ph 　　　　H₃C 　　　　H₂NOC
　　　Ph 　CONH₂

　　最初は難しいかもしれないが，そのうちに慣れてきて，何をすべきかわかるようになる．実際に，各構造には正しい答えが三つずつある．

　　この問題を解くためには，化合物の模型をつくって回してみるとよい．紙面上の構造を見ただけで解けるようになることが目標ではあるが，練習には向いていない．前節で説明した置換基を入れ替える方法でもよい．もし二つの構造が同じであれば，立体化学を R または S（習慣6，p.137）で表示するのもよい方法である．多くの方法のなかから，自分に合ったものを見つけてほしい．

💡 **問題 2**　次の構造中には，異なる構造は何種類あるだろうか．同じ構造をグループ分けせよ．

（分子構造式の図）

　　この問題では，構造全体をさまざまな軸に沿って回転したり，構造中の個々の結合を回転したりする必要がある[†]．次の節に進んで，立体異性体の総数の項を読んでほしい．立体異性体が何種類あるかわかれば，各構造がどの立体異性体であるか帰属しやすくなる．この問題を考えるとき，ニューマン投影式は優れた方法である．ニューマン投影式で結合を回転するのは，くさび表示で回転するより簡単である．

†　結合の回転については5章で説明する．ここでは分子模型を使って結合を回転してみよう．

習慣 6
カーン-インゴールド-プレローグ則による立体化学の表示

　　ステレオジェン中心の表示に慣れるためには少し時間を要するだろう．しばらくすると，自然にできるようになる．有機化学の多くの他の分野と同じように，上達

138

するためには練習が必要である.

　基礎24（p.129）と習慣5（p.131）では，立体化学とキラリティーを説明した.
基礎3（p.12）では有機化合物の命名法について説明し，その化合物を一意的に同
定する名称が重要であることを学んだ. ある化合物の立体異性体は異なる化合物な
ので，立体化学も含む名称をつけなくてはならない. つまり，立体化学を表示する
ための記号が必要である.

　ステレオジェン中心の命名法は，長年にわたっていくつかの種類が使われてき
た. 古くからあった命名法のなかには，いまでもある種の化合物でよく使われてい
るものがあり，基礎25（p.147）でこの例を示す. 本節では，最も重要で一般的に
受け入れられている命名法に焦点をしぼる. 有機化合物中のステレオジェン中心の
立体配置は，R と S の記号を用いて表示できる. ここで必要なのは規則である.

カーン-インゴールド-プレローグ則

カーン-インゴールド-プレローグ則
Cahn-Ingold-Prelog rule

まず規則を学び，規則の適用を練習する. しばらくすると，ほとんど努力や意識することなく，規則が適用できるようになるだろう.

　カーン-インゴールド-プレローグ則は，三つの比較的簡単な手順からなる.

1. ステレオジェン中心の炭素原子の各置換基に a〜d の優先順位をつける. ここで
   順位は a が最も高く，d が最も低い.
2. 炭素原子から置換基 d への結合に沿って，d が奥にあるように分子を並べる.
3. 他の三つの置換基を見て，a→b→c が時計回りであるか反時計回りであるかを
   決める. 時計回りであればステレオジェン中心は R，反時計回りであれば S で
   ある.

手順1: 順位を決定する　例をあげて説明する. 次の構造を見てほしい. ステレオ
ジェン中心を一つもつ化合物から始めるが，ステレオジェン中心が何個あっても，
分子がどのように複雑であっても方法は同じである.

　四つの異なる置換基をもつ炭素原子が一つあることを確認する. まず，結合した
原子の原子番号に基づいて順位 a〜d を決める. 窒素が最も高く，水素が最も低い.
炭素はそれらの間である. したがって，a と d はすぐに決まる. 残りの b, c の二つ
の置換基は両方とも炭素原子が置換しているので，次に結合している原子を見る必
要がある. 酸素に結合している炭素の方が，水素だけに結合している炭素より順位
が高い. したがって，以下のようになる.

置換基の"原子量の合計"で順位を決めるのではない. 違いが見つかるまで，原子を一
つずつ見ていけばよい.

順位が決まったので，手順2に進む．

手順2: 分子を回す　ここで，ステレオジェン中心から水素原子 H（置換基 d）への結合に沿って分子を見る必要がある．手順1の構造の向きで分子を三次元表示すると(a)のようになる．分子模型ソフトを用いると，C−H 結合が視線の方向になるように分子模型を回すことができる．実際の分子模型を使っても同じことができる．これを(b)に示す．奥の水素原子が見えるように，少し角度をつけている．

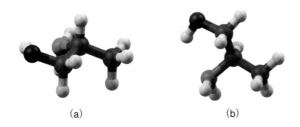

(a)　　　　　　　　　　(b)

手順3: 立体化学を表示する　(b)では，a→b→c すなわち NH_2 基→CH_2OH 基→CH_3 基の方向は時計回りに見える．したがって，これは R である．もし反時計回りであれば S である．

　分子模型をつくって，置換基の回る方向を見るのが最良の方法である．しかし，これは必ずしも実用的ではないので，別の方法が使えるようにしたい．最終的には，最初の構造を見るだけで，置換基の並ぶ方向がわかるようになる必要がある．次にいくつかのスキルを紹介する．

置換基を入れ替えて向きを変える

　前項の手順1に示した構造では，置換基を a→b→c とたどるとき時計回りか反時計回りかを図示するのが必ずしも容易ではない．この向きでは，構造の下から C−H 結合を見る必要がある．

　分子を正しい向きから見たいのであれば，H を破線くさびの結合の先に移動する必要がある．ステレオジェン中心の二つの置換基を入れ替えると，中心が R であれば S になり，中心が S であれば R になる．単純なキラルな分子の同じ模型を二つつくってみよう．一方の模型の二つの置換基（どの二つでもよい）を入れ替えると，二つの模型は重ね合わせることができない鏡像となることを確認してほしい．納得ができたら，次は紙面上で H が奥に向かうように a と d を入れ替えてみよう（左から中央）．

中央の構造は立体化学が変わっている．二つの置換基（どの二つでもよい）をも

† 訳注: キラルな分子中における置換基の三次元的な配列を意味する. 絶対立体化学はエナンチオマーを区別する. これに対して, 相対立体化学は, 複数のステレオジェン中心をもつ化合物における, ステレオジェン中心の相対的な立体化学を意味する. 相対立体化学はジアステレオマーを区別する.

う一度入れ替えると, もとの立体化学に戻ることになる. H はすでに奥にあるので, そのままにしておく. ここでは a と c を入れ替えてみる(中央から右).

これまでの 2 回の入れ替えにより, この構造は最初の構造と同じ絶対立体化学[†]（R または S）をもつ. これは同じ立体化学をもつ同じ化合物である. しかし, この向きで書くと R か S のどちらであるかがわかりやすい. この場合, a→b→c とたどると時計回りである. 三次元表示で見たように, ここでもやはり R である.

順位の決定に関しては, これ以上付け加えることはない. もし二つの置換基の最初の原子が同じであれば, 2 番目の原子を比べる. もし 2 番目の原子がすべて同じであれば, 3 番目の原子を比べる. 必要があればこれを続ける. 以下の点に注意が必要である.

1. 置換基の原子番号が最大のものが, 順位が最も高い. したがって, $C(CH_3)_3$ は CH_2OH より多くの置換基をもつが, 順位が高いのは後者である. 一つの酸素は三つの炭素より優先する.

2. わずかな違いでも異なるものは異なる. 100 原子先に違いがあるだけでも, 炭素原子はステレオジェン中心になり, R か S で表示することができる.

重要なのは, 置換基の原子量の合計ではない.

カーン-インゴールド-プレローグ則と二重結合

ステレオジェン中心に結合した置換基の順位の決め方を学んだ. 注意が必要な規則のうち, 最も重要なのは二重結合に関する規則である. かなりまぎらわしい例をみてみよう.

四つの異なる置換基をもつ炭素が一つある. 置換基の一つは水素原子 H である. わかりやすくするために, H が奥に向かうような向きで構造を示した. H は順位の最も低い置換基 d である. また, OH 基があり, 炭素で結合しているどの置換基より順位が高い. したがって, OH は順位 a である. ここまではこれまでどおりである.

上の置換基は炭素原子で結合している. その炭素原子には二つの炭素原子と一つの酸素原子が結合している. 右下の置換基は炭素原子で結合している. その炭素原子には酸素原子と水素原子が結合している. したがって, 上の置換基の順位が高いと考えるかもしれないが, これはまちがっている. 右下の置換基の炭素原子から酸素原子への結合は二重結合である. これを, 以下に示すように二つの酸素原子と結合しているとみなす.

これらの酸素原子にはあえて水素を加えていない. 実際の構造ではなく, 形式的な規則について説明している.

この規則を適用すると，右下の置換基では炭素原子に結合しているのは二つの酸素原子と一つの水素原子である．上の置換基では炭素原子に結合しているのは一つの酸素原子と二つの炭素原子である．原子量の合計を比較しているのではない[†]．二つの酸素原子は一つの酸素原子より優先するという単純な考え方を使う．したがって，順位は次のようになる．置換基 d は奥に向かっている．a→b→c は反時計回りであるので，これは S である．

† これをまちがえるのは，十分に練習して身についていないからである．

まとめると，多重結合をもつ置換基では，二重結合の場合は 2 本の単結合で，三重結合の場合は 3 本の単結合で結合しているとみなす．

複数のステレオジェン中心をもつ立体異性体

化合物が二つ以上のステレオジェン中心をもつときは，一つずつ立体化学を表示する．以下に，二つのステレオジェン中心をもつ化合物の例を示す．まず，左のステレオジェン中心に対する順位を示す．この炭素に結合している水素原子は省略されているが，これが置換基 d となる．

置換基 a, b, c は時計回りに並んでいる．水素原子はステレオジェン中心の奥にある．これは正しい向きなので，ステレオジェン中心は R である．

次に右のステレオジェン中心を考える．この場合，省略された水素原子は手前にあるので，水素原子からステレオジェン中心の炭素に向かって見ている．本当は逆の向きから見なければならない．このままの向きでは，a, b, c は反時計回りに並んでいる．反対側から見ると時計回りになるので，これは R である．

Ph はフェニル基である．

わからなければ模型をつくってみよう．十分に練習すれば，自然にできるようになる．

環内のステレオジェン中心

環内にステレオジェン中心があると混乱しやすいが，考えすぎないようにしよう．ステレオジェン中心の二つの置換基が環をつくるとき，環を時計方向にたどるか，反時計方向にたどるかで違いがあれば，順位をつけることができる．

二つのステレオジェン中心をもつ環状化合物の例を示す.

上側のステレオジェン中心の順位を示す. b と c は単に置換基とみなす. 炭素 b には Cl が結合しているので, c より順位が高い. ステレオジェン中心には水素原子があり, これは d である. 水素原子は奥にあるので, このステレオジェン中心は R である. 水素原子は奥に向かうので, 正しい方向から見るために構造を書き直す必要はない.

次に下側のステレオジェン中心を考える. 順位を以下に示す. 炭素 b には OH が結合しているので, 炭素 c より順位が高い. ステレオジェン中心には水素原子があり, これは d である. ここでは省略された水素原子は手前に向かうので, 逆の向きで化合物を見る必要がある.

本節の最初の方で, 最も低い順位の置換基が奥に向かうように置換基を入れ替える方法を説明した. 環では二つの置換基がつながっているので, 入れ替えは簡単ではない. どのような場合でも模型をつくるのが確実である.

他にも方法がある. 置換基 d からステレオジェン中心に向かって（すなわち必要な向きのちょうど反対から）見ると置換基 a, b, c が反時計回りなので, 正しい向きから見ると時計回りになり, ステレオジェン中心は R である. もう一つ方法がある. 分子を水平な軸の回りで 180° 回転すると, 次のようになる. この構造では, 置換基が時計回りに並んでいることがわかりやすい.

R と S を用いた立体異性体の関係の決め方

化合物中にあるステレオジェン中心が一つであれば, その化合物は R または S である. もし化合物が R であれば, その鏡像すなわちエナンチオマーは S である. その逆も成り立つ.

ここでは, 同じではない（このように限定した理由はまもなくわかる）二つのステレオジェン中心をもつ化合物の場合を考える. 各ステレオジェン中心は独立に R または S のどちらかである.

立体異性体の関係を次の表に示す.

	RR	*RS*	*SR*	*SS*
RR	同じ	ジアステレオマー	ジアステレオマー	エナンチオマー
RS	ジアステレオマー	同じ	エナンチオマー	ジアステレオマー
SR	ジアステレオマー	エナンチオマー	同じ	ジアステレオマー
SS	エナンチオマー	ジアステレオマー	ジアステレオマー	同じ

同じでもエナンチオマーでもなければ，必ずジアステレオマーである.

立体異性体の総数

　ある構造について，立体異性体がいくつ存在するか知ることは重要である．ステレオジェン中心が一つであれば，*R*か*S*のどちらかである．したがって，立体異性体は合わせて2個である.

　最初のステレオジェン中心とは独立に2番目のステレオジェン中心を加えると，いずれも*R*または*S*のどちらかである．全部で四つの可能性があり，*RR, RS, SR, SS*と表示することができる．*RS*と*SR*は異なり，1文字目は最初のステレオジェン中心の，2文字目は2番目のステレオジェン中心に対応する[†]．2番目のステレオジェン中心を加えると，立体異性体の数が2倍になる．さらに3番目のステレオジェン中心を加えると，立体異性体の数は2倍の8個になる．上記の表に示す4個の立体異性体について，記号の後に*R*または*S*を加えると8個になることがわかる.

　一般に，n個のステレオジェン中心があると，立体異性体の総数は2^n個である．"n個のステレオジェン中心をもつ化合物には，全部で立体異性体はいくつあるか"はよく試験に出される問題である．まずステレオジェン中心の数を数える必要がある.

　ただし，2^nは存在しうる立体異性体の最大数である．実際には，立体異性体の数が最大数に満たないことがある．このような例を**習慣7**（p.145）で示す.

> [†] ステレオジェン中心が両方とも同じ置換基をもつと，どうなるだろうか．これは後で学ぶ.

> 立体異性体の数を$2n$またはn^2とするまちがいが非常によくある．理解しないで公式の中に2とnがあることだけを暗記してしまうことが原因である．式の考え方を十分に理解しておくと，まちがえることはない.

アルケンのシス-トランス異性体

　アルケンはπ結合をもつため，結合は高い回転障壁をもつ．もし結合を回転しようとすれば，二つの炭素原子のp軌道の重なりが失われる．この重なりの強さ，すなわちπ結合のエネルギーは**基礎6**（p.27）で学んだ．したがって，アルケンのシス-トランス異性体[†]は単離可能である．ブタ-2-エンのシス-トランス異性体を以下に示す.

> [†] 訳注：これは"幾何異性体"ともよばれるが，IUPACの勧告ではこの用語の使用は推奨されていない．本書では"シス-トランス異性体"を使用する.

trans-ブタ-2-エン
(*E*)-ブタ-2-エン
〔(*E*)-2-ブテン〕

cis-ブタ-2-エン
(*Z*)-ブタ-2-エン
〔(*Z*)-2-ブテン〕

命名では，2種類の立体表示記号が一般的に使われる．正式には*E*と*Z*を使う.

E はドイツ語で "反対の" を意味する entgegen に，Z は "一緒に" を意味する zusammen に由来する．アルケンの立体化学の表示としてほかにトランス（*trans*）とシス（*cis*）がある．これらは基本的にそれぞれ E と Z に対応する．

　二重結合が E と Z のどちらであるかを決めるために，アルケンの両端の置換基を見る．カーン–インゴールド–プレローグ則に従い，各末端の置換基にそれぞれ順位 a と b をつける．順位 a の二つの置換基が反対側にあれば E であり，同じ側にあれば Z である．

　シス–トランス異性体は立体異性体である．同じ結合順をもち鏡像関係にはないので，これらはジアステレオマーである．キラルではない．どちらもステレオジェン中心をもたないが，ジアステレオマーである．

　二重結合の生成を伴う反応の立体化学の結果を質問された場合，考える必要があるのはシス–トランス異性体すなわち E または Z である．立体化学といえばキラリティーを連想しがちであるが，そうとは限らない．

立体化学は分子の形に関するすべての性質に関連していることを覚えておこう．

演習10

立体化学の決定

　化学変換を行うとき，ステレオジェン中心の立体化学が変わることがある．立体化学を追跡するために，記号は非常に役立つ．

💡 **問題1**　次の化合物の立体化学を R または S で表示せよ．

$$H_2N \quad CO_2H \qquad Ph \quad Me \qquad HO \quad Et \qquad HO_2C \quad Ph \qquad Et \quad Me$$
$$\overset{}{\underset{Me}{\cdots H}} \qquad \overset{}{\underset{OH}{\cdots H}} \qquad \overset{}{\underset{Ph}{\cdots Me}} \qquad \overset{}{\underset{NH_2}{\cdots H}} \qquad \overset{}{\underset{CO_2H}{\cdots H}}$$

💡 **問題2**　次の化合物の立体化学を R または S で表示せよ．ここではステレオジェン中心が二つあり，最も低い順位の置換基が必ずしも正しい位置にない．問題に応じて効果的な方法をうまく使うことが大事である．

すべてのステレオジェン中心を見つけて表示できたか確認しよう．複雑な分子では見逃すことが非常によくある．

$$\overset{NH_2}{Ph\diagdown\diagup CO_2H} \qquad \overset{NH_2}{Ph\diagdown\diagup Et} \qquad \overset{Cl}{Me\diagdown\diagup Ph} \qquad \overset{NH_2}{Et\diagdown\diagup Et} \qquad \overset{OH}{Ph\diagdown\diagup Ph}$$
$$\underset{OH}{} \qquad \underset{OH}{} \qquad \underset{OH}{} \qquad \underset{NH_2}{} \qquad \underset{OH}{}$$

　上記の各構造には，表示した構造も含めて立体異性体はいくつあるだろうか．2^n 個の公式だけでなく，立体異性体の基本的な定義を思い出してほしい．**習慣7**（次節）を読んだ後で，もう一度考えてみよう．

💡 **問題3**　エリスロノリドBの構造を示す．すべてのステレオジェン中心の立体化学

を R または S で表示せよ.

Me, Me, Me, Me, OH, OH, Me, Et, O, Me, O, OH, OH, Me, OH

 問題 4 演習 3 (p.22) に 8 種類の天然物の構造を示した. これらの中には合わせて 59 個のステレオジェン中心がある. すべてのステレオジェン中心の立体化学を R または S で表示せよ. また, すべての二重結合の立体化学を E または Z で表示せよ.

一度にこの問題を行う必要はない. 毎週いくつか行い, また戻ってくることを勧める.

習慣 7

対称性をもつ立体異性体

　構造を見て, ステレオジェン中心の個数を数えて, 可能な立体異性体の数が 2^n 個であると答えるのは比較的簡単である. 多くの場合これは正しいが, 必ずしもそうではない. 分子が内部に対称性をもつと, 可能な立体異性体の数が少なくなることがある. ここでは, このような場合を考えていく.

　キラリティーは分子構造の中に対称性があるかどうかによって決まる. 基本的な定義を見失わないようにしよう. キラルな化合物は, もとの構造とその鏡像を重ね合わせることができないという性質をもつ. キラリティーは分子の中にステレオジェン中心が存在するために生じることが多いが, 他の方法で化合物がキラルになることがある. 同様に, ステレオジェン中心があっても, すべての分子がキラルになるわけではない.

身の回りにあるもので対称性に慣れているので, 有機化合物の構造中の対称性は自然に見分けられるだろう.

立体異性体が 2^n 個でない場合

　習慣 6 (p.143) では, n 個のステレオジェン中心をもつ化合物は最大 2^n 個の立体異性体をもつことを学んだ. しかし, 前述のとおり, いつでも 2^n 個の立体異性体があるわけではない. その理由を次の四つの構造 **1**, **2**, **3**, **4** を見て考える. どの構造も 2 個のステレオジェン中心をもつことはすぐにわかる.

H, OH, OH, H   H, OH, OH, H   H, OH, OH, H   H, OH, OH, H
1 **2** **3** **4**

3 と **4** は同じ

まず**3**と**4**を考える．構造の中心を通るように水平な鏡面をおくと，上部と下部が鏡映の関係にあることがわかる．どちらの構造も対称面をもつ．

対称面をもつ化合物の鏡像は，必ずもとの化合物と重ね合わせることができる．このような化合物はキラルではない．

構造**4**の中心を通る水平な軸の回りに分子を180°回転すると，OH基は手前にくる．回転後の構造は構造**3**と同じである．したがって，**3**と**4**は同じ構造であり，キラルではないことがわかる．そこで**4**は除外し，**1**〜**3**についてみていこう．

1と**2**では，二つのヒドロキシ基は環の反対側にある．**3**では，二つのヒドロキシ基は環の同じ側にある．

結合を回転するだけでは同じにならないので，**3**は**1**とも**2**とも異なる構造であることはすぐにわかる．

1と**2**は互いに同じだろうか．構造**1**の下に鏡面をおいてみよう．この面で鏡映すると左に示す構造になる．面の下にある構造は**2**であり，**1**と**2**は互いに鏡像である．これらはエナンチオマーだろうか．どのように構造を回しても，**1**と**2**を重ね合わせることはできない．したがって，これらはエナンチオマーである．**1**と**3**は同じでないことがわかっている．互いに鏡像ではないので，ジアステレオマーである．

別の方法でも同じことができる．各ステレオジェン中心の立体化学を*R*または*S*で表示すると以下のようになる．確認せよ．

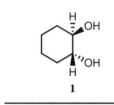

1

1 **2** **3** **4**

以上のことを**習慣6**で見た以下の表と比較してみる．

	RR	*RS*	*SR*	*SS*
RR	同じ	ジアステレオマー	ジアステレオマー	エナンチオマー
RS	ジアステレオマー	同じ	エナンチオマー	ジアステレオマー
SR	ジアステレオマー	エナンチオマー	同じ	ジアステレオマー
SS	エナンチオマー	ジアステレオマー	ジアステレオマー	同じ

この場合複雑なのは，構造が対称的なので，*RS*と*SR*が同じになることである．この特別な場合を修正した以下の表に示す．

	RR	*RS*	*SR*	*SS*
RR	同じ	ジアステレオマー	ジアステレオマー	エナンチオマー
RS	ジアステレオマー	同じ	同じ	ジアステレオマー
SR	ジアステレオマー	同じ	同じ	ジアステレオマー
SS	エナンチオマー	ジアステレオマー	ジアステレオマー	同じ

立体異性体 **3** はメソ化合物として知られている．その結果，立体異性体は 4 種類ではなく 3 種類である．したがって，2^n 個は可能な立体異性体の最大数であり，いつもこの数になるわけではない．定義に従うと，**3** と **4** はどちらも鏡像と重ね合わせることができるので，アキラルである．

メソ化合物 meso compound

本節の考え方は単純であるが，混乱することがよくある．いつものように，原理を十分に習得することが大事である．

基礎25
立体異性体の性質

基礎24（p.129）では立体化学に関連するいくつかの定義を学んだ．これらの定義はおもに化合物の構造に関係する．反応性を学び始めるにあたり，反応に関連する定義を知っておく必要がある．これまでに学んだ立体異性体の性質について見直していく．

エナンチオマーの性質

エナンチオマーは互いに鏡像である．ある化合物の一方のエナンチオマーが他方より安定あるいは不安定である理由はないので，二つのエナンチオマーは同じ安定性，すなわち同じエネルギーをもつ．ある化合物のエナンチオマーでは，融点，沸点や同じ溶媒に対する溶解度のような物理的性質は同じである．エナンチオマーで異なるただ一つの物理的性質は，後で説明する旋光性である．

ジアステレオマーの性質

ジアステレオマーは異なる化合物であり，異なる安定性をもつ．ジアステレオマーでは，融点，沸点や溶解度のような物理的性質が異なる．ジアステレオマーを含む過程の反応エネルギー図では，ふつうジアステレオマーのエネルギーは異なる．したがって，反応で 2 種類のジアステレオマーが生成するとき，それらの生成量は異なる可能性がある．詳しくは**基礎28**（p.159）で学ぶ．

旋　　光

キラルな化合物は直線偏光[†1]の面を回転することができる．これは**旋光**として知られている．旋光を示す物質の性質を，旋光性または**光学活性**という．旋光の強度すなわち旋光度は化合物ごとに特有の性質である．旋光度，より正確には**比旋光度**は$[\alpha]_D$の記号で表される．比旋光度は波長や温度によって変わるので，測定時の波長と温度を示す必要がある[†2]．

ある化合物の二つのエナンチオマーは偏光を反対向きに回転し，一方は時計回り，他方は反時計回りである．これらはそれぞれ（＋）と（−）のエナンチオマーとよぶ．アミノ酸であるアラニンの二つのエナンチオマーを示す．左側のエナンチオマーは正の比旋光度をもつ．右側のエナンチオマーは負の比旋光度をもつ．これら

[†1]　訳注．電場（または磁場）の振動面が一方向である光のこと．

旋光 optical rotation

光学活性 optical activity

比旋光度 specific rotation

[†2]　訳注：比旋光度は$[\alpha]_D^{20}$のように表示する．ここで，20 は測定温度（℃），D はナトリウム D 線の波長（589 nm）を示す．

は名称の前に (+) または (−) をつけて表示する．名称の前に (*R*) または (*S*) をつけてもよい．両方の名称のつけ方を示す．

(+)-アラニン
(*S*)-アラニン

(−)-アラニン
(*R*)-アラニン

旋光の"回転"は，物質と電磁波の相互作用に基づく物理的性質であり，カーン-インゴールド-プレローグ則で立体配置を決定するときに使う"回転"とはまったく関係ない．

ラセミ体 racemate

化合物の比旋光度を測定すると，その化合物のエナンチオマーの純度がわかるので，非常に役に立つ．二つのエナンチオマーの 1：1 混合物（**ラセミ体**，**基礎 29**, p.164）は，一方のエナンチオマーが他方のエナンチオマーを打消すので，比旋光度は 0 である．二つのエナンチオマーの 75：25 混合物は，その化合物の純粋なエナンチオマーの 50％の比旋光度を示す．25％のエナンチオマーが，75％のエナンチオマーの比旋光度を 25％分打消すので，結果的に多い方のエナンチオマーの 50％分の比旋光度が測定される．

ジアステレオマーの性質について補足

基礎 15（p.73）でグルコースの酸化を，**基礎 24**（p.131）ではグルコースとガラクトースがジアステレオマーであることを学んだ．

グルコース　　　　　ガラクトース

以前のグルコースの酸化の解答を見ないで，もう一度考えてみよ．

> グルコースの（$CO_2 + H_2O$ への）酸化のエンタルピー変化を計算せよ．ガラクトースの酸化も同様に計算せよ．

どちらの化合物でも同じ答えが得られるはずである．同じ結合を解離して生成しているからである．しかし，これらはジアステレオマーなので，それほど差は大きくないが，エネルギーは異なるはずである．

> グルコースとガラクトースの酸化の反応エネルギー図を書け．必要なのは出発物と生成物だけである．途中は気にしなくてよい．

グルコースとガラクトースのエネルギーは少し異なるはずなので，各化合物の酸化のエンタルピー変化は少し異なる．情報が十分ではないので，どちらが安定であるか気にする必要はない．ジアステレオマーが異なるエネルギーをもつこと，そして反応に関わるエネルギーが異なることを知っておけば十分である．

反応の詳細2

置換反応の立体化学

　ここでは反応における立体化学の結果を考える．結果に関連した用語があるが，基本的な原理を学ぶと，ある反応にその用語が使えるかどうかがわかる．

　はじめのうちは，反応の結果と用語をまちがって関連づけることがある．このような例を取上げ，まちがわない方法を学ぶことにする．

S_N1 反応の立体化学

　S_N1 反応と S_N2 反応で立体化学の結果が異なることは，両者を区別するための明らかな証拠である．その結果を考えることは重要である．

反応の経路を開始から終了までたどると，その結果が予想できるだろう．

　S_N1 反応では平面のカルボカチオン中間体がある．これを実線くさびと破線くさびで示すと次のようになる．

　ここで重要な質問がある．求核剤が平面のカルボカチオンを攻撃するとき，左側からの攻撃が右側からの攻撃より有利または不利になる理由はあるだろうか．

　その理由はない．カルボカチオンの二つの面はまったく等価である．

　実験結果もこれを証明している．インゴールドによる先駆的な研究の結果を示す．反応の基質はキラルであり，単一のエナンチオマーである．平面のカルボカチオンが生じて，両側から等しく攻撃を受けるので，生成物はエナンチオマーの 1:1 混合物になる．

インゴールド　C. Kelk Ingold

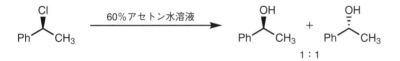

S_N1 反応はラセミ化を伴い進行する．

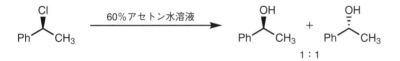

2

　ラセミ化という用語は，キラルな基質の単一のエナンチオマーから出発したときにだけ使う．キラルでない基質やキラルな化合物のラセミ体の基質でも，S_N1 反応は平面構造のカルボカチオン中間体を経由して進行する．しかし，出発物がエナンチオマーの 1:1 混合物のときは，生成物もエナンチオマーの 1:1 混合物であり，これはラセミ化とはいえない．

機構を調べるとき，機構に応じて結果が異なるような実験を設計することは重要である．

　ここで重要なのは，生成物のどのエナンチオマーが出発物のどのエナンチオマーから生成したかわからないことである．立体化学は化合物の中にある情報であり，平面のカルボカチオンが生成すると情報が失われる．

さらに複雑な場合：ジアステレオマーの生成　この時点であまり複雑にしたくはな

この反応では，求核剤はアリル基であり，脱離基はアセタートイオンである．ビスマストリフラートは触媒である．ニトロメタンは溶媒である．アセタートイオンが脱離してアリル基が導入されることがわかればよい．

いが，もう一つ重要な点がある．二つのステレオジェン中心をもつ基質の反応を考えてみる．次の例では，出発物は二つのステレオジェン中心をもち，一方のみ立体化学を表示している．アセタートイオンが脱離してカルボカチオンが生じるので，出発物の立体化学は重要ではない．

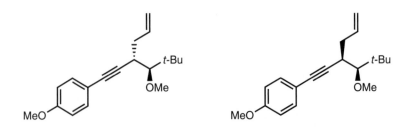

この場合，生成物は87：13の比の混合物であり，反応式中の立体異性体が優先する．これは明らかに1：1ではない．

> アセタートイオンが脱離すると，かなり安定なカルボカチオンが生成する．共鳴により三重結合がカルボカチオンを安定化する．三重結合の軌道の形と軌道による安定化を考えると，共鳴構造がよくわかるはずである．

なぜ一方の立体異性体が過剰に生成するのだろうか．

> このカルボカチオンの共鳴構造を書け．ベンゼン環のメトキシ基が関与していなければ，まちがっている．

> 求核剤（形式的にはアリルアニオン）がどちらか一方の面から攻撃した場合，何が起こるか考えてみよう．二つの生成物の立体化学的な関係はどうなるか．

まず生成する二つの立体異性体を書いてみよう．構造を書いたら，二つの生成物の立体化学的な関係を考え，基礎25（p.147）で学んだ性質と関連づけてみよう．基礎28（p.159）を先に読んでも役に立つ．これができたら，二つの立体異性体の1：1混合物が得られるのか，またはどちらかが優先するかを決定することができる．二つの生成物を次に示す．反応にメトキシ基は関与していないので，メトキシ基が結合した炭素の立体化学は変わらない．

もし，"S_N1反応はラセミ化"とだけ覚えていると，右の立体異性体を左の立体異性体の鏡像として書いたかもしれない．これは化学的におかしい．

　上記の二つの構造は同じではなく，エナンチオマーでもないので，ジアステレオマーである．ジアステレオマーは同じ化合物ではなく，異なるエネルギーをもつ．したがって，ジアステレオマーは異なる速度で生成し，生成比は異なる．

> この点は基礎28であらためて説明する．この場合は，たとえ立体異性体の1：1混合物が得られたとしてもラセミ化の用語は使えない．

S_N2反応の立体化学

基礎9（p.50）では，結合の解離を分子軌道で表示した．求核剤が攻撃するとき，求核剤の電子対が基質の分子軌道に供与される．σ結合が切れるときに関係する軌道は，LUMOであるσ結合の反結合性軌道すなわちσ* 軌道でなければならない．

C−X結合の反結合性軌道を欄外に示す．この軌道の最大のローブは，炭素からXの反対側に広がり，ここに求核剤が攻撃する．

求核剤が背面を攻撃するための空間があるので，これは立体効果であると考えがちである．しかし，ここでは四面体形炭素原子での置換を考えているので，すべての結合角は約 109.5° である[†]．立体的な理由だけで，すべての基質についてどの角度から攻撃するのが有利であるかを説明するのは難しい．

† 四つの置換基の大きさによって多少変化する．

もし立体的な理由でなければ，電子的な理由，すなわち分子軌道の形と広がりを考えなければならない．

ここで S_N2 反応の結果について簡単に考える．

言葉で説明すると，S_N2 反応は立体配置の反転（立体反転）を伴い進行する．

これはいくつかの角度からみていく必要がある．まず，最も単純な場合，すなわちキラルな基質の単一のエナンチオマーを考える．

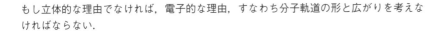

求核剤は脱離基の反対側から攻撃するので，最終的に，置換が起こるステレオジェン中心の立体化学が反転する．

これは重要である．S_N2 反応は，求核剤が脱離基の反対側から攻撃するように書く習慣を身につけよう．一度この習慣が身につけば，いつも正しく書くことができるだろう．

S_N1 反応と同様に，いくつかの状況が可能である．

1. アキラルな基質
2. キラルな基質の単一のエナンチオマー
3. キラルな基質のラセミ体

基質がキラルでなくても，求核剤は脱離基の背面から攻撃する．炭素原子では反転が起こる．

ただし，アキラルな基質では，反転の結果は観測できない．

基質がキラルな単一のエナンチオマーであれば，すべての分子は同じ立体化学をもつ．置換が起こるとすべて反転するので，生成物も単一のエナンチオマーである．

基質がラセミ体である場合，生成物もラセミ体である．個々の分子は立体反転で反応するが，化合物全体としてはラセミ体のままである．

個々の分子はラセミ体でありえないことを覚えておこう．

アキラルな基質についても，立体配置の反転を考えるかもしれないが，測定できる結果がない．攻撃の方向を理解していればよい．

反転できない場合　反応の詳細 1（p.112）で S$_N$1 反応に関連して考えた化合物を示す．安定な平面のカルボカチオンを生成することができないため，この化合物は S$_N$1 反応を起こさない．では，S$_N$2 反応は起こしうるだろうか．

> 求核剤は，Br 基の反対側から攻撃するために分子の内側に入ることはできない．もし可能であっても，炭素原子は反転することはできない．そのために必要な結合角を考えてみよう．

この化合物は S$_N$1 機構による置換は起こさない．また，S$_N$2 機構による置換も起こさない．したがって，この化合物は置換反応をまったく起こさない．

S$_N$2 反応と立体配置の表示　立体配置の反転という表現をみると，自動的に S の出発物が R の生成物になると考えるかもしれない．これは多くの場合正しいが，必ずしもそうではない．S と R の入れ替わらない反応の例を示す．脱離基は臭化物イオンである．

💡 ✏️ この反応の結果を書き，出発物と生成物の立体化学を R または S で表示せよ．

出発物も生成物も両方とも R になるはずである．しかし，立体化学の反転はまちがいなく起こっている．反応の間にカーン-インゴールド-プレローグ則の順位が変わっているのである．

> 出発物の立体化学が R だからといって，反転することだけを考えて，生成物の立体化学は S であると考えるのはまちがいである．

ここでは，結果を構造からではなく，説明だけから考えていることが問題である．形に基づいて反応の結果を書くことを身につけよう．

S$_N$2 反応と立体化学のまとめ　sp^3 炭素の置換反応では，S$_N$2 機構が最も一般的である．基質の単一のエナンチオマーを合成して置換反応を行うと，S$_N$2 機構で反応するかどうかを決めることができる．もし S$_N$2 機構であれば立体配置の反転を伴い反応して，生成物は単一のエナンチオマーとして得られ，ラセミ体にはならない．

もし生成物のある立体異性体が必要であれば，基質のどちらのエナンチオマーが必要であるかが決まる．その立体化学をもつ出発物は購入できるかもしれないし，立体選択的な反応を使って合成する必要があるかもしれない．

もう一度 S$_N$1 反応の立体化学　基礎的なことがわかったので，もう一度 S$_N$1 反応を簡単に説明する．単純な場合，すなわちステレオジェン中心を一つもつ単一のエ

ナンチオマーの基質であっても，考えていたほど単純ではない．前述の反応例では，実際には生成物の比は完全な1:1ではない．なぜこのようになるのだろうか．

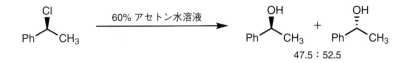

47.5 : 52.5

立体化学の反転による生成物が少し多い．なぜであろうか．

　反応の一部がS_N2機構で進むことを示しているのだろうか．反応速度の測定や解析から，そうではないことがわかっている．次のように考えてみよう．C−Cl結合が長くなり切れ始める．カルボカチオンと塩化物イオンは溶媒和し始める．もし塩化物イオンがカルボカチオンから完全に離れる前に求核剤が攻撃すると，求核剤はCl基の反対の面からカルボカチオンを攻撃する確率が高い．カルボカチオンの寿命が長いほど，カルボカチオンは塩化物イオンから離れやすく，Cl基と同じ面から攻撃する確率が反対の面から攻撃する確率に近づいてくる．

　したがって，実際には完全にラセミ化しないことが多く，脱離基が完全に離れてから求核剤が攻撃するのは限られた場合だけである．ほとんどの場合，立体化学が反転した生成物が少し多く得られる．

発展4（p.208）では，基本的な機構はむしろ限定的であることを説明する．

よくあるまちがい6
置　換　反　応

　基礎を学んでいれば，置換反応について多くのまちがいをすることはないだろう．主要な機構はS_N1とS_N2の二つであり，機構により立体化学の結果が異なる．溶媒効果および立体効果によっては，どちらか一方の機構に有利に働くことがある．しかし，それ以上に重要な要因がある．

安定なカルボカチオンが生成すれば，S_N1反応だけが起こる．

　S_N1機構は2段階で進む．S_N2機構は1段階で進む．これを暗記で覚えると，混乱しやすい．"第三級はS_N1"とだけ覚えて，1段階の機構（すなわちS_N2）であると説明すると，それはまちがいである．

　反応における立体化学の問題も，言葉を使って反応を説明することから生じる．もちろん，それには理由がある．

S_N1反応はラセミ化を伴い進行する．

　この説明は常に正しいとはいえない．これから出てくる大部分のS_N1反応はアキラルな基質の反応である．したがって，ラセミ化という用語はあてはまらない．どのような基質でも，分子レベルで何が起こっているか可視化してみよう．**反応の**

どの機構がどちらであるかよく理解しよう．いつものように，言葉による説明ではなく，構造に基づいて知識と理解を示すように心がけよう．

154

詳細2（p.149）で学んだように，キラルな単一のエナンチオマーを基質として用いた場合でも，必ずしも完全にはラセミ化しない．

S_N2 反応は立体配置の反転を伴い進行する．

これをそのまま覚えると，R 体の出発物が S 体の生成物（あるいはその逆）になると誤解しかねない．求核剤の攻撃の方向の結果として反転が起こることを理解し，これは基質の LUMO の形のために起こることを確認しよう（反応の詳細2）．

これから説明する特別な場合を考えるために，すべてのことを正しく関係づけて基礎を固めておく必要がある．

原則を理解していれば，特別な場合も例外ではなく，必然の結果であることがわかる．

反応の詳細3
立体配置が保持される置換反応

基本的反応様式1（p.42）では，求核置換反応における結合生成の順番についてすべての可能性を考えたので，別の新しい機構はないと思うかもしれない．本節ではもう一つの機構を紹介するが，これはこれまでの機構が変化したものにすぎない．タイミングが異なるだけである．新しい機構がすでにわかっている機構とどのように関連しているかを確認することが重要である．

S_Ni 機 構

これは S_N1 機構の少し特別な場合である．次の質問を考えてみよう．

S_N1 機構で反応する基質があり，求核剤が脱離基と同じ側に固定されていたら，何が起こるだろうか．

これはまったく仮定の質問と思うかもしれないが，以下の反応でみられる．アルコール 1 と塩化チオニル 2 の反応は，塩化アルキル 6 の単一のエナンチオマーを生成する．生成物の立体化学はアルコール 1 と同じである[†]．

[†] アルコールと塩化物の立体配置は同じであるが，表示の記号は必ずしも同じである必要はなかった．両化合物の立体配置を R または S で表示して確認せよ．

1 → 3 → 4 → → 5 → 6

　置換反応において立体配置が保持される方法は二つしかない．本当に立体配置が保持されるか，立体配置の反転が2回起こるかである．応用2(p.178)で具体例を示す．

　この場合は本当に立体配置が保持されている．これを多段階の機構で考える．アルコール **1** と塩化チオニル **2** が反応すると，エステルに似た化合物 **4** が生成する．これはスルフィン酸エステルである．

　ここでは，反応の詳細1（p.116）でアルコールをトシラートに変換したように，アルコールを脱離しやすい脱離基に変換している．この置換基が脱離するとカルボカチオンが生じる．このとき **5** は緊密イオン対[†]として存在する．次の段階で塩化物イオンの攻撃が起こる前に，脱離基はカルボカチオンから十分に離れない．これは脱離基から塩化物イオンが生じるからである．

　この結果，塩化物イオンは同じ側から攻撃して立体配置が保持される．

　この反応は **S_Ni 反応** として知られている．これは S_N1 反応の変形であり，非常に安定なカルボカチオンを生成するような場合のみ起こる．第二級ベンジル基をもつなど，基質は非常に限定されているので，合成的にはあまり有用ではない．しかし，結合の生成と解離のタイミングによって，反応機構が連続的に変わりうることを示す重要な例である[†]．

† 訳注：陽イオンと陰イオンが直接接触しているようなイオンのこと．

S_Ni 反応 S_Ni reaction, 分子内求核置換反応

7

† 訳注：この反応をピリジンを加えて行うと，S_N2 機構で置換が進行する．

　よくあるまちがい7

立 体 化 学

　立体化学ではいろいろなまちがいが生じる可能性がある．その理由は非常に単純であるが，必ずしも簡単に修正することができない．立体化学をよく理解するためには，構造を見て三次元でどのように見えるか図示できる必要がある．最終的には，頭の中で結合を回転して，分子がどのように見えるか図示できるようになってほしい．

　やるべきことは明らかである．構造を見て，構造を書いて，構造の模型をつくってみよう．この非常に重要なスキルに慣れていくためには時間がかかる．以降，一般的なまちがいの要因を整理する．

いったんできるようになれば，なぜ難しいと感じたのか不思議に思うだろう．

3

立体化学といえばキラリティーだけを考えること

　立体化学を問われたとき，キラリティーに関係する答えを考えがちである．立体化学は，アルケンのシス-トランス異性など分子の形に関するすべてのことに関係していることを忘れないようにしよう．

まちがった構造を書くこと

　構造をまちがえて書く原因はいくつか考えられる．立体異性体のまちがいは多い．すべてを正しく書けているかよく確認しよう．

　また，化合物の立体異性体を書くとき，立体異性体ではなく，結合の順番を変えて構造異性体を書いてしまうことがある．

不明確な構造を書くこと

書いた構造をもとに，模型をつくってみよう．もし模型に自信がなければ，構造が明らかになるように書き直すべきである．

この例は**習慣5**（p.135）で示した．最初のうちはよく不明確な構造を書いてしまうだろう．教えてもらいながら修正するのがよい．

結合角はできるだけ実際に近くなるように書こう．

構造に関する用語のまちがい

二つの構造がジアステレオマーであるのにエナンチオマーとよぶ，あるいはエナンチオマーであるのにジアステレオマーとよぶのはまちがっている．二つの構造が

構造と性質をいつも関連づけよう．

エナンチオマーであれば，同じエネルギーをもつことを意味する．

二つの構造がジアステレオマーであれば，異なるエネルギーをもち反応速度が異なる，または生成物が異なることを意味する．

ま と め

立体化学は非常に重要であり，理解できていないと学習の支障になる．有機化学のあらゆることが立体化学に関係している．自然に使いこなせるようになるまで練習しよう．

一生懸命というより，要領よく学習しよう．

もっと学習せよと言っているのではなく，何をすべきか，いつすべきかを言っている．試験前に短期間で集中して学習するより，長期間にわたって一貫して学習する方が，考え方が身につきやすい．その方が長い目でみれば時間を節約できる．

4 有機反応の選択性

はじめに

選択性は有機化学の基本的な概念である．多くの反応がいろいろな種類の選択性を伴って進行する．ある反応が二つ（あるいはそれ以上）の異なる化合物を生成する可能性があり，そのうちの一つの化合物が他より多く得られる場合，その反応は選択的であるという．

選択性にはいくつかの種類がある．本章ではまずはじめに官能基選択性と位置選択性について述べる．ある反応でどのような選択性が発現しているか区別できなければならない．そして正しい用語を用いて説明できるようになる必要がある．これにより，ある反応の結果について正しい議論ができるようになる．

選択性の発現には，二つの理由が考えられる．

1. 一方の反応が他方より活性化エネルギーが小さく，その反応の生成物がより速く生成する．
2. 二つの生成物が平衡にあり，一方が他方より安定である．

最も安定な生成物が常に主生成物として得られると考えるのは正しくない．これはよくある誤りである．

もう一つの異なる選択性として，立体選択性を**基礎 28**（p.159）で学ぶ．立体選択性と立体特異性との対比については**基礎 36**（p.219）で学ぶ．

基礎 26
官 能 基 選 択 性

官能基選択性 chemoselectivity

官能基選択性は，複数の反応が起こりうるが，そのなかの一つが優先するときに現れる．

官能基選択的反応とは，ある一つの官能基が他の官能基よりも優先して反応する反応のことである．

次の反応を考えてみよう．本書ではこの反応について取扱わないが，心配する必要はない．出発物はケトン部位とカルボン酸部位を含んでいる．水素化アルミニウムリチウム $LiAlH_4$ は非常に強力な還元剤で，両者とも還元する．

ケトン部位だけ還元したい場合にはどうすればよいだろうか．反応性の低い還元剤である水素化ホウ素ナトリウム $NaBH_4$ を用いればよい．これはケトンを還元するが，カルボン酸は還元しない．

反応性が低い試薬ほど，より官能基選択性が高い.

　合成を計画する際には，反応が望みの選択性を示すかどうか判断できるようになる必要がある. もし望みの選択性が期待できないのであれば，反応の順序を変えるか，まったく別の合成法を考える必要がある.

基礎27
位 置 選 択 性

　次の例では**位置選択性**が発現している. アルケンの水和反応（水の付加反応）については学んでいないが，ここでは機構の詳細については考えなくてよい. それぞれの異性体は同じ反応系で生成するが，二重結合の異なる位置にヒドロキシ基が導入され，一方が他方より多く生成する. 二つの生成物は同じ官能基をもつ**構造異性体**である.

位置選択性 regioselectivity

構造異性体 constitutional isomer

主生成物　　　副生成物

　ある一つの官能基に対する反応で二つの生成物が生じる可能性がある場合，たとえばアルケンの二重結合のそれぞれの端で反応するような場合に，位置選択性が生じる.

　最もよくあるまちがいは，ある反応に官能基選択性，位置選択性，そして立体選択性のそれぞれに関する要素がある場合，そのうちの一つの選択性について質問されているのに別の種類の選択性について答えることである.

　選択性の問題を扱うときには必ず，どの種類の選択性について議論しているのか明確にすることが重要である. はじめは一見難しい（あるいは手間がかかる）と思えても，繰返し学ぶことで習慣となり，容易であたりまえのことになる.

それぞれの選択性を区別して理解していれば，質問に正しく答えることができるはずである.

基礎28
立 体 選 択 性

　本節を始める前に一つはっきりさせておこう. 立体選択性には特別なものは何もない. しかし，立体選択性はしばしばつまづく点となるので，本節ではより多くの反応例をあげながら学ぶ. はじめのうちは，どのような場合に反応が立体選択的になるか，そして（しばしばより重要なことに）どのような場合に反応が立体選択的にはなりえないかを理解するのが難しいことがある.

重要なのは，立体異性体の性質（**基礎 25**, p.147），反応エネルギー図（**基礎 14**, p.70），そして反応速度（**基礎 15**, p.72）の間の関連である．簡単に要点を振返って，何について述べているか正しく理解しよう．

立体特異性と立体選択性

立体特異的な反応についてはすでに学んだ．S$_N$2 型の置換反応は立体配置の反転を伴って進行する．求核剤は脱離基の反対側から攻撃する．したがって，一つの立体異性体のみが生成する．**立体特異性**については**基礎 36**（p.219）で再度述べる．

立体特異性 stereospecificity

単一の立体異性体を生じるが，S$_N$2 型の置換反応は立体選択的な反応ではない．この反応では他の生成物は生じえない．

立体選択性とは，反応において二つ以上の**立体異性体**が生じる可能性があるとき，一方を他方より多く生成する性質のことをいう．これについては二つの可能性しかない．一つは二つの異性体がジアステレオマーの場合，もう一つはエナンチオマーの場合である．

立体選択性 stereoselectivity
立体異性体 stereoisomer

学生に多いまちがいは，選択性の種類よりも異性体の種類に関するものである．

立体選択性は特別なものではないからといって，それは重要性が低いということではない．ある化合物の一つの立体異性体は病気を治すことができるが，同じ化合物の別の立体異性体は非常に毒性が高いということもある．

ある化合物の一つの立体異性体のみが望みの性質をもつ場合，その立体異性体のみをつくることのできる合成戦略が必要である．

ジアステレオ選択性

ジアステレオ選択性 diastereoselectivity

より簡単な例から始めよう．**ジアステレオ選択性**とは立体選択性の一種で，その反応で二つ（あるいはそれ以上）のジアステレオマーが生じる可能性があるとき，一方を他方より多く生成する性質のことをいう．一般にジアステレオマーはその安定性が異なる[†]．したがって，ジアステレオマーを生じる反応のほとんどは，ある程度選択性を示す．ジアステレオマーを 1：1 で生成する反応は例外的である．

[†] 通常それほど大きな差ではない．

次に示すのは**反応の詳細 2**（p.150）で紹介した反応である．この反応は二つの生成物を異なる量生じる．

生成する二つの化合物はジアステレオマーであり，ジアステレオマーは異なるエネルギーをもつので（基礎 25），この反応は選択的に進行すると予想される．

実際には生成物に加えて，もう一歩前に戻って考える必要がある．すなわち，それぞれのジアステレオマーを生じる遷移状態それ自体がジアステレオマーである．したがって生成物の二つのジアステレオマーは通常異なる反応速度で生じる．

ジアステレオマーの定義（そしてその結果）は安定な化合物だけに適用されるわけではない．二つの遷移状態が同一でもエナンチオマーでもなければ，それらはジアステレオマーであり，したがってそのエネルギーは同じとは限らない．

立体化学の定義がどこから適用できるのか思い悩む必要はない．出発物から生成物に至る反応座標に沿って，その間のすべてに適用できる．

 化合物 **1** が化合物 **2** と **3** を与える反応の反応エネルギー図を書け．

反応エネルギー図を書くために，まずは以下の二つの問いについて考えよう．

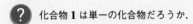 化合物 **1** は単一の化合物だろうか．

単一ではない．一方のステレオジェン中心は明示されている（実線くさび）が，もう一方は明示されていない．いずれの立体配置も可能である．すなわち化合物 **1** はジアステレオマー混合物の可能性がある．これが書かなければならない出発物の数とそのエネルギーに対して意味することを考えてほしい．

 この反応は中間体が存在するだろうか．

前述のとおり，これは S_N2 反応ではない．したがってカルボカチオン中間体を経由して進行する．このカルボカチオン中間体は立体配置の定まったステレオジェン中心しかもたない．したがって単一の化学種である．

この二つの問いに答えたら，反応エネルギー図を書くことができるだろう．出発物はエネルギーの異なる二つのジアステレオマーである．これらはおそらく異なる速度で共通のカルボカチオン中間体を生成する．中間体のカルボカチオンはアリルトリメチルシランの攻撃を受け，再び異なる速度で二つのジアステレオマーが生成する[†]．

† この反応は立体選択的であることをすでに学んだ．二つのジアステレオマーが生成する反応速度は異なるはずである．

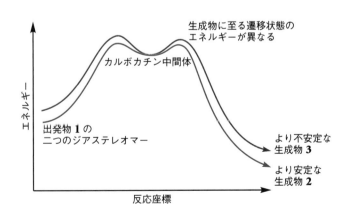

ここでは次のことを覚えておいてもらいたい．

出発物の二つのジアステレオマーは異なる反応速度で反応する可能性がある．生成物の二つのジアステレオマーは異なる反応速度で生成する可能性がある．

もう一つ別の同様な例をみてみよう．これはシクロヘキサン誘導体のS_N1反応である．

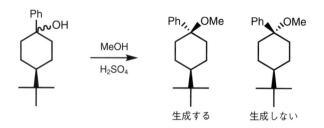

生成する　　　生成しない

出発物は二つの立体異性体の混合物だが，一つの構造式で書かれている．波線の結合は化合物がこの炭素中心の異性体の混合物であることを示している[†]．t-ブチル基の立体化学は実線くさびで示されている．したがってヒドロキシ基の立体化学はこれに対する相対的な立体配置として表す．

出発物は二つの立体異性体の混合物だが，生成物は可能な二つの化合物のうちの一方のみが得られる．

出発物は二つのジアステレオマーである．生成しうる二つの化合物もジアステレオマーである．この反応にはカルボカチオン中間体が存在し，そこでは出発物に含まれる立体化学の情報は失われるので，出発物の二つのジアステレオマーがいずれも立体化学が同じ生成物を生じることは妥当である．生成物は異なるエネルギーをもつ（基礎 25）ジアステレオマーなので，一方の立体異性体が優先して生成するのは当然である．

ここではシクロヘキサン誘導体を例にあげている．**基礎 31**（p.179）でシクロヘキサン誘導体は有機化学において重要であることを学ぶ．**応用 3**（p.188）ではこの反応を異なる形で書き，選択性についてより詳細に考えていく．

まちがえやすい点がもう一つある．上記に示す二つの生成物はいずれもステレオジェン中心をもたない（鏡像は同一の化合物である）．立体選択性はほとんどの場合キラリティーに関わるものであるが，そうでない場合もある．

エナンチオ選択性

はじめは**エナンチオ選択性**はより複雑にみえるかもしれない．できるだけ単純に説明していく．次に示すのはアルケンのエポキシ化反応である．

Ph-CH₃ の構造式 → MCPBA → Ph, O, CH₃ のエポキシド + Ph, O, CH₃ のエナンチオマー

この反応の出発物は平面構造のアキラルな分子である．ここでは反応剤であるMCPBA（m-クロロ過安息香酸）がアキラルなことに加えて，酸素原子をアルケンに供与することをわかっていれば十分である．エポキシ化反応はアルケンの上面からも下面からも進行することができる．そして生成物として式に示した二つのエナンチオマーを生じる．

この二つの化合物はエナンチオマーなので，必ずそのエネルギーは等しい．

　反応剤はアキラルなので，遷移状態もエナンチオマーの関係となり，したがって
そのエネルギーは等しい．反応エネルギー図は次のようになる．

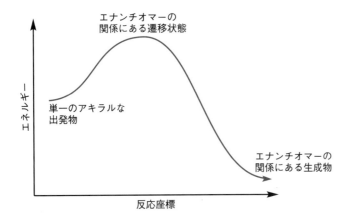

　2本の線が重なって1本に見える．エナンチオマーの反応エネルギー図は，すべ
ての反応座標において同じエネルギーをもつ．反応が立体選択性を示すことはあり
えない．しかしエポキシドの一方のエナンチオマーが必要となるかもしれない．キ
ラルな化合物の二つのエナンチオマーは，その生物学的性質が大きく異なることが
ある．光学活性なエポキシドを基質に用いる反応はたくさんあるので，これらは有
用な合成中間体である．

　それではどのようにすればこの反応で一方のエナンチオマーを他方より多く（理想的に
は100％一方のみを[†]）生じるようにできるだろうか．言い換えると，どのようにすれば
この反応をエナンチオ選択的にできるだろうか．

†　反応の立体選択性を一方の立体異性
体が他方よりどれだけ過剰かで表す方法
がある．これについては**基礎29**（次節）で
述べる．

　反応がエナンチオ選択的となるためには，反応エネルギー図がどのようである必
要があるか考えてみよう．エナンチオマーの関係にある生成物の相対的なエネル
ギーを変えることはできない．出発物がアキラルであるという事実も変えることは
できない．変えることができるのは遷移状態だけである．

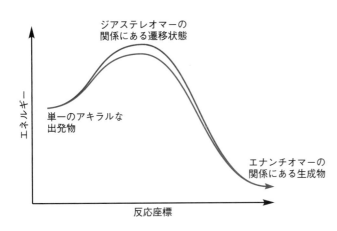

　遷移状態をジアステレオマーの関係にすることができれば，そのエネルギーは異
なり，それぞれのエナンチオマーを生成する活性化障壁も異なる．立体化学の要素
としてステレオジェン中心だけを考える限りは，ジアステレオマーは二つ以上のス

テレオジェン中心をもっている．それでは出発物にステレオジェン中心がなければ，どこにステレオジェン中心を導入したらよいだろうか．

> これについてはいったんおいておく．本書ではこの問いには答えない．エナンチオマーとジアステレオマーの定義に焦点を当てて考えてみてほしい．

多くの研究者が長い年月をかけて立体選択性の高い反応を開発してきた．どのような反応剤や条件を用いれば高い選択性が得られるか予想するのは非常に難しい．しかし経験的なデータに基づくことで，高い選択性を与えやすい構造や，なぜこれらの構造がよいのかということがわかるようになる．

基礎29

反応に関連する立体化学の用語

反応に関する立体化学の用語はたくさんある．ある反応が官能基選択的，あるいは位置選択的である場合には，どの生成物がどれくらいの収率で得られるかを示すだけでよい．立体選択的な反応では，一方の立体異性体が他方よりどれだけ過剰に生成するかを示すことが多い．**基礎24**（p.129）と**基礎25**（p.147）で扱ったそれぞれの化合物に関連して，立体化学の用語の定義を身につけておく必要がある．

ラセミ体

ラセミ体 racemate

キラルな化合物の二つのエナンチオマーの等量混合物を**ラセミ体**という．両エナンチオマーが互いに打消し合うので，ラセミ体の旋光度は0である．

エナンチオマー過剰率

エナンチオマー比 enantiomeric ratio: er

二つのエナンチオマーの混合物があるとして，その比は100：0から50：50，そして0：100まであらゆる可能性がある．これを**エナンチオマー比**とよび，erと略す．

純粋なエナンチオマーは最大の旋光度，あるいは最大理論値の100％の値を示す（このように述べる理由はすぐにわかる）．ラセミ体は旋光度は0，すなわち最大理論値の0％を示す．ラセミ体の場合，一方のエナンチオマーが他方よりも過剰な量は50−50＝0である．この数値は**エナンチオマー過剰率**とよばれ，一般にeeと略し，％で表す．

エナンチオマー過剰率 enantiomeric excess: ee

エナンチオピュア enantiomerically pure, enantiopure

純粋なエナンチオマーはエナンチオマー過剰率100％（100−0）であり，**エナンチオピュア**とよばれる．エナンチオマーの75：25の混合物は50％（75−25）のエナンチオマー過剰率である．この75：25の混合物は，50％の一方のエナンチオマーと50％のラセミ体（25：25）と考えることができる．ラセミ体の部分の旋光度は0であり，この混合物全体の旋光度は最大理論値の50％である．

一般に，旋光度はエナンチオマー過剰率に比例している．ある試料の旋光度を測定し，かつ純粋なエナンチオマーの旋光度がわかっていれば，エナンチオマー過剰率を計算できるため有用である．この値からエナンチオマー比を計算できる．

ジアステレオマー過剰率

　エナンチオマー過剰率と同様の方法で，二つのジアステレオマーの混合物がある場合，**ジアステレオマー過剰率**が計算できる．ジアステレオマー過剰率は一般にde と略す．**ジアステレオマー比** dr も用いることができる．

　エナンチオマー過剰率は旋光度と関連づけられたが，ジアステレオマー過剰率には関連づけることのできる物性はない．しかしそれでもこれは有用な尺度である．

ジアステレオマー過剰率
diastereomeric excess: de

ジアステレオマー比
diastereomeric ratio: dr

光学的に純粋

　これはややおかしな用語であるが，すぐに慣れるだろう．ある化合物の単一のエナンチオマーはその化合物の旋光度の最大値を示す．**光学的に純粋**とはある化合物の試薬瓶の中のすべての分子が同じ立体配置をもつということである．そこにはただ一つの立体異性体しか存在しない．

光学的に純粋 optically pure

5 結合の回転

はじめに

結合は回転することができる．分子模型を使うとこれがわかる．エタンの模型をつくり，炭素－炭素結合を回してみよう．分子模型で回転できれば，実際の分子でも回転できるはずである．分子模型は非常に役に立つ．分子模型をねじったり回したりすると，実際の分子で起こりそうなこと，あるいは起こりにくそうなことがわかる．分子模型をある方向にねじることが難しいとき，実際の分子もその配座をとりにくい．

本章で必要なのは，結合の回転とエネルギーを正しく関係づけることである．

基礎が身につけば，化合物が特定の向き（立体配座）で反応しやすいこと，そして特定の向きをとりやすいことが化合物の反応性を決定することがわかるだろう．

本章で学ぶ化合物のなかで最も重要なのは，シクロヘキサン誘導体である．なかには複雑な構造もあるが，演習を通して理解を深めていこう．

本章には，前章までにはなかった応用の節が三つある．これまでの知識を用いてかなり複雑な問題を考えるため，他の節とは区別している．知識をどのように適用するかは，積極的に学ぶ必要がある．

基礎 30

立 体 配 座

これまでは意図的に構造の表示とエネルギーを分けて説明してきた．立体配座の重要な点は，それぞれのエネルギーが異なることである．まずはそのエネルギー差についてみていこう．

立 体 配 座

立体配座とは，単結合の回転だけで変換できる空間的な原子の配置のことである[†]．**配座異性体**は，エネルギー極小の立体配座をもつ立体異性体である．大部分の構造には多数の配座異性体が存在するが，気にしなくてよいことが多い．

本節では比較的単純ないくつかの例から始め，用語を定義していく．応用1（p.172）では，広い範囲の化合物を取上げてより詳しく説明する．応用2（p.175）では，置換反応における立体配座の応用を説明する．立体配座のエネルギー差がE2脱離で重要なことは，応用4（p.215）で説明する．

基礎31（p.179）では，シクロヘキサンの立体配座を学ぶ．これは非常に重要なので，基礎的な考え方を身につけることは大切である．さらに，シクロヘキサンの配座解析の基本的な原則を，応用3（p.187）と応用5（p.220）でそれぞれ置換反応と脱離反応に適用する．

立体配座 conformation

配座異性体 conformational isomer, conformer

[†] 立体配座と立体配置（基礎24, p.129）を混同しないようにしよう．これらは異なる用語である．

すべてのことは関連している．基礎を広く身につけていくと，新しく学ぶことよりも知識を関連づけることの方が多くなる．

エタンの立体配座

　エタンのくさび表示をみてみよう．C−C 結合は単結合であり，回転することができる．結合の回転には大きなエネルギーは必要としないが，いくらかのエネルギーは必要である．**ねじれ形配座**と**重なり形配座**とよばれる二つの典型的な立体配座を示す．

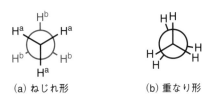

エタン　　　　　ねじれ形　　　　　　　　　　重なり形

　まず重なり形配座の構造を考える．炭素−炭素結合に沿ってまっすぐ見ているとしよう．手前の炭素原子に結合したすべての水素原子は，奥の炭素原子に結合したすべての水素原子のすぐ前にある．水素原子は互いに重なっている．

　習慣4（p.129）で示したように，エタンのねじれ形配座のニューマン投影式は(a)のようになる．この表示には重要な取決めがある．中心から伸びる 3 本の黒い線は，手前の炭素原子への結合を示す．したがって，手前の炭素には三つの H^a が結合している．円の後ろから伸びる 3 本の短い青い線は，奥の炭素原子への結合を示す．

（a）ねじれ形　　　　　　（b）重なり形

　重なり形配座のニューマン投影式は(b)のようになる．非常に混み合っており，手前と奥の炭素原子からの結合をちょうど重なるように書けない．実際には少し角度をずらして結合を書き，これを重なり形とみなす．

　隣接した炭素原子に結合している水素原子間の角度は**ねじれ角**として知られている．ねじれ形のエタンのねじれ角は 60°（または 180°，300°）である．重なり形のエタンのねじれ角は 0°（または 120°，240°）である．

ねじれ角 60°　　　　　　　ねじれ角 0°

　エタンのねじれ形配座と重なり形配座のエネルギー差はわずか 12 kJ mol^{-1} なので，結合は容易に回転する[†]．次ページに示すように，C−C 結合を 360° 回転すると，三つのねじれ形配座と三つの重なり形配座が現れる．0° と 360° は同じである．

ねじれ形配座
staggered conformation

重なり形配座
eclipsed conformation

🖉　エタンの模型をつくり，炭素−炭素結合を視線の方向に置いてニューマン投影式が正しく見えることを確認せよ．

ねじれ角 torsion angle,
二面角 dihedral angle ともいう

[†]　単結合の解離エネルギーは約 350 kJ mol^{-1} であることを思い出そう．

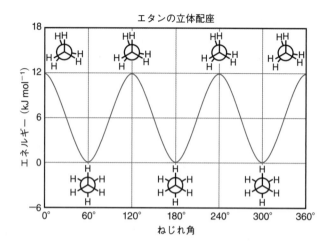

ブタンの立体配座

　ブタンでは，状況は少し複雑である．中央の C−C 結合を回転すると，四つの典型的な立体配座，すなわち二つの重なり形配座と二つのねじれ形配座が現れる．

| アンチ (0 kJ mol^{-1}) | ゴーシュ (+3.8 kJ mol^{-1}) | CH$_3$-CH$_3$ 重なり形 (+19 kJ mol^{-1}) | CH$_3$-H 重なり形 (+16 kJ mol^{-1}) |

アンチ配座 anti conformation

ゴーシュ配座 gauche conformation

† 訳注：アンチ配座とゴーシュ配座はエネルギー極小に対応するので，配座異性体である．ゴーシュ配座には，互いに鏡像の関係にある 2 種類の配座異性体がある．アンチ配座をとる配座異性体をアンチ体，ゴーシュ配座をとる配座異性体をゴーシュ体とよぶ．

　二つのねじれ形配座は**アンチ配座**と**ゴーシュ配座**とよばれる†．アンチ配座は最もエネルギーが低い．上記のエネルギーは相対値であり，アンチ配座をゼロにしている．ゴーシュ配座はエネルギーが約 4 kJ mol^{-1} 高い．ほかに二つの重なり形配座があり，メチル基がもう一つのメチル基と重なる場合（＋19 kJ mol^{-1}）と水素

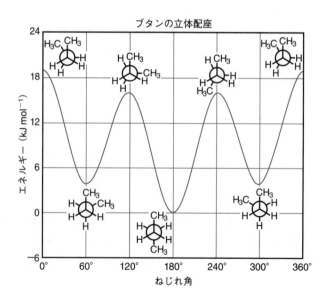

原子と重なる場合（＋16 kJ mol⁻¹）がある.

　立体配座間のエネルギー差は二つの要因により生じる. 結合の両端の置換基が大きいと, 単純な立体効果が働く. メチル基-メチル基が重なるブタンの立体配座は, メチル基間に不利な立体効果が働くため不安定である.

　重なり形になると結合の電子対の間に直接的な相互作用も働く. これは**ねじれひずみ**とよばれる.

　鎖が長くなり回転できる結合が多くなるほど, 配座異性体の数が急激に増加する. ここでは, ブタンの中央の C-C 結合の回転だけを考えたが, 両端の C-C 結合の回転による立体配座も加えることができる. これらのすべてを図で示すことは容易ではない.

　まずは単純な分子でどの立体配座が最も安定であるか予想できるように練習しよう. いずれは単純な構造から複雑な構造（たとえば, 大きい置換基, 異なる置換基, 炭素鎖の長さ）に考え方を広げても, 不利な相互作用を見つけられるようになってほしい. 構造中に働きうるどの相互作用が立体配座を不安定化するか知っておく必要がある.

ねじれひずみ torsional strain

立体ひずみとねじれひずみの両方を理解する必要がある.

 ブタンの模型をつくり, すべての結合が完全に重なった立体配座を考えてみよう.

演習
11

学習を進めると, 多くの反応の結果が構造中の立体配座に依存していることがわかるだろう.

 演習11

配 座 解 析

　柔軟な分子は, 最低エネルギーの立体配座すなわち配座異性体で存在する時間が長い. しかし, 分子が反応するためには特定の立体配座をとらなければならないことがある. ある構造において, どの立体配座が最も安定であるか, どの立体配座が不安定であるかがわかるようになる必要がある. また, 異なる立体配座のエネルギー差について, ある程度予想できる必要がある. このような考え方は**配座解析**とよばれ, 立体配座を理解するために重要である.

配座解析 conformational analysis

💡 **問題 1**　エタンとブタンの立体配座を書いて分類せよ. また, 立体配座のおおよそのエネルギー差を示せ. ニューマン投影式とくさび投影式を用いよ.

　どの立体配座が安定であるか, エネルギー差はおおよそどの範囲であるかを知っておくべきである. この後, 特定の立体配座をとる必要がある反応がエネルギー的に起こりうるかどうかを考えていくので, そのエネルギーが結合解離エネルギーや活性化エネルギーなどとどのように関連するかを知っておこう.

💡 **問題 2**　次の三つの構造について, 立体配座の相対的な安定性を考えよ. また, 置換基が Cl 基, OH 基, NH₂ 基になるとどのような違いがあるだろうか.

Cl と O が同じ電気陰性度をもつのであれば, なぜ両方とも出題したのだろうか. 他に OH 基で起こることがあるのだろうか.

Cl⌒Cl　　　HO⌒OH　　　H₂N⌒NH₂

　この質問の答えは応用 1（次節）にある. 先に進む前にここでよく考えよう.

💡 **問題3**　くさび投影式で示す以下の構造をニューマン投影式で書け.

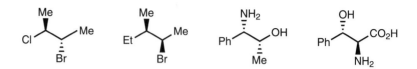

正しい答えは一つだけではない. 異なる立体配座または異なる向きでも書くことができる. 分子模型を使って, 分子全体や一つの結合を回して, 見ているものを書いてみよう.

ニューマン投影式で, すべてのステレオジェン中心が同じ立体配置（*R* または *S*）をもつ同じ立体異性体を書いたことを確認しよう.

💡 **問題4**　ニューマン投影式で示す以下の構造をくさび投影式で書け.

💡 **問題5**　問題3と問題4の構造について, すべてのねじれ形配座と重なり形配座を書け. それぞれ三つあるはずである. 各化合物の立体配座を安定性の順番に並べよ. 働きうる立体的および電子的な相互作用を考えよ. 自信がない場合は, **応用1**を終えてからここに戻ってくるとよい.

正しく答えることより, 正しく考えることに集中してほしい. 置換基 X と Y の間の水素結合の強さはどれくらいだろうか. また, 置換基 Z はどれくらい電子求引性だろうか.

💡 **追加問題**　問題3と問題4の構造について, すべてのステレオジェン中心の立体化学を *R* または *S* で表示せよ. ニューマン投影式から直接表示することができるだろうか.

⇒ **応用1**

配 座 異 性 体

本節は応用の節である. **基礎30**（p.168）および**基礎5**（p.25）で学んだことと, 場合によっては水素結合を組合わせて, 複雑な問題に応用していく. 立体配座とエネルギー差の考え方に慣れたことを確認するために, **基礎30**を読み直そう. エタンとブタンの模型をつくり, 結合を回転して, エネルギー差が生じる相互作用があることを確認しよう.

ブ タ ン

ここでは三つの化合物の立体配座間のエネルギー差を考えていく. まず基準とな

る化合物としてブタンを考え，その後 1,2-ジクロロエタンと 1,2-ジヒドロキシエ
タンに応用する．

　ブタンの最も安定な立体配座はアンチ体であることを学んだ．これは，メチル基
同士ができるだけ離れようとするためである．おもな立体配座をもう一度示す．

<table>
<tr><td>アンチ
(0 kJ mol⁻¹)</td><td>ゴーシュ
(+4.2 kJ mol⁻¹)</td><td>CH₃-CH₃ 重なり形
(+24.4 kJ mol⁻¹)</td><td>CH₃-H 重なり形
(+13.7 kJ mol⁻¹)</td></tr>
</table>

アンチ
(0 kJ mol⁻¹)　　ゴーシュ
(+4.2 kJ mol⁻¹)　　CH₃-CH₃ 重なり形
(+24.4 kJ mol⁻¹)　　CH₃-H 重なり形
(+13.7 kJ mol⁻¹)

　科学ではデータの比較が重要である．したがって，本節のポイントを明らかにす
るために，立体配座のエネルギー差を計算した[†]．計算値と**基礎 30**（p.170）に示
した実測値の間には違いがある．しかし，結論に大きな影響を及ぼすことはない．
計算値と実測値は同じにはならないが，同じ傾向を示す．

1,2-ジクロロエタン

　1,2-ジクロロエタンの構造を示す．ブタンの両端のメチル基をクロロ基に置き換
えればこの構造になる．

$ClCH_2CH_2Cl$

　メチル基をクロロ基に変えると，どのような効果があるであろうか．

　メチル基とクロロ基の違いを考える必要がある．メチル基は塩素原子より大きい
が，それほど違いはない．立体配座および上記と同じ方法で計算した相対エネル
ギーを示す．

<table>
<tr><td>アンチ
(0 kJ mol⁻¹)</td><td>ゴーシュ
(+8.9 kJ mol⁻¹)</td><td>Cl-Cl 重なり形
(+38.4 kJ mol⁻¹)</td><td>Cl-H 重なり形
(+19.2 kJ mol⁻¹)</td></tr>
</table>

アンチ
(0 kJ mol⁻¹)　　ゴーシュ
(+8.9 kJ mol⁻¹)　　Cl-Cl 重なり形
(+38.4 kJ mol⁻¹)　　Cl-H 重なり形
(+19.2 kJ mol⁻¹)

　やはりアンチ体が最も安定である．安定性の順番は同じであるが，値は明らかに
ブタンの場合と異なる．Cl-Cl 重なり形は 38.4 kJ mol⁻¹ 不安定であり，クロロ基
がメチル基より小さいにもかかわらず，その差はブタンの場合に比べて大きい．何
がこのエネルギー差の増加の原因だろうか．明らかに，二つの Cl 原子はできるだ
け離れた方が有利であるが，これは大きさだけが理由ではない．

　もう一つの理由は電気陰性度である．立体効果でなければ電子効果である．

　二つの C-Cl 結合は強い永久双極子[†]をもち，これらが反対に向くことによって
分子の双極子モーメントを最小にすることができる．

エネルギー差の数値は以前示したもの
と異なる．しかし，最も安定な配座異性
体はやはり最も安定であり，最も不安
定な配座異性体は最も不安定である．

[†]　DFT 法(B3LYP/6-31＋G*)により計算
した．

エネルギーはさまざまな要因に依存し，
特に溶媒の効果は大きい．気相の計算
を用いることで単純化できる．

実験的には，ゴーシュ体はアンチ体よ
り 4.4 kJ mol⁻¹ 不安定である．この差
はブタンのときよりわずかに大きい．

[†]　訳注: 電荷の偏りによって生じる固有
の双極子は永久双極子とよばれる．分極
している結合は永久双極子をもつ．その
大きさと向きは，双極子モーメントによっ
て表示される．各結合の双極子モーメン
トのベクトル和が分子の双極子モーメン
トであり，これが小さいほど安定である．

→

1

もちろん立体的な寄与もあるが，それが電子的な寄与により強められている．各寄与の相対的な大きさを決めることは簡単ではない．

もう少し付け加えると，ゴーシュ体はブタンの場合に比べて不安定になっている．これは，それほど大きくはないが分子に双極子モーメントが存在するためである．双極子モーメントは Cl–H 重なり形にも存在する．

1,2-ジヒドロキシエタン

† 訳注: エチレングリコールともよばれる.

少し複雑な例として 1,2-ジヒドロキシエタン†を考える．酸素は塩素とほぼ同じ電気陰性度をもつため，比較しやすい．ここでもアンチ体を基準とする．

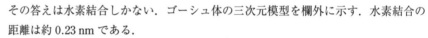

アンチ　　　　　　　ゴーシュ　　　　　OH–OH 重なり形　　　OH–H 重なり形
(0 kJ mol⁻¹)　　　(−12.1 kJ mol⁻¹)　　(＋14.1 kJ mol⁻¹)　　(＋9.1 kJ mol⁻¹)

ゴーシュ体が最も安定であることがわかる．OH-OH 重なり形はやはり最も不安定であるが，エネルギー差はこれまでの場合ほど大きくない．この値は OH-H 重なり形のものとあまり変わらない．したがって，ゴーシュ体や OH-OH 重なり形を安定化する何かがあるに違いない．もしそうでなければ，二つの OH 基はできるだけ離れようとするであろう．

何が二つの OH 基を近づけるのだろうか．

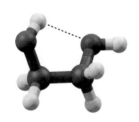

その答えは水素結合しかない．ゴーシュ体の三次元模型を欄外に示す．水素結合の距離は約 0.23 nm である．

水素結合の強さは水素結合の供与体と受容体によって決まり，OH 基の場合は 20 kJ mol⁻¹ 程度である．したがって，これに相当する分，1,2-ジヒドロキシエタンのゴーシュ体はブタンの場合に比べて安定である．

有機分子中の原子間の相互作用について，全体像が明らかになりつつある．ここでの重要なスキルは，構造がいかに複雑になっても，それを解析するための基本的な方法を見抜くことである．そのためには，分子の形を可視化できる必要がある．もう一つの重要なスキルは，適切な比較を行うことである．

エタンのいくつかの誘導体について，対応する立体配座を書いてみよう．置換基を任意に選び，それぞれの立体配座が安定または不安定になる要因を特定してみよう．

エチレンに配座異性体はあるか

エタンでは，C−C 結合のまわりの回転障壁は 12 kJ mol⁻¹ である．エチレンは平面形であり，それ以外の構造では p 軌道が重ならないため π 結合をつくることができない．

別の言い方をすると，エチレンの C=C 二重結合の回転障壁は約 300 kJ mol⁻¹ である．

エチレン

　ここで"約"をつけたのは，**基礎6**（p.27）で説明したように，σ結合とπ結合の相対的な寄与を必ずしも正確に決めることができないためである．仮にすべての結合が回転できると考えると，障壁が高い場合もそうでない場合もある．$300\,kJ\,mol^{-1}$の障壁は回転しないことを，$12\,kJ\,mol^{-1}$の障壁は速く回転することを意味する．

　これまでに，さまざまな要因が立体配座を安定化したり不安定化したりすることを考えてきた．立体反発，静電反発，ねじれ相互作用，水素結合などのほか，π結合も立体配座の安定性に関与する．

基礎的な原理を理解していれば，新しく学んだ相互作用が立体配座を安定化するのか不安定化するのかを予測できるだろう．

これから学ぶこと

　反応が起こるために，特定の立体配座をとることが必要な反応がある．もしその立体配座が最も安定でなければ，最も安定な立体配座と特定の立体配座のエネルギー差の分だけ反応の活性化エネルギーは大きくなる．この場合，反応は遅くなる．

　したがって，配座平衡は反応速度に直接影響する．

　応用2（次節）と**応用3**（p.187）の置換反応および**応用4**（p.215）と**応用5**（p.220）の脱離反応で，多くの例をみることになる．

応用2

三員環を形成する S_N2 反応

　応用の節が進むにつれて，反応の結果を合理的に説明したり予測したりするために，さまざまな節で学んだ原理を利用する必要があることに気づくだろう．これは有機化学の学習では非常によくあることである．実際，一つの考え方だけで反応が説明できることはほとんどない．

　三員環は非常に興味深い．四面体の結合角は 109.5° であるのに対し，三員環の結合角は 60° である．理想的な結合角からの大きな差は，非常に大きなひずみがあることを示す．そのため，三員環をもつ化合物は非常に反応性が高い．その一方で，三員環は驚くほど簡単に生成する．まずその理由を考えてから，反応の応用例をみていこう．

ニューマン投影式と電気陰性度

　次の化合物を考える．酸素原子も臭素原子も電気的に陰性である．

　✎ この化合物の最も安定な立体配座を示せ〔**基礎30**（p.168），**応用1**（前節）〕．

上記に示した立体異性体のみを考える．分子模型をつくって正しい立体異性体で

どのような方法で書いても問題はない. 重要なのは, 自分に向いた方法を選び, どの方法がよいのか時間をかけて見つけることである.

あることを確認せよ. ニューマン投影式は立体配座を示すのに最適である.

まず前ページの立体配座のままでニューマン投影式を書くと(a)のようになる. ここで安定な配座異性体を考える必要がある. 置換基の大きさも影響するが, 必ずしも重要ではない. もしOH基とBr基をできるだけ遠くにすると, 分子全体の双極子モーメントは減少する. これから予想される安定な立体配座は(b)のとおりである. これは応用1で考えた例と同じである

(a)   (b)

ここで反応性を考える. この化合物を強塩基と反応させると何が起こるだろうか. OH基を脱プロトンすると, (b)の立体配座がさらに有利になるだろう.

OH基とBr基の間の水素結合が生成するかどうかについては, 脱プロトンが起こり水素がなくなれば考える必要はない.

ここで基本的な質問である.

S_N2反応では, 求核剤(この場合負電荷をもつ酸素原子)は脱離基(Br)に対してどこから攻撃するだろうか.

反応の詳細2 (p.151) で学んだように, σ^*軌道と重なるために求核剤は背面から攻撃する. この場合, 求核剤はちょうどその位置にあり, S_N2反応に都合がよい. 反応の巻矢印を次に示す. 酸素を含む三員環すなわちエポキシドが生成する. 結果として, シス体のエポキシドが生成する. 生成物の絶対立体化学, すなわちどちらのエナンチオマーが生成するかは気にしなくてよい.

💡

❓ この生成物ではなぜ絶対立体化学を気にする必要がないのだろうか.

もしわからなければ, 基礎に戻って, 必要なアプローチを確認しよう. これを何度も繰返すと, 問題が簡単に感じられるようになるだろう.

この問題には, 多くの基礎的な原理が関係している. 何か一つでも苦手なものがあれば, 問題が解けたとしても, 全体的に非常に難しいと感じるだろう. すべての基礎的な原理を理解しておく必要がある.

隣接基関与

前項の例では, 求核剤は脱離基と同じ分子中にあった. これは分子内反応である. ここでは, 生成物中には残らない三員環の中間体を経由する反応についても, 同じ原理を適用する. 次の例では, 反応の立体化学を追跡しやすくするために, 炭素原子に番号をふっている. 化合物**1**が水酸化物イオンと反応すると, 化合物**3**では

なく化合物 **2** が得られる．化合物 **3** は水酸化物イオンが C2 を攻撃したときに得られる生成物であるが，これは起こらない．

この反応を考えていく．次に示す二つの可能性がある．

左の場合，メチル基が C2 から C1 に移動している．右の場合，硫黄が C1 から C2 に移動している．このように書くと，どちらの可能性が高いかわかりにくい．

　置換反応が起こっていることはまちがいない．硫黄は優れた求核剤である．これまでに学んだように，置換反応では三員環が非常に生成しやすい．これは有利な過程であるので，構造を書いてその結果を見てみよう．化合物 **4** が書ける．これは生成物 **2** ではないが，妥当な反応である．

　実際の生成物になるためには，化合物 **4** から化合物 **2** ができればよい．また，化合物 **4** の反応は化合物 **3** よりも化合物 **2** を優先して生成すべきである．
　二つの反応経路が可能であり，青と灰色の巻矢印で示す．

どちらも S_N2 反応である†．どちらが有利だろうか．

　水酸化物イオンが第一級炭素中心を攻撃すると，化合物 **2** が生成する．水酸化物イオンが第二級炭素中心を攻撃すると，化合物 **3** が生成する．

ここで影響するのは立体効果と電子効果のどちらだろうか．

　両経路を考えてみる．立体的には，立体障害が小さい C1 への攻撃が予想される．

† S_N1 反応が起こらないことは，機構を考えれば理解できる．

これは正しいがそれだけではない．水酸化物イオンがC2を攻撃すると，S_N2反応の遷移状態で生じる負電荷は電子供与性のメチル基によって不安定化される．メチル基は正電荷を安定化し，負電荷を不安定化することを思い出そう．したがって，C1への攻撃が立体的にも電子的にも有利である．

SEt基は求核剤として働く．置換が起こる位置に隣接しているため，SEt基は反応に関与する．したがって，この過程は**隣接基関与**とよばれる．

隣接基関与 neighbouring group participation, anchimeric assistance, 隣接基補助ともいう

立 体 保 持

立体化学を用いて反応機構を調べる例が他にもある．次の反応を考えてみよう．ここでの立体化学の結果は，立体保持である．もしS_N1反応であればラセミ化が起こり，S_N2反応であれば反転するだろう．

立体保持で起こるための可能な経路は二つだけである．本当に立体化学が保持されたままで反応が進行するか，ステレオジェン中心が2回反転して進行するかである．

反応の全体ではなく，素反応の段階に分けて考える必要がある．水酸化物イオンが求核剤としてしか働かなければ，反応は立体反転で進行して生成物はエナンチオマーになるはずである．しかし，水酸化物イオンは塩基としても働く．基質はカルボン酸なので，脱プロトンが起こるはずである．

これ以降は前の例と同様である．求核剤が脱離基の近くにある．

この反応の立体化学の結果は特にわかりにくい．しかし，この反応はS_N2機構であり，立体反転で進行する．

もう一度S_N2反応が起こると反応が完了する．ここでひずんだ環が開く．

このように考えると，この化合物は出発物と同じ立体化学をもつことが非常にわかりやすいだろう．すなわち，この反応では立体反転が2回起こり，その結果とし

て立体保持となる.

三員環は特別にみえるが, 実際にはそうではない. 四員環が形成して開環する隣接基関
与の例もある. 一方, 生成物として安定なので, 五員環や六員環を経由する隣接基関与
の例は多くない.

基礎31
シクロヘキサンの基礎

シクロヘキサンの構造を示す. 構造式を書くと以下のようになるが, この分子は
実際には六角形ではない. 各炭素原子は四面体形なので, 6個の炭素原子は同一平
面内に位置することはできない.

シクロヘキサンの三次元表示を示す. 上から見た図では、分子の周辺部（これを
赤道とよぶ）に6個の水素原子がある. さらに、炭素原子の真上にある水素原子が
3個ある. 残りの3個の炭素原子の奥にも隠れた水素原子が3個ある.

もしわからなければ模型をつくってみ
よう. とにかく模型をつくるのがよい.

上から見た図

横から見た図

横からの図では. 上と下に向かっているすべての水素原子を見ることができる.
赤道のまわりにある水素原子のうち, 少し上に向くものと少し下に向くものがある
こともわかる.

シクロヘキサンの構造およびそれに関
連した原理はよく出てくるので把握し
ておこう.

シクロヘキサンのいす形構造

上記の構造を**いす形配座**とよぶ. 次に示す向きで構造を見ると, いすに似ている
ことがわかりやすい.

いす形配座 chair conformation

そのうち, シクロヘキサンと聞くと自
然にいす形という用語を連想できるよ
うになる.

ここで三次元構造を離れて, 一般によく書かれるいす形構造を示す. 慣例により,

このいす形構造では環の骨格にも結合した置換基にも実線くさびと破線くさびは使わない.

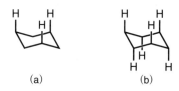

　次に水素原子を加えていく. 置換基の二つの異なる位置を**アキシアル位**および**エクアトリアル位**とよぶ. アキシアル水素をまず書く. 上図のように分子を横から見ると, アキシアル水素はまっすぐ上にまたは下にある. C−C結合が上向き（山形）の炭素にはアキシアル水素は上向きに付く. 三つの上向きのアキシアル水素を書き入れた構造を(a)に示す. C−C結合が下向き（谷形）の炭素にはアキシアル水素は下向きに付く. これらの水素を書き加えると(b)のようになる.

(a)　　　　　　　(b)

　四面体形炭素の結合角は109.5°なので, エクアトリアル置換基はアキシアル置換基に対して109.5°の角度で書く. ここで重要なことがある. もし炭素が中心より左にあれば, エクアトリアル置換基は左に向く. もし炭素が中心から右にあれば, エクアトリアル置換基は右に向く. すべての水素原子を書き込んだ構造を示す.

　混雑して見えるので, 水素原子を省略することがよくある. エクアトリアル水素だけを示した構造を欄外に示す.

　もう少し大きく書いてみる. ここではアキシアルの結合と水素は青で, エクアトリアルの結合と水素は灰色で示す.

シクロヘキサンの立体配座：いす形の環反転

　いす形配座には興味深いことがある. 上記の構造で, 最も左の炭素原子を引き下げ, 次に最も右の炭素原子を引き上げると次に示す構造になる. これもいす形配座であるが, エクアトリアル水素がアキシアル位に, アキシアル水素がエクアトリ

アル位に入れ替わった.

これは非常に一般的な現象であり，**環反転**とよばれる．いす形が環反転するとアキシアル位とエクアトリアル位が相互に変換する.

環反転 ring flip

> 環反転に慣れるただ一つの方法は，分子模型をつくっていす形を反転してみることである．このとき結合は切れない．結合が回転しているだけであるが，二つの結合が同時に回転する．したがって，ここでは立体配座を考えている.

次に，置換基が加わるとどうなるか，さらに詳しく考えていく.

エクアトリアル置換基が有利である

エタンとブタンの立体配座で学んだように，分子の形を考えるには，エネルギーについて簡単にみておく必要がある．上記の図を見ると，上の面（あるいは下の面）にある三つのアキシアル水素がかなり接近していることがわかる．アキシアルの置換基はエクアトリアルの置換基に比べてずっと近い．したがって，シクロヘキサンに置換基を導入するとき，アキシアル位は不利である．置換基はエクアトリアル位にあるのが有利である．これは次に示すような平衡†で示すことができ，メチル基がエクアトリアル位にある立体配座が有利である.

† 訳注: 平衡を表す二つの矢印の長さが異なるとき，長い矢印の方向に平衡が偏っていることを示す.

アキシアル位のメチル基が構造中に示したアキシアル位の水素に近いため，右の構造は不安定である．これらの置換基と水素原子は炭素2個離れているので，**1,3-ジアキシアル相互作用**とよばれる．したがって，置換基が大きいほどアキシアル位になりにくい．平衡の位置は**基礎32**（p.190）で定量的に説明する.

1,3-ジアキシアル相互作用
1,3-diaxial interaction

t-ブチル基（$CH_3)_3C-$ のようなかさ高い置換基がアキシアル位にあることはほぼありえない.

唯一安定な立体配座　　　非常に不安定

したがって，t-ブチル基はシクロヘキサン環の立体配座を効果的に固定しているといえる．これは非常に便利であり，他の置換基がt-ブチル基に対してどこにあるか考えることができる（**応用3**, p.187）.

くさび表示といす形配座の相互変換

くさび表示のシクロヘキサンの構造を見たとき，置換基が空間のどこにあるかわかる必要がある．そのためには練習が必要である．

次の *cis*- および *trans*-二置換シクロヘキサンの構造を考える[†]．この表示では，置換基が空間のどこにあるかを示すために実線くさびと破線くさびを使う．

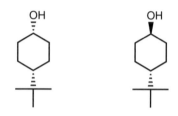

これらをいす形で書くと次のようになる．置換基をもつ炭素に結合した水素原子も表示するとわかりやすい．左の構造では *t*-Bu 基が下（H は *t*-Bu 基の上）に，OH 基も下にあり，これはシスである．右の構造では *t*-Bu 基が下に，OH 基は上にあり，これはトランスである．

練習すれば，全体の構造だけでなく，最も安定な立体配座を考えることが簡単になる．

t-ブチル基がアキシアルにある立体配座は非常に不安定なので考えなくてよい．ここでは安定な配座異性体だけを書いた．

いす形配座を書くときは，以下のことに注意しよう．

上向き/下向きとアキシアル/エクアトリアルの間に直接的な関係はない．上記の構造でわかるように，それらの関係は書いた環の立体配座に依存する．左の構造では置換基は両方とも下向きであり，一方はアキシアルで他方はエクアトリアルである．

この点をさらに確認するために，二つの化合物の配座異性体の平衡を詳しくみていく．

シス ⇄ シス

トランス ⇄ トランス

各化合物には二つのいす形配座がある．もし二つの置換基が同じ側にあればシスである．結合を回転するだけでは，いずれかの置換基を環の反対側に動かすことは

できない．したがってシス体とトランス体は異なる化合物である．

どちらの場合も左の構造が右の構造に比べてずっと安定である．したがって，シス体はアキシアルの OH 基をもつはずである．これは不利であるが，*t*-Bu 基がアキシアル位にあるよりは有利である．この事実から，これらの化合物を用いると，アキシアルとエクアトリアルの置換基の反応性の違いを調べることができる．

安定なシクロヘキサンの立体配座を書くとき，よくあるまちがいはすべての置換基がエクアトリアルである構造を書くことである．正しくは，二つの置換基が同じ側か反対側かどちらかによって，エクアトリアルとアキシアルのどちらであるかが決まる．これができれば，どの立体配座が有利であるか決めることができる．

安定ないす形配座の決定

それでは，シクロヘキサンの最も安定ないす形配座をどのように決めればよいのだろうか．簡単な答えは，両方の立体配座を書き，最も大きい置換基がエクアトリアルにある，または最も多くの置換基がエクアトリアルにある立体配座を選ぶ．

しかし，これだけでは判断の難しい場合もある．たとえば，アキシアルの *t*-ブチル基が一つ，エクアトリアルのメチル基が二つあるより，エクアトリアルの *t*-ブチル基が一つ，アキシアルのメチル基が二つある方が安定である．基礎 32 では，配座平衡を考えるための精度の高い方法を学ぶが，多くは経験でわかるようになるだろう．ここではまず，正しいシクロヘキサンのいす形配座と，それが環反転したいす形配座との相互変換を書くことに慣れていこう．

シクロヘキサンのくさび表示をまちがいなくいす形に変換するためには，どの置換基がエクアトリアルかアキシアルかがわかる必要がある．次の分子を例にあげてこの方法を説明する．わかりやすくするため，炭素原子に番号をつけた．

この構造をいす形に変換する．次の二つのいす形のどちらか一方から始める．C1〜C3 が反時計回りに並ぶように番号をつけた．番号はどこから始めてもよい．この段階でまちがいがないことを確認してほしい．

C1 に結合した *t*-Bu 基は上（実線くさびの結合）にある．左の構造に *t*-Bu 基を書くとアキシアル，右の構造に書くとエクアトリアルになる．これを明確にするために C1 に結合した水素原子 H を加えた．

184

C2 に結合した Cl 基は上にある，左の構造ではエクアトリアル，右の構造ではアキシアルになる．これを書くと次のようになる．

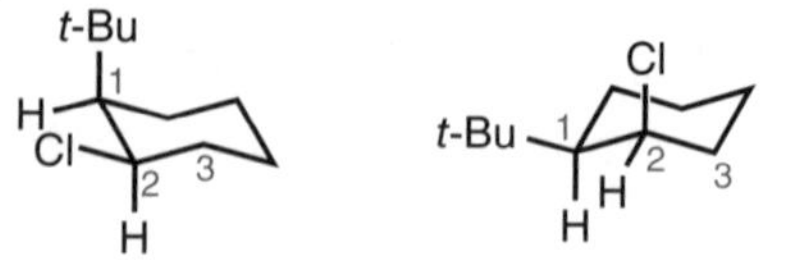

最後に，C3 に結合した CH$_3$ 基は下にあり，左の構造ではエクアトリアル，右の構造ではアキシアルになる．最終的な構造は次のとおりである．

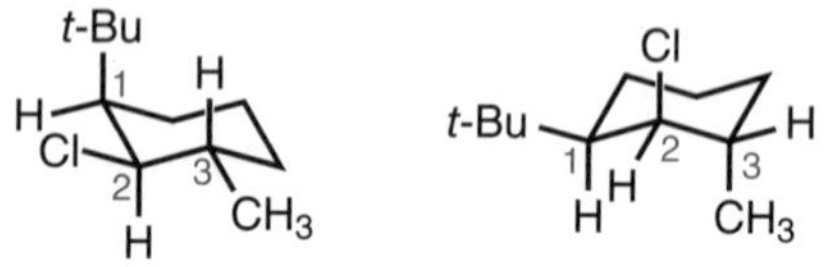

　上記の二つの構造は同じ立体配置をもつが，立体配座が異なる．この化合物の模型をつくると，いす形配座が相互に変換することが確認できる．
　ここでどちらの配座異性体が安定であるかを考える．左の構造では，エクアトリアルの置換基が二つ，アキシアルの置換基が一つある．しかし，かさ高い t-Bu 基がアキシアルにあり，これは非常に不利である．右の構造では，エクアトリアルの置換基が一つ，アキシアルの置換基が二つある．しかし，非常にかさ高い置換基がエクアトリアルにあるので，右の配座異性体が有利である．
　重要な点をまとめる．

- すべての置換基が必ずしもエクアトリアル位をとれるわけではない．
- ある配座異性体を別の配座異性体に変換するとき，立体化学が変わらないようにする．
- どの配座異性体が最も安定であるかを決めるのは必ずしも簡単ではない．特に，同様な大きさの置換基がアキシアルに一つ，エクアトリアルに一つあるときはそうである．この場合，両方の配座異性体が存在して平衡にある可能性が高い．

好ましくないシクロヘキサンの書き方

　どのようなまちがいがあるだろうか．よくあるのは，比率が不自然な書き方である．

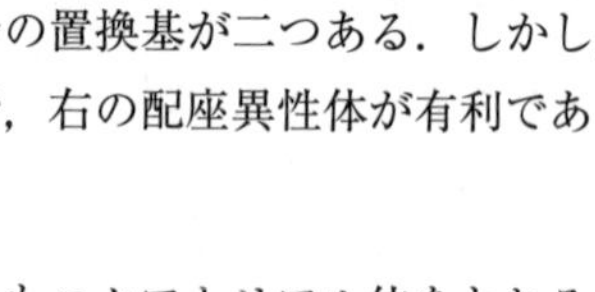

アキシアル水素同士が離れているように見えるのは，上図における C−C 結合が C−H 結合に比べてずっと長いからであり，これは実際にはほど遠い．
　また，(a) に示すように，2 本の水平な結合を用いていす形を書く場合がある．これは厳密にはまちがいではないが，アキシアル結合とエクアトリアル結合を適切

に書くのが難しくなる．(b) の構造が好ましい．**演習12**（次節）ではこの構造を
書けるように意識しよう．

(a)　　　　　　　　　　(b)

いす形シクロヘキサンのニューマン投影式

　シクロヘキサンのいす形がニューマン投影式でどのように見えるかを示す．左の
構造を矢印の方向から見ると，右のようなニューマン投影式が書ける．同時に二つ
の結合に沿って見ているため，二つのニューマン投影式が中央でつながっている．

　この表示を見ると，すべての結合が完全にねじれ形であることがわかる．すべての
結合角は正四面体の $109.5°$ に近く，ねじれ角は $60°$ または $180°$ である．このよう
に予測しやすい形をもつことから，シクロヘキサンは反応機構を調べるための実験
でモデル構造として使われる．

　シクロヘキサン誘導体を使ってできることは数多くある．生物学的に重要な性質
をもつことがあるので，シクロヘキサン誘導体は有用な分子である．この点でも，
シクロヘキサンの形が予想できることは役に立つ．先に進むと，複数のシクロヘキ
サン環が縮合した構造が出てくる．**基礎33**（p.195）でその例が，**演習13**（p.197）
で関連問題が示される．さらに進んでいくと，シクロヘキサンのいす形と同じよう
な形をもつ中間体や遷移状態を経由する反応を学ぶ．

　基礎32と**基礎33**で，シクロヘキサンの形とエネルギーについてさらに詳しく
説明する．その前に，ここで基礎を確認するための問題に取組もう．

もう一度模型をつくり，このように見
えることを確認せよ．

シクロヘキサンの図示に必要な基礎が
十分に理解できていないと，難しい問
題が出てくると苦労する．練習して基
礎が身についていれば，それほど難し
くないであろう．

演習12

シクロヘキサンの図示

　自然界にはシクロヘキサン環をもつ生物活性を示す天然物が多くある．それらに
ついて考察できるようになるためには，まずはシクロヘキサン環をうまく書けるよ
うになる必要がある．本節ではまず基礎を練習していく．**演習13**（p.197）では複
雑な例を考える．

💡 **問題1** 次のシクロヘキサン誘導体の最も安定ないす形配座を書け.

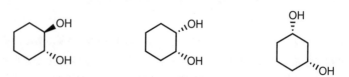

よくある問題を解決しておく必要がある.

どの場合も，すべての置換基をエクアトリアルにもつ構造を書くことができただろうか.

置換基はアキシアルよりエクアトリアルにある方が有利である. しかし, 置換基の向きはすべて相互に関係している. 一方の置換基がエクアトリアルであれば, 他方の置換基がアキシアルになる場合がある. ここで重要なのは, どのように考えるかである. 化合物の模型をつくる必要があるかもしれない. 各化合物の最も安定な立体配座は, 一つのアキシアル置換基をもつはずである.

よくあるまちがいがもう一つある. 実際に書きたいす形の構造は, 上記のくさび表示の構造と同じエナンチオマーを表示している必要がある. 各化合物の不安定ないす形配座を書き, 同じエナンチオマーであることを確認しよう. エクアトリアルの置換基とアキシアルの置換基を入れ替えるのは, 鏡像を書いているためまちがいである. いす形を反転する必要がある.

> すでに実線くさびと破線くさびの見方は十分に身についているはずである.

> 十分に練習すれば，自然にできるようになっているはずである.

💡 **問題2** 次のシクロヘキサン誘導体をくさび表示で書け.

> 置換基をもつ炭素原子に水素原子を加えて，上と下の区別ができるようにするのがよい.

結合を好ましくない角度で書くと, 上と下がわからないことがある. **基礎31**（p.179）の表示に戻って確認しよう. 必要があれば分子模型を使おう.

💡 **問題3** 自分で問題を考えてみよう. くさび表示で五つのシクロヘキサン誘導体を書き, いす形表示に変換せよ. いす形表示で五つのシクロヘキサン誘導体を書き, くさび表示に変換せよ. これらの問題を何も考えなくてもできるようになるまで, 毎週数問ずつ解いてみよう.

💡 **問題4** 次の構造のうちどれがキラルであるか. ここでのポイントは, 形式的にステレオジェン中心を探す（**習慣6**, p.137）よりはむしろ対称性を認識することである. それぞれの構造について, 最も安定ないす形配座を書け. 対称面をもつ構造は, いす形表示とくさび表示のどちらがわかりやすいだろうか.

> これは習慣7（p.145）で学んだことの復習であるが，ここでは化合物の形を考えている.

この例はやや複雑であり, Web掲載の演習問題6でもう一度考える.

応用 3
シクロヘキサンの置換反応

本節では，置換反応ですでに説明したことをシクロヘキサン誘導体に応用する．

シクロヘキサンは決して特別ではない．シクロヘキサンは分子の形と結合角を容易に予想できるので，反応に影響を及ぼすさまざまな効果を考えるうえでとてもよい例である．いす形のシクロヘキサンはほぼ正四面体形の炭素原子をもち，ねじれ形配座に固定されている．すべてのねじれ角は 60° または 180° である．かさ高い置換基を導入するといす形が一つの配座異性体に固定されるので，その構造の反応性だけを考えればよい．

本節ではシクロヘキサンの置換反応を学ぶ．立体効果と電子効果を考え，2 種類の機構のうちどちらの可能性が高いかを決める．また，どのような生成物が得られ，どれくらい速く生成するかを考える．

ここで説明することは，置換反応以外のあらゆる反応にも応用できる．これは重要な点である．応用 5（p.220）では脱離反応に応用する．

> シクロヘキサンの分子模型をつくって，これをもう一度確認せよ．

シクロヘキサンの S_N1 反応

次の二つのシクロヘキサンを考える．t-ブチル基によっていす形が固定されるため，一方の構造ではブロモ基がエクアトリアルに，他方の構造ではアキシアルにある．

実際には，これらの化合物はどちらも S_N1 機構では反応しない．臭化物イオンが脱離して生じる第二級カルボカチオンは不安定である．しかし，これから説明していく論理を損なうものではない．

これらの化合物では，上記の配座異性体だけを考えればよい．もし左の構造でいす形が反転すると，二つの置換基がアキシアルになる．これは非常に不安定である．右の構造でいす形が反転すると，ブロモ基がエクアトリアルになる一方で t-ブチル基がアキシアルになる．これも不安定である．したがって，必然的に左側の構造ではブロモ基はエクアトリアルに，右側の構造ではアキシアルにある．

まずは以下の問題を考えよう．

> これらの化合物の模型をつくってみよう．

 > 上記の二つの化合物の S_N1 反応の反応エネルギー図を書け．

3

ブロモ基がアキシアルにある化合物は，ブロモ基がエクアトリアルにある化合物より不安定であり，エネルギーが高い．しかし，臭化物イオンが脱離すると，まったく同じカルボカチオンが生じる．どちらの場合も，カルボカチオンの生成は吸熱的である．その前にエネルギーが少し高い遷移状態がある．

この構造では一つだけ水素原子を明示した．カルボカチオンは平面なので，この水素原子はアキシアルでもエクアトリアルでもない．

> この過程の活性化エネルギーについて何がいえるか．カルボカチオンのエネルギーとその前にある遷移状態のエネルギーを関連づけるために，ハモンドの仮説を使おう．

S_N1 反応では，ブロモ基がアキシアルにある化合物が速く反応するという結論になったはずである．もしそうでなければ，もう一度見直してその理由を考えてみよう．

ブロモ基がアキシアルにある化合物が不安定なのは，以下の右の構造に示すようにアキシアルの水素原子と不利な 1,3-ジアキシアル相互作用が生じるためである．

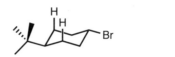 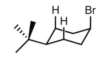

臭化物イオンが脱離すると，どちらの化合物も前に示した同じカルボカチオンを生成する．かさ高いアキシアルのブロモ基が脱離する場合，脱離基が離れるにつれて分子のひずみが解消される．これは化合物の立体ひずみを考えれば，自然にわかるようになる．S_N1 機構の明確な例は比較的少ないので，"S_N1 機構ではこのようになる"と考えてよい．

ここからは求核攻撃の方向について考える．反応の詳細 2（p.149）では，S_N1 反応の立体化学の結果を説明した．ステレオジェン中心が一つしかなく，単一のエナンチオマーとして存在する基質があれば，ラセミ化の用語を厳密に使うことができる．基質がラセミ体であれば，またはキラルでなければ，ラセミ化は起こりえない．この説明をもう一度確認してから，先に進もう．

この S_N1 反応の場合，求核剤は平面のカルボカチオンに対してどちらか一方の側から攻撃する．

どちらの面から攻撃するかによって生成物が異なるので，二つの面は環境が異なる．

このときエクアトリアルかアキシアルの生成物が得られる．二つの面は環境が異なるので，どちらか一方が有利になる可能性がある．この過程は立体選択的である（基礎 28, p.159）．

次に限りなく S_N1 反応に近い例を示す．以下の反応では，メトキシ基がアキシアルの化合物だけが生成する．明らかに，カルボカチオン中間体ではアキシアルからの攻撃が優先している．エクアトリアルにかさ高いフェニル基があるので，この生成物が相対的に安定であることはまちがいない．しかし，これは必ずしもこの化合物が優先して生成することを意味しない．

　この生成物になるためには，次の図の左に示すように求核剤はアキシアル水素の近くを通らなければならない．しかし，もう一つの生成物になるためには，かさ高いフェニル基が上に向くアキシアル水素に近づいて立体ひずみが生じ，さらに攻撃してくる求核剤と下に向くアキシアルの C−H 結合の間にねじれひずみが生じなければならない[†]．

† ねじれひずみは基礎 30 (p.171) で学んだ．

どのような反応であっても，正確な結果は置換基によって決まる．近づいてくる求核剤とアキシアル水素間の相互作用が，同じ水素に対するフェニル基の相互作用より大きいかどうかを予想することは簡単ではない．

　単純に比較できないこともあるが，基本的な原理に基づけば，どこに置換基が入ればどちらの効果が増加するか，求核剤のかさ高さによって何が変わるかを予想できるはずである．

この場合もう一つ複雑なことがある．生成物がプロトン化され，C−O 結合が解離して同じカルボカチオン中間体が生成すると，反応の結果は平衡に支配されて安定な生成物が有利になるかもしれない．

巻矢印を用いてこの可能性を示す機構を書け．

シクロヘキサンの S_N2 反応

　次に S_N2 機構を考える．次図の上の式に示すように，エクアトリアルにブロモ基をもつ化合物では，求核剤はアキシアル水素の近くを通る必要がある．このとき大きな立体障害が生じ，求核剤の接近が妨げられる．この立体障害のため遷移状態のエネルギーが上昇し，活性化エネルギーが大きくなる．したがって，エクアトリアルのブロモ基の置換はアキシアルのブロモ基の置換より遅い．

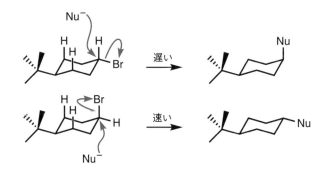

この例では，構造を実際に近く正しく書くことが重要である．もし，C−C 結合と C−H 結合の比率が正しくないと，水素原子は非常に小さい，または非常に離れているので，影響が小さいと誤解するかもしれない．

　ここでは重要な点がある．まず，これは S_N2 機構なので，立体配置の反転を伴って進行する．置換反応が起こる炭素は（少なくともこの場合は）ステレオジェン中心ではない．しかし，この反応では明らかに立体化学が重要である．

　ここまでの説明から，ある立体異性体の反応がどれくらい速くなるか，遅くなる

かを予想することはできない．しかし，アキシアルまたはエクアトリアルのブロモ基をもつシクロヘキサンや同様の構造では，どちらか一方を選択的に反応させることができることを知っておく必要がある（官能基選択性，**基礎 26**, p.158）．

　ここでは，二つの異性体の反応速度が異なることとその理由を理解し，必要なときに応用できるようにしよう．

基礎 32
シクロヘキサン配座異性体の
定量的な解析

　基礎 31（p.179）ではシクロヘキサンの基礎を学んだ．シクロヘキサンで学ぶことの大部分は，二つの配座異性体の相対的な安定性に関することである．応用 1（p.172）では，エタン誘導体を例にあげて，配座平衡に影響を及ぼすのは置換基の大きさだけではないことを学んだ．本節では，同じ考え方をシクロヘキサン誘導体に応用していく．最後に，より複雑な状況でどの配座異性体が有利であるかを決めるために，"A 値"を用いてシクロヘキサンの配座平衡を定量的に解析する．

　応用 1 でエタン誘導体について考えた三つの例を，本節ではシクロヘキサン誘導体で示す．ここでは，二つのいす形配座だけを考えればよい．

　応用 1 で考えた規則はここでも変わらない．置換基の大きさと電気陰性度，さらに OH 基の場合は水素結合の可能性を考える．これを 2 段階で考えていく．まず，置換基がエクアトリアル位にある場合とアキシアル位にある場合を比較する．次に，応用 1 の立体配座と比較する．

A 値を用いるとシクロヘキサンの二つの立体配座のうちどちらが安定かを決めることができる．場合によっては，安定性が非常に近くどちらが安定であるか判断できないこともある．

二置換シクロヘキサンの配座異性体

　trans-1,2-ジメチルシクロヘキサンは非常に簡単であり，立体効果が重要である．二つの置換基は両方ともエクアトリアルか両方ともアキシアルである．配座平衡は両方ともエクアトリアルである左の立体配座に大きく偏る．

13.3 kJ mol^{-1} 安定

　trans-1,2-ジクロロシクロヘキサンでは，応用 1 で 1,2-ジクロロエタンについて考えたことが参考になる．双極子反発のためジアキシアル体が安定であると予想するかもしれない．しかし，シクロヘキサンには 1,3-ジアキシアル相互作用がある．これらの相互作用の結果，*trans*-1,2-ジクロロシクロヘキサンのジアキシアル体は

ジエクアトリアル体に比べてわずかではあるが安定である.

　立体的な理由だけであれば，置換基はエクアトリアル位をとりやすい. したがって，有利な立体配座が二つのアキシアル置換基をもつ状況があることを知っておくことは重要である.

0.9 kJ mol^{-1} 安定

右の配座異性体では 1,3-ジアキシアル相互作用があるが，相互作用する水素原子は示されていないことに注意しよう.

trans-1,2-シクロヘキサンジオールではジエクアトリアル体が有利である. この結果は，水素結合の強さを加えるとよく理解できる.

18.1 kJ mol^{-1} 安定

鎖状化合物との比較

　上記のシクロヘキサン誘導体のデータを，応用 1 で示したエタン誘導体の立体配座のデータと比較する. すべてのデータは同じソフトウェアで同じ方法で計算したものなので，直接比較して問題ない.

　ブタンの立体配座を 1,2-ジメチルシクロヘキサンの立体配座とともに示す. ゴーシュ体はジエクアトリアル体に，アンチ体はジアキシアル体に相当する. ブタンではアンチ体が 4.2 kJ mol^{-1} 安定であるが，これに比べて 1,2-ジメチルシクロヘキサンでは 1,3-ジアキシアル相互作用の方が大きい. この差は 13.3 − (−4.2) = 17.5 kJ mol^{-1} とみなせる.

この数値は計算による概算値である. 妥当な比較ではあるが，シクロヘキサンにあるいくつかの相互作用を無視している. 何であるか考えてみよう.

ゴーシュ
4.2 kJ mol^{-1} 不安定

アンチ

13.3 kJ mol^{-1} 安定

　同様に 1,2-ジクロロ誘導体を比較する. この場合，シクロヘキサン誘導体のジアキシアル体では，立体的な 1,3-ジアキシアル相互作用による不安定はあるものの，双極子の反発が小さいことからその効果はほぼ打消される. 全体としてはジア

キシアル体がまだ有利ではあるが，エタン誘導体から予想されるほどではない．

ゴーシュ
8.9 kJ mol⁻¹ 不安定

アンチ

0.9 kJ mol⁻¹ 不安定

最後に 1,2-ジヒドロキシ誘導体を比較する．エタン誘導体のゴーシュ体とシクロヘキサン誘導体のジエクアトリアル体は，どちらも分子内水素結合をもつ．ジクロロ誘導体では安定性に関わる効果がほぼ打消し合ったが，ジヒドロキシ誘導体ではより安定なジエクアトリアル体で水素結合が働くので非常に有利になる．エタン-1,2-ジオールと比較すると，1,3-ジアキシアル相互作用がジアキシアル体を不利にするので，相対的にジエクアトリアル体がさらに有利になる．

ゴーシュ
12.1 kJ mol⁻¹ 安定

アンチ

18.1 kJ mol⁻¹ 安定

エタン誘導体およびシクロヘキサン誘導体の配座平衡を考え，これらの相違点が明らかになった．これらの原則を適用すると，さまざまな化合物でどの配座異性体が有利であるか予想することができる．原則はどのような環の大きさや鎖の長さにも応用できる．配座異性体で特定の相互作用があると複雑になるが，原則は変わらない．

配座平衡の定量的な解析

メチルシクロヘキサンの次の平衡を考える．

平衡状態では，この化合物の 95％ は左の配座異性体で存在する．右の配座異性体は平衡混合物中に 5％ しか存在しない．この平衡から計算すると，左の配座異性体は 7.2 kJ mol⁻¹ 安定である．A 値は，置換基がエクアトリアルまたはアキシアルにある配座異性体間のエネルギー差である[†]．

† 本書では A 値を kJ mol⁻¹ の単位で示す．

置換基およびA値が大きいほど，エクアトリアル体がより有利になる.

　代表的な置換基のA値を表に示す．実際に，A値は置換基ごとの立体効果を示すとみなすことができる．そのうちいくつかの数値を詳しくみていこう.

　まず，エチル基とイソプロピル基はメチル基より非常にかさ高いにもかかわらず，立体効果はそれほど大きいわけではない．次の構造を見るとその理由がわかる．ここでは，一つまたは二つのメチル基が回転して環の外側に向くことができる．したがって，どの場合も水素原子間の相互作用が重要である.

置換基	A値 $(kJ\ mol^{-1})$
Me	7.2
Et	7.4
i-Pr	9.1
t-Bu	20.7
Cl	1.8
Br	1.6
Me_3Si	10.6

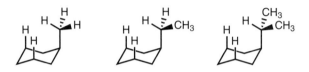

これは非常に重要な点である．多くの反応の立体化学的な結果は，小さい水素原子間の立体相互作用によって決まる．この相互作用は，一般に他の置換基があると影響を受ける．これは本節で最も重要な原則であるが，もう一つ重要なことがある.

　t-ブチル基ではA値が急激に大きくなっている．t-ブチル基では，メチル基の立体的な相互作用が必ず生じる.

　トリメチルシリル基はt-ブチル基と似ているが，炭素の代わりにケイ素をもつ．トリメチルシリル基はかさ高いにもかかわらず，そのA値はt-ブチル基よりもずっと小さい．これはC−Si結合がC−C結合より長いことによる．そのため置換基自体はかさ高いが位置的には遠くにあり，立体効果が小さくなる．同じことがブロモ基にもいえる．C−Br結合が長いので，置換基の立体効果が減少する.

　A値には制約があり，置換基間の相互作用は考慮されていない．置換基がどの立体配座でも相互作用しないことが確認できないと，数値を相加的に使うことはできない.

　A値を相加的に適用すると，*trans*-1,2-ジメチルシクロヘキサンではジエクアトリアル体が $14.4\ kJ\ mol^{-1}$ 有利であることが予想される．計算値は $13.3\ kJ\ mol^{-1}$ である．この不一致が計算の不正確さによるものか，ジエクアトリアル体で小さい立体効果があるためかを区別するのは簡単ではない.

数値には電気陰性度や水素結合は考慮されていない.

　それでも，ここで数値を示すことは意義がある．A値は配座異性体の安定性について重要な点を強調し，全体の傾向を知るために役立つ．A値を本当に理解していれば，学ぶことは最小限になるが，数値を覚える必要はない．A値の適用には多くの制約がある．どのような場合に立体効果と電子効果が生じるかを見きわめ，個別にどちらが優位であるかを判断するスキルを身につける方がはるかによい.

　特定の配座異性体をとることが必要な反応がある．反応が起こるためには，その立体配座が不安定であったとしても存在可能でなければならない．鎖状化合物だけでなく環状化合物においても，配座平衡の位置を決定する要因を理解する必要がある．応用3（p.187）ではシクロヘキサンの置換反応をすでに学んだ．応用5（p.220）ではシクロヘキサンの脱離反応を学び，配座平衡が反応の速度と結果にどのような影響を及ぼすかを考える.

シクロヘキサンの反応を考えるときは，"どの配座異性体が速く反応するか"あるいは"どの配座異性体が有利であるか"と質問することを習慣にしよう.

194

基礎33
シクロヘキサンと関連化合物の
さまざまな立体配座

シクロヘキサンのいす形に慣れてきたので,他の立体配座をみていくことにする.

シクロヘキサンの舟形配座

> 分子模型を用いてこの引き上げと引き下げを同時に行ってみよう.簡単ではない.

舟形配座 boat conformation

シクロヘキサンがとることができるのは,いす形だけではない.分子模型の片方を引き上げ他方を引き下げて,いす形をどのように反転したか思い出してほしい.実際の分子ではその両方が同時に起こるのだろうか.おそらく段階的に起こっている.シクロヘキサンの片方だけを引き上げると,右の構造が得られる.これは**舟形配座**とよばれる.

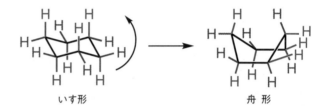

いす形　　　　　　　　舟　形

左の構造で水素が上に向いていれば,右の構造でも上に向いている.左の構造で下に向いていれば,右の構造でも下に向いている.舟形は二つのいす形の途中の構造である.分子模型を用いてシクロヘキサンのいす形を相互に変換すると,舟形を経由していることがわかる.

舟形配座はいす形配座より不安定である.これは,重なり形の結合がいくつかあり,さらに次に示すような非常に不利な**旗ざお**(フラッグポール)**相互作用**があることによる.

旗ざお相互作用 flagpole interaction

旗ざお相互作用

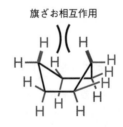

シクロヘキサンの舟形配座が不安定である理由はすでに予想できていたはずである.構造をよく見て,ねじれ角を調べるだけでよい.基礎的な原理がわかっていれば,すぐに気づくはずである.

シクロヘキセン

もう一つ注目してほしい重要な分子はシクロヘキセンである.分子を見る方向を示す矢印を加えた図を示す.シクロヘキセンには二重結合があり,二重結合をつくる二つの炭素原子およびそれらに結合した二つの炭素原子は同一の面内にある.し

たがって，四つの炭素原子は面内にあり，残りの二つの炭素原子は面外にある．一般に面外の炭素原子のうち一つは平面の上に，もう一つは下にあり，次のような二つの配座異性体が書ける．

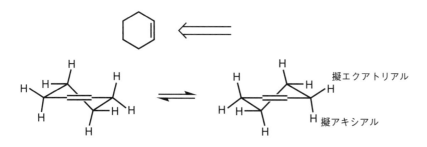

アリル位の炭素に結合した置換基について，アキシアルとエクアトリアルの用語はもはや使えない．その代わりに，"擬アキシアル"および"擬エクアトリアル"という用語を使う．擬エクアトリアルの置換基の方が擬アキシアルの置換基より有利である．

Web 掲載の**演習問題 7** では，シクロヘキセンに似た配座異性体をもつ化合物を用いて，反応の影響をより詳しく考える．

シクロヘキセンの模型をつくってみると，図がよくわかるようになる．

シクロペンタン

シクロペンタンについてもある程度のことは知っておくべきである．シクロペンタンの有利な立体配座は封筒形とよばれる．この立体配座では，四つの炭素原子が面内にあり，一つの炭素原子が面外にある．

複雑なのは，どの炭素原子が面外（封筒の折返し）にあるかということである．これは平衡にあり，すべての炭素がさまざまなタイミングで面外に位置する．分子模型をつくって動かしてみるとわかるだろう．

分子模型をつくって調べなければ，単なる事実の積み重ねになってしまう．

cis-デカリンと *trans*-デカリン

デカリンは二つのシクロヘキサン環が次のように縮合した化合物の慣用名である[†]．正式名はビシクロ[4.4.0]デカンである．環の縮合が異なるシス体とトランス体がある．

† デカは 10 であり，10 個の炭素からなることがわかれば理解できる．

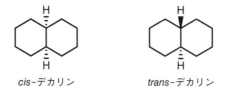

これらの化合物はどのように書けばよいだろうか．六員環はすべていす形である．

この場合，左側の環をいす形で書き，右側の環の一部を置換基として書く．した

がって，*cis*-デカリンでは，右側の環の炭素の一つはエクアトリアルに，もう一つはアキシアルにある．*trans*-デカリンでは，二つの炭素原子は両方ともエクアトリアルにある．結合を横切る波線は置換基があることを示す．

つづいて，2番目の環をいす形で書くと，構造がどのようになっているかがわかる．分子模型が役立つだろう．次のように見えるはずである．

両化合物の分子模型を正しくつくり，どちらか一方の環を反転してみよう．

cis-デカリンは反転できるが，*trans*-デカリンは反転できないことがわかるはずである．*trans*-デカリンが反転すると，右側の環をつくる置換基は両方ともアキシアルにならなければならない．縮合した六員環でこのような構造になることはありえない．これは説明を読むよりも分子模型で試す方がわかりやすい．

この構造的な特徴は多くの重要な化合物の中にみられる．すべてのステロイド化合物は，六員環三つと五員環一つからなる環構造をもつ．男性ホルモンであるテストステロンはその一例である．

テストステロンの形を考えてみよう．分子模型をつくると，立体配座の自由度がほとんどないことがわかる．

テストステロンを一連の縮合したいす形配座として書いてみよう．

シクロヘキサンのねじれ舟形配座

シクロヘキサンのいす形配座と舟形配座は代表的な立体配座である．

分子模型を用いてシクロヘキサンの舟形配座をつくってみよう．重なり形配座のC–C結合および旗ざお相互作用があることを確認せよ．

ここで重要な質問である．実際の分子では何が起こるだろうか．

結合は回転できる．

舟形配座を少しねじると重なり形と旗ざお相互作用が軽減される．このような立体配座は**ねじれ舟形配座**とよばれる．この立体配座は Web 掲載の**演習問題6, 7**でも出てくる．

これは，知識と理解がどのように積み重ねられていくかを示すよい例である．ま

---

cis-デカリンを書くときに最もよくあるまちがいは，縮合した環の構造を右のように書いて，無理やりシスになるように水素原子を非常におかしい角度で加えてしまうことである（よくあるまちがい8参照）．

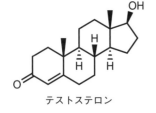

テストステロン

ねじれ舟形配座 twist-boat conformation

ずシクロヘキサンのいす形を学び，次に舟形を学ぶ．最後に，これらの立体配座は
二つの極端な形にすぎず，その間に多数の立体配座があることがわかる.

 cis-1,4-ジ-t-ブチルシクロヘキサンの模型をつくってみよう†．どのような形にな
るだろうか.

最初はエクアトリアル t-Bu 基一つとアキシアル t-Bu 基一つをもつと予想する
かもしれない．しかし，立体障害が非常に大きいので t-Bu 基はアキシアル位をと
ることができない．最も安定な立体配座は，いす形でも舟形でもない.

† この化合物名にある立体化学と置換
基の位置をよく確認しよう．まず，いす
形構造をつくり，もしそれが不利であれ
ばどうすべきか考えよう.

あえて構造を書かずに説明した．自分
で確かめてほしい.

演習
13

演習 13
複雑な六員環構造の図示

　演習 12（p.185）ではたくさんのシクロヘキサンを書いたが，簡単な例ばかりだっ
た．環が一つだけなので，より多くの，またはかさ高い置換基がエクアトリアル位
にあるかどうかを考えればよかった．しかし，研究で実際に見かける大部分の化合
物はずっと複雑であり，二つ以上の環をもつ場合や，炭素以外の原子が含まれる場
合がある．ここでは演習 3（p.22）で考えた天然物，またはその部分構造を使い，
複雑な環構造を図示する演習を行う.

非常に難しい問題もあるが，あきらめ
ないでほしい．このような化合物に対
応できるようになれば，試験の問題は
簡単に感じるだろう.

💡 **問題1**　次の構造を最も安定ないす形配座で書け．二つの環はトランスで縮合して
いる.

同じエナンチオマーを書くのはいうま
でもなく，すべての置換基のアキシア
ルとエクアトリアルの位置が正しいこ
とを確認しよう.

💡 **問題2**　次の構造を最も安定ないす形配座で書け．二つの長いアルキル鎖があり，
書くのに時間がかかる．これらは R^1, R^2 としてよい.

シュードモン酸 C

　環の一つの結合は破線くさびである．この炭素に結合している水素原子の立体化
学を考えると，アルキル鎖の立体化学がわかる．分子の形がどのように書かれてい
ても，それを図示する能力を身につけよう.

💡**問題3** 次の化合物はアルテミシニンの O−O 結合を解離すると得られる. 最も安定ないす形配座を書け.

　二つの縮合した六員環がある（一方の環は酸素とカルボニル基をもつが, シクロヘキサンと大きな違いはない）. 二つの六員環の両方に縮合する七員環もある. 七員環は少し柔軟である.

　二つの六員環から書き始め, 後から七員環を加えよう. これは簡単ではないがよくある問題である. 模型をつくりねじってみて, いろいろな配座異性体で立体相互作用を探してみよう. 次に, どの向きで書くかを決める.

この問題は非常に難しいが, これができれば何でもできる. 最初はできなくても, 何度でもやり直せばよい.

もし非常に難しい構造を選んだとしても, 模型をつくり何度も考えればうまくいくだろう.

💡**問題4** 複数の飽和六員環を含む天然物の構造を探して, 最も安定ないす形配座を書け. エナンチオマーがある場合は, 同じエナンチオマーを書いたことを確認せよ.

⚠ **よくあるまちがい8**

シクロヘキサン

　シクロヘキサンを書くときによくあるまちがいはすでに説明した. ここで簡単にまとめておく.

好ましくない書き方

　好ましくないシクロヘキサンの構造を書くことが一番の問題であり, それ以外の問題はここから生じる. すでに, 結合の比率が不自然な, 押しつぶされたいす形を示した（基礎31, p.184）. アキシアル結合が垂直になっていないいす形の書き方も示した. もう一つよくあるまちがいとして, 置換基の角度が正しくない場合がある. エクアトリアルの水素を一つだけ示したシクロヘキサンを示す. 左の構造の角度は正しいが, 右はよくあるまちがいである. 分子の形を正しく可視化できれば, 大きなまちがいはなくなるはずである.

正しい習慣を身につければ, 角度を正しく書くことはもはや難しくはない.

正しい

まちがい

　また, シクロヘキサンのいす形構造では実線くさびと波線くさびは用いない. この表示に慣れるようにしよう.

すべての水素原子を書くこと

4-*t*-ブチルシクロヘキサノールの構造を示す．左はよく見かける構造である．右は同じ化合物ではあるが，すべての水素原子を示している．

左の構造の方がわかりやすいだろう．右の構造もまちがいではないが，置換基に注目するのが実に難しい．

左の構造で何かを考えるとき，必要に応じて水素原子がどこにあるかを可視化できることが重要である．

アキシアルとエクアトリアル

はじめのうちは，アキシアルとエクアトリアルの用語を混同しやすい．早い段階で確実に身につけて，よい習慣をつけよう．

もう一つのよくあるまちがいは，すべての置換基がエクアトリアルになると思いこむことである．置換基の数と立体化学によって，アキシアルになる置換基がありうる．

エクアトリアル (equatorial) は赤道 (equator) に由来している．意味がわかれば忘れることはない．

cis-デカリン

基礎 33（p.195）で指摘したように，*cis*-デカリンのいす形を書くときによくあるまちがいがある．*trans*-デカリンは書きやすいので，デカリンの構造としてこの構造を書いてしまうことが多い．すると，水素原子をシスにするために，水素原子の一つを非常に不自然な角度で書くしかなくなる．右に示すいす形は *trans*-デカリンのはずであり，青の結合は正しくない．

cis-デカリン

まちがった書き方

6 脱離反応

はじめに

本章ではおもに脱離反応を扱う．基本的な概念の説明も行うが，これまでの章の内容を理解できていれば新たに学ぶことはそう多くないだろう．まさに基礎の学習から"脱離"し，知識の関連づけへと応用していくときである．

 反応の詳細 4

脱　離　反　応

脱離反応については，反応機構と立体化学を別々に分けて考えるのは容易ではないが，応用 4（p.215）では後者に焦点を当てている．本節でも分子軌道を見ながら，E2 機構の立体化学的な側面について学ぶ．

脱離反応の反応機構に関しては，次の観点から考える必要がある．

- どの軌道が関与するか
- どの生成物が得られるか（位置選択性，立体選択性）
- 反応はどのくらい速いか
- 基質の構造を変化させると反応の結果にどのように影響するか

始める前に一つ重要な点を復習しよう．一般にアルキル置換基が多いほどアルケンは安定である．置換基が非常にかさ高く，立体反発が生じるような場合を除き，これは事実である．置換基のより多いアルケンの方がなぜ安定かは重要であり，**基礎 34**（p.211）で詳しく述べる．

規則には必ず例外があるが，だからといって規則の有用性が下がるわけではない．

E1 脱離をより詳細に

E1 脱離の反応機構を次に示す．

第一段階はカルボカチオンの生成で，遅い反応である．上記の例は本来であれば生成するはずのない第一級のカルボカチオンが生成するように表しているため少しまぎらわしいが，ここでは気にしなくてよい．いったんカルボカチオンが生成すると，プロトンの脱離はより速く進行する．

置換反応の反応速度については**基本的反応様式 1**（p.44）で述べたが，脱離反応の反応速度についてはこれまであえてふれてこなかった．律速段階には基質しか関与していないので，反応速度は基質にのみ依存する．プロトンを取除く塩基が存在するかもしれないが，弱い塩基にすぎず，反応速度には影響しない．すなわち，E1 脱離では，

反応速度 $= k$[基質]

である．カルボカチオンが生成した後は，求核剤が付加する（S_N1）か，プロトンが脱離する（E1）．どちらが起こるかは，しばしば "求核剤が反応系内に存在しているか" といった単純なことによって決まる．

もう一つ考えるべきことがある．プロトンが脱離するためには，対応するC−H結合の軌道がカルボカチオンの空のp軌道と重なることができるように正しく並んでいる必要がある．次にその非常に簡単な例を示す．

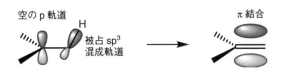

軌道の並びが適切でなければならない理由は明らかである．関与する軌道が重なり始めないと，π結合が生成できない．

化合物の立体構造が直感的にわかるようになれば，ある反応が起こりうるかどうかを判断できる．分子模型をつくってよく練習しよう．応用4と応用5（p.220）で，このスキルを身につけるために役立つ例をいくつか学ぶ．

E2脱離をより詳細に

E2脱離ではプロトンの引抜きとY基の脱離が同時に起こること，そして塩基が必要なことをすでに学んだ．しかし，これはこの反応の一面にすぎない．

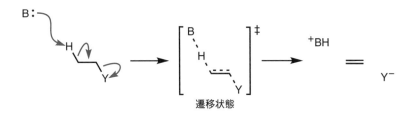

E2脱離は1段階の反応で，この段階に二つの反応剤が関与するので，反応速度式は次式のようになる．

反応速度 $= k$[基質][塩基]

C−H結合とC−Y結合の切断と同時に，新しい二重結合が生成する．結合は軌道の重なりによって生じるので，結合生成に関わる軌道の形と対称性に注意する必要がある．

C−H結合が切断される際，水素はプロトンとして引抜かれ，C−H結合を形成していた2電子は生成物のアルケンに残る．すなわちこの結合（sp^3混成のC−H結合）の2電子を使ってπ結合を生成する．

すなわち，C−H結合の結合性軌道が必要である．

C−H結合の電子がどこへいくのかを考えてみよう．

もう一方の炭素に電子は共有されるが，この炭素にはすでに最外殻に電子が8個存在する．

この炭素にさらに電子を供与するのであれば，その分，この炭素から電子を取去らなければならない．その電子はY基に供与される．

電子を反結合性軌道に供与すると結合が切断されることを思い出そう（基礎9, p.51）．

全体の反応をC−H結合の結合性軌道（σ軌道）とC−Y結合の反結合性軌道（σ*軌道）の重なりと考えることができる．これらの軌道を書くと次のようになる．

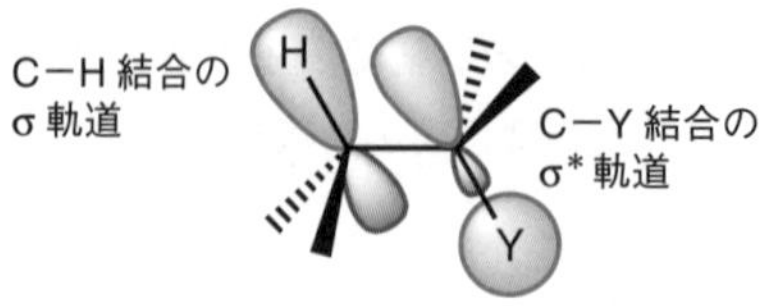

軌道をこのようにとらえると，すでに二重結合のように見え始めるだろう．反応の進行とともにこれらの軌道は重なり，変形して最終的にアルケンのπ結合性軌道となる．これにより，炭素原子は混成が変化し平面構造の sp^2 混成となる．

反応が始まるためには，C−H結合とC−Y結合の軌道は重なり合うことができなければならない．実際，水素とY基が上記に図示したように，中央のC−C結合の反対側に存在し，かつ平行に配列する必要がある．この並びを**アンチペリプラナー**とよぶ．これはH−C−C−Yが同一平面上にあり，かつ水素とY基が反対側にあることを意味する．

水素とY基が同じ側(syn)にあっても軌道は重なることができると思うかもしれない．しかし，この重なり方(シンペリプラナー)はエネルギーが高く不利である．いくつかシン脱離の例があるが，高温条件が必要である．

アンチペリプラナー anti periplanar

E2脱離の結果について，ニューマン投影式を用いて考えてみよう．ある構造に対し，正しい，あるいはまちがった表し方というものはないが，E2脱離の立体化学を考えるときにニューマン投影式を書かないのは，それらについてまだなじんでいないということである．ニューマン投影式は完璧である．

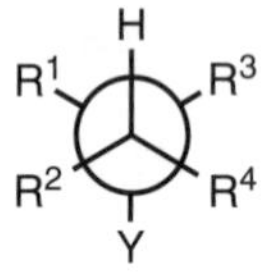

水素とY基はアンチペリプラナーの位置にあることは見てとれる．ここで図に示すように二つの炭素原子に四つの異なる基が置換しているとすると，R^1 と R^2 および R^3 と R^4 は二重結合の同じ側になる．

水素とY基を引き離して分子を平たくすることを想像してみよう．

次に二つの仮想的な反応を示す．この二つの反応の生成物は立体異性体である．

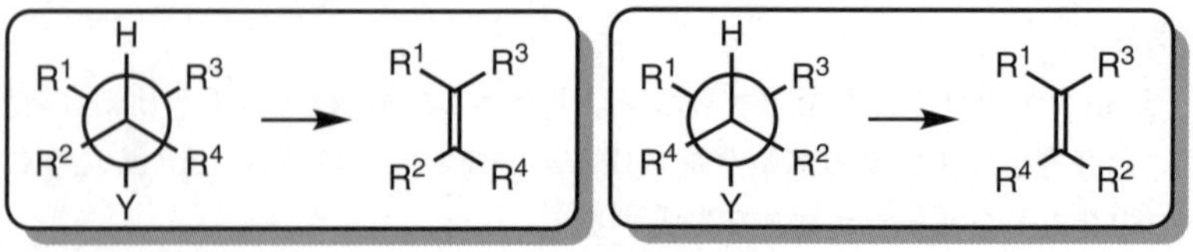

それぞれの出発物にステレオジェン中心が二つ存在する．これらはジアステレオマーである．どちらのジアステレオマーを出発物として用いるかにより，生成物として得られるアルケンは異なる．したがってどちらか一方のアルケンがほしい場合には，対応する出発物のジアステレオマーをどのように合成するか知っておく必要がある．

E2脱離の立体化学についてはこれで当面は十分である．これについては**応用4**で再度取上げる．

E1cB 機構をより詳細に

　E1，E2 機構は脱離反応の最も一般的なものである．これらに加えて，**基本的反応様式 2**（p.47）で簡単にふれた三つ目の反応機構として E1cB 機構がある．ここでは一例を示すにとどめるが，この例はいくつかの重要な事項を含んでいる．

　反応の最初の段階を示す．塩基としてピペリジンを用いる．カルボアニオンが生成するが，これはカルボアニオンが（比較的）安定な場合に起こる．ピペリジンは単なるアミンであり，強塩基ではないことに注意しよう．

　上記の例では，カルボアニオンは芳香族性をもつ．ヒュッケル則については基礎 10（p.59）で学んだ．このカルボアニオンは π 電子を 14 個もち，$4n+2$ 則の $n=3$ の場合に相当する．

　ここまでは脱離反応ではない．次の段階で脱離が起こり，アルケンが生成する．

　E1cB 反応自体はこれで終わりである．アルケンが生成物として得られる．しかしここで副産物について簡単にみておこう．

　窒素原子に脱プロトンしたカルボキシ基が置換している．この構造はあまり安定ではなく，脱炭酸が起こり分解する．これにより非常に不安定な N^- が生じることになるが，CO_2 の脱離とともに窒素原子がプロトン化されるため問題ない．なお，次の反応機構は塩基存在下でプロトンそのものが存在することを意味しているのではない（この反応は塩基性条件で起こることを思い出そう）．ここではプロトン源が何らかの形で存在するということを示しているだけである．

おそらく最初の段階でプロトン化されたピペリジンがプロトン源となりうるだろう．

　E1cB 反応に話を戻そう．反応速度式はどうなるであろうか．この反応は一次反

応だと考えたかもしれないが，律速段階の前に塩基と基質が関与しているので，この二つが反応速度式に含まれる．

反応速度 ＝ k[基質][塩基]

律速段階が単一分子の反応なので E1cB 機構†という．塩基の量を増やすとカルボアニオン中間体の濃度が増加する．したがって反応するカルボアニオンがより多く存在し，反応速度も大きくなる．

E2脱離の位置選択性

一般に脱離反応で2種類以上のアルケンが生成しうる場合，より安定な構造異性体（より置換基の多いアルケン）が主生成物として生じる傾向がある．次に単純なE2脱離の例を示す．

この反応条件ではより置換基の多いアルケンがより速く生成するので，このような結果となる．最も速く生成するということは，その活性化エネルギーは最も小さいということである．

脱離反応の遷移状態は，C−H 結合の σ 軌道と C−I 結合の σ* 軌道の重なりにより安定化される．これは電子効果である．

ここで特殊な例をみてみよう．少し複雑なので，はじめは理解できなくてもかまわない．次の反応は先に示したものとほとんど同じである．しかしここでは異なる構造異性体が生成物として得られる．

異なる二つの構造異性体が生じうる場合，より置換基の多いアルケンが優先して生成するという規則について先に述べた．その規則が早速ここで破られている．通常と異なる反応性や選択性が発現した場合，それをどのように解析するかが重要である．

これが立体的な効果であると考えるのは非常に難しいだろう．フッ素はヨウ素よりずっと小さいが，塩基はヨウ素の置換した基質ではより混み合った位置のプロトンを引抜いている．これが立体的な理由によるのであれば，結果は逆になるはずである．

すなわち，これは電子効果に違いない．

ヨウ化物イオンを脱離基とする場合にはさほど問題はない．これは明らかに E2脱離であり，最も安定な（最も置換基の多い）アルケン生成物を与える．遷移状態はかなり二重結合性を帯びており，二重結合を安定化する要因が遷移状態も安定化する．

フッ素ではどうだろうか．フッ素は非常に電気陰性度が大きいので，右に示すように周辺のC−H結合をすべて分極させる．しかもそのうちの一方が他方よりもより大きく分極している．どちらがより大きく分極しているだろうか．

C−H結合の分極の度合が大きいほど，水素原子はより電気的に陽性に，炭素原子はより電気的に陰性になる．すなわち，部分負電荷をより安定化できる炭素を含むC−H結合の方が，より大きく分極しやすい．

極端な場合として完全な負電荷を考えよう．図の右側のプロトンを引抜くと第一級カルボアニオンが生じる．これは左側のプロトンを引抜くと生じる第二級カルボアニオンよりも安定である．したがって，ここでは右側のプロトンが優先的に引抜かれ，反応式に示した末端アルケンが生成する．非常に電気陰性度の大きい置換基の存在によって，選択性が変化するよい例である．

水素がまず先に引抜かれるとはいっていない．完全にアニオンとなった化学種の安定性と，C−H結合の分極により生じる部分的な負電荷の安定性とを関連づけているだけである．実際この反応はほとんどE1cB反応といってもよいものになっている．複雑な考え方ではあるが，時間をかけて理解してほしい．

発展4（次節）で，E1，E2，そしてE1cB機構を明確に別のものとして区別して定義するのではなく，多くの反応はそれぞれの段階で結合切断と結合生成がどの程度起こっているか，という連続的な“反応機構のものさし”上にあるという考え方を学ぶ．上記の例ではC−H結合は大きく伸長しているが，切断されてカルボアニオン中間体を生じるほどではないということである．

基礎16(p.77)の終わりの方で述べたことをもう一度確認しよう．完全な負電荷の安定化に関して学んだことはすべて，部分的な負電荷の安定化にも適用できる．

ホフマン則 vs ザイチェフ則

1875年ザイチェフは，脱離反応で二つの構造異性体が生成可能である場合，置換基の数がより多い生成物が主として得られるという事実を法則化した（**ザイチェフ則**）．

ザイチェフ則 Zaitsev's rule,
Zaitsevは Saytzeff あるいは Saytzev とも書かれることがある

これはすでに学んだように一般的な法則であり，E2反応の大半はこの傾向に従う．

これと直接矛盾することとして，ホフマンは，第四級アンモニウム塩からの脱離反応は置換基のより少ないアルケンを主生成物として生じることを見いだした（**ホフマン則**）．

ホフマン則 Hofmann's rule

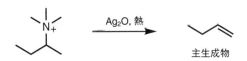

このどちらも正しいということはありえるのだろうか．

これらは実験事実であり，したがって明らかに両方とも正しい．これらの反応において脱離基の性質は大きく異なっている．ホフマンの例の第四級アンモニウム塩は強力な電子求引基であり，上述の2-フルオロブタンの例により近いという考え方があるかもしれない．または，第四級アンモニウム塩はより混み合っているので，

もちろんこれは2-フルオロブタンには適用できないので，電子的な要因が支配的になる場合も明らかに存在する．

より空いている位置のプロトンが引抜かれたとも考えられる．これらは昔からなされてきた議論であり，現在では後者の立体的な要因によるという解釈が主流となっている．

 発展4

反応機構の連続性

　ここまでの置換反応と脱離反応の機構についての議論の大部分は，その反応がS_N1，S_N2，E1，E2またはE1cB機構のどれであるかという点に焦点を当てて述べてきた．そのため，ある反応機構を考えるときに五つのうちのどれであるか，区別して考えるようになっているだろう．しかし，実際の反応はもっと複雑であり，かつ見方によってはもっと単純である．

　分子が分類されているわけではない．エネルギー的に最も有利になるように振舞うだけである．

置換反応をより詳しく考える

　キラルな化合物の単一のエナンチオマーのS_N1反応は，ふつうラセミ化を伴って進行する，と説明されることがよくある．**反応の詳細2**の終わり（p.152～153）で，これが必ずしも正しくないことを学んだ．

　多くの場合，立体化学が反転したものがやや多く生成する．ラセミ化という用語を厳密に使うには，それぞれのエナンチオマーが等量生成する必要があることを思い出そう．

　単純な考え方として，反応の一部はS_N1機構（ラセミ化）で，残りはS_N2機構（反転）で進行するとみなすことができる．

　これは真実に近いが，完全に正しいわけではない．

　思考実験を行ってみよう．比較的安定なカルボカチオンを生じることのできるハロゲン化アルキル（R–X）があるとする．C–X結合の結合距離を徐々に長くしていき，最終的には切断する．

　ここで鍵となる問いかけである．求核剤はいつ攻撃するだろうか．

　R^+とX^-が完全に別々になって溶媒和され，キラリティーに関する情報がすべて失われてから求核剤が攻撃すれば，疑いなくラセミ体の生成物が得られる．

　それではもしR–X結合が80%切断した時点で（これが実際何を意味するにせよ）求核剤が攻撃するのを待てないとすると，結果はどうなるだろうか．求核剤はどこを攻撃するだろうか．反応の性質がかなりS_N1的であるにしても，求核剤は脱離基の反対側から攻撃する方が容易であろう．すなわちS_N2反応と同じような結果になる．

　100%純粋なS_N1反応は非常にまれである．これには安定なカルボカチオン中間体の生成と適切な溶媒が必要である．100%純粋なS_N2反応の結果を与える反応は

（ここでは微妙に表現を変えていることに注意しよう）きわめてよくみられる．なぜなら純粋にS_N1反応でない置換反応は，結果としてS_N2反応の生成物を生じるからである．

> ほとんどS_N1機構（ほとんどラセミ化する）で進行する反応では，分子の大部分は平面形のカルボカチオンを生じるが，カルボカチオンが完全に生じる前に反応してしまう一部の分子（求核剤が反応するのを待てないので）に対してはS_N1的な性格をかなりもちつつも反転が起こる．

　理論計算の結果とともにこれをもう少し詳しくみてみよう[†]．ここではS_N2反応が起こった場合の遷移状態を比較する．もちろん，t-BuBr の置換反応は明らかにS_N2反応ではない．ここに示したのは，仮にS_N2反応で進行するとしたらその遷移状態はどのようになるかという計算結果にすぎない．

　表に示したデータは，一連の臭化アルキルの塩化物イオンによる置換反応の遷移状態を比較したもので，鍵となる原子間距離と炭素上の電荷が示されている．

$$R-Br \ + \ Cl^- \ \longrightarrow \ R-Cl \ + \ Br^-$$

R	C−Cl 結合距離 (nm)	C−Br 結合距離 (nm)	炭素上の電荷
CH_3	0.2435	0.2472	−0.395
CH_2CH_3	0.2460	0.2587	+0.390
$CH(CH_3)_2$	0.2578	0.2674	+0.888
$C(CH_3)_3$	0.2859	0.3057	+1.441

　ここで，臭化メチルの置換反応は純粋なS_N2反応であるとしよう．したがって0.2435 nm は C−Cl 結合が 50% 生成した状況に対応している．同様に，0.2472 nm は C−Br 結合が 50% 開裂した状況に対応している．

> 出発物および生成物の C−Br 結合と C−Cl 結合の距離は同じではないので，遷移状態でもそれぞれの結合距離が異なるのは当然である．

　遷移状態での原子上の電荷についても知ることができる．電荷は計算で求められたものなので，その値の絶対値から多くのことを読み取ろうとしてはならない．しかし，この臭化メチルの反応がS_N2機構であり，遷移状態で明らかに炭素上の負電荷が増大することが予想される．

　表の最後の結果を見てみよう．臭化t-ブチルの置換反応では，C−Cl 結合も C　Bₗ結合もその結合距離はずっと長くなっている．これはきわめて妥当な結果である．t-ブチル基の三つのメチル基はS_N2反応の遷移状態を立体的に混み合ったものにし，また電子的にも置換が起こる炭素上の電子密度を増大させるので，単純に考えるとS_N2反応の遷移状態を不安定化するように思える．ここで臭化t-ブチルの遷移状態の構造を臭化メチルの場合と比較すると，C−Br 結合の切断がより進み，C−Cl 結合の生成がより遅れているため，この炭素が大きい正電荷をもつようになる（表中の正電荷は +1 を超えている）．したがって，メチル基はこの正電荷を安定化し，さらに結合距離が伸びることで立体反発が軽減される[†]．

[†]　他の章で述べる計算と同様，DFT 法（B3LYP/6-31＋G*）により計算した．何のことかわからないかもしれないが，気にする必要はない．

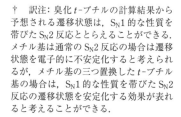

[†]　訳注：臭化t-ブチルの計算結果から予想される遷移状態は，S_N1的な性質を帯びたS_N2反応ととらえることができる．メチル基は通常のS_N2反応の場合は遷移状態を電子的に不安定化すると考えられるが，メチル基の三つ置換したt-ブチル基の場合は，S_N1的な性質を帯びたS_N2反応の遷移状態を安定化する効果が表れると考えることができる．

この表の結果は S_N2 反応の遷移状態の計算を行ったものであるが，S_N1 的な性質もかなり存在する．実際には第三級ハロゲン化アルキルの置換反応は（反応条件にもよるが）S_N1 機構であると考えられるので，これは当然の結果である．

次に表の残りの二つ，臭化エチルと臭化イソプロピルを見てみよう．原子間距離と電荷に明確な傾向が存在する．

S_N2 機構であった置換反応が，徐々に S_N1 的な性質をもつようになる．ここでも求核剤は脱離基の反対側から攻撃している．基質が単一のエナンチオマーであれば，立体配置は反転すると考えられる．

"この置換反応は S_N1 あるいは S_N2 のどちらか"という重要な問いかけを続けつつ，反応機構は S_N1 あるいは S_N2 のどちらかといった絶対的なものでなく，連続的に変わるものであるという考え方も身につけてほしい．純粋な S_N1 反応は，非常に安定なカルボカチオン中間体を生成する必要があるので，非常にまれである．S_N2 反応の特徴をすべて（1段階，中間体なし，立体配置の反転）示す置換反応でも，遷移状態では結合の切断が生成よりも速く進んでいるかもしれない．また，置換基の存在によって，反応の S_N1 的な性質が変化することもある．

これについてあまりこだわらないでほしい．これらはあまりなじみのない考え方であり，慣れるのに少し時間がかかる．この考え方が気に入らないか，あるいはよく理解できない場合には，そのまま先に進んで後でもう一度戻ってきてもよい．経験を重ねるにつれて，これが反応機構が変化する際の自然な考え方であることがわかるだろう．

モアオフェラル-ジェンクス図

モアオフェラル-ジェンクス図
More O'Ferrall-Jencks diagram

反応機構間のスムーズな変化を表すよい方法がある．**モアオフェラル-ジェンクス図**である．これについてあまり詳しくは述べないが，こういったものがあること，そして何を教えてくれるかを知っておいてほしい．

次に示すのは S_N1 反応と S_N2 反応のモアオフェラル-ジェンクス図である．青い対角線は"完璧な" S_N2 反応である．R−Br 結合の切断と R−Cl 結合の生成が同時に起こる．一方，灰色の線は S_N1 反応を示しており，R−Br 結合が切断してから R−Cl 結合が生成する．

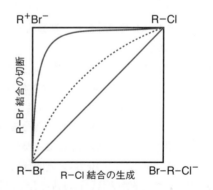

脱離反応のモアオフェラル-ジェンクス図を書いてみよう．まず，右の図を出発点として用いよう．右下にはどのような機構が対応するだろうか．

青の破線は S_N2 反応に近いが S_N1 的な性質ももっている場合である．R−Br 結合の切断が R−Cl 結合の生成よりもわずかであるが先に起こる．もちろんこの図

の右下は，図に示したようなアニオン性中間体を生成することはできないので空白である．このような（会合的）機構はd軌道が関与できる第3周期の元素（たとえばリン）でみられる．

 基 礎 34

置換基の数が多いアルケンほど安定である

置換基の数が多いアルケンがより安定であることは，広く受け入れられている．言い換えると，より置換基の多いアルケンを生成する反応ほど ΔH が低く，より起こりやすい．

しかし，もっと大きな視点で見ることが大切である．ある反応が二つの異なる生成物を生じうるとき，最も安定な生成物をより多く生じることが非常に多い．この例は，脱離反応について述べた反応の詳細4（p.206）で学んだ．また，ときにこれとは逆のことが起こる例についても学び，なぜそのようなことが起こるかについて考察した．本節ではこれらをふまえて，置換様式の異なるアルケンの反応性について考える．一方のアルケンが他方よりも安定だからといって，より安定なアルケンの反応性が低いとは限らない．

アルケンのプロトン化を例に，これについて説明する．

なぜ置換基の多いアルケンの方がより安定か

ここでは単純にアルキル置換基，具体的にはメチル基についてのみ考える．以下に七つのアルケンを示す．

$$\underset{\textbf{1}}{\overset{H}{\underset{H}{>}}C=C\overset{H}{\underset{H}{<}}} \quad \underset{\textbf{2}}{\overset{H}{\underset{H_3C}{>}}C=C\overset{H}{\underset{H}{<}}} \quad \underset{\textbf{3}}{\overset{H_3C}{\underset{H_3C}{>}}C=C\overset{H}{\underset{H}{<}}} \quad \underset{\textbf{4}}{\overset{H}{\underset{H_3C}{>}}C=C\overset{H}{\underset{CH_3}{<}}}$$

$$\underset{\textbf{5}}{\overset{H}{\underset{H_3C}{>}}C=C\overset{CH_3}{\underset{H}{<}}} \quad \underset{\textbf{6}}{\overset{H_3C}{\underset{H_3C}{>}}C=C\overset{CH_3}{\underset{H}{<}}} \quad \underset{\textbf{7}}{\overset{H_3C}{\underset{H_3C}{>}}C=C\overset{CH_3}{\underset{CH_3}{<}}}$$

これらのアルケンの安定性を直接比較するのは簡単ではない．化合物 **3**, **4**, **5** は互いに異性体なので，生成熱を直接比べることでどれが一番安定か決めることができる．しかし，**5** と **7** の生成熱を比べることは無意味である．代わりに，これらの化合物の水素化反応の ΔH を比べる．基礎20（p.104）で共役による安定化を確かめるために行った方法である．

ここで数値を示すつもりはないが，**1** が最も不安定で **7** が最も安定であることがわかる．

アルキル置換基が増えるほど，アルケンは安定になる．

化合物 **2** は **1** よりも少しだけ安定である．**6** は **7** よりも少しだけ不安定である．具体的な数値で示すと，化合物 **2** は **1** よりも約 $10\,\mathrm{kJ\,mol^{-1}}$ 安定である．**7** は **6** よりも約 $2\,\mathrm{kJ\,mol^{-1}}$ 安定である．この安定化は何に起因するものだろうか．

立体効果でなければ，電子効果である．

　この安定化は電子効果によるものである．**基礎 16**（p.74）でメチル基が電子供与性を示すことを学んだ．**よくあるまちがい 3**（p.96）では，それはメチル基が電子を供与する部位があるかどうかによることも学んだ．この場合は，そのような部位が存在する．アルケンには π 結合と対応する空の π^* 軌道がある．メチル基の C－H 結合から π^* 軌道への電子の供与により，系全体のエネルギーが低下する．これを示すのに二つの方法がある．軌道の絵を書くか，軌道のエネルギー図を書くかである．

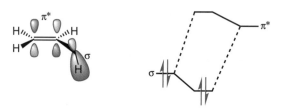

軌道が重なるのに適した対称性をもたない場合は，二つの軌道間の相互作用を軌道のエネルギー図で書こうとするのは意味がない．

　この場合は相互作用が存在する．同様に安定化効果が生じない場合，軌道の相互作用の図を書いても意味がない．両者のいずれの考え方も同様に重要である．

電子効果でなければ，立体効果である．

　エチレンにメチル基が一つ置換すると $10\,\mathrm{kJ\,mol^{-1}}$ 安定化されるのに対し，四つ目が置換しても $2\,\mathrm{kJ\,mol^{-1}}$ しか安定化されないのはなぜだろうか．これは立体的な効果である．メチル基が四つ置換すると，かなり混み合うようになっている．それでもいくらか安定化されるが，期待したほどの安定化効果は得られない．

　非常にかさ高い置換基を導入する場合には，置換基が多い方がより安定であるという規則どおりにはならないことがある．何も考えずに規則をあてはめるのではなく，原理を理解することが大切である．

　次に三つの二置換アルケン **3, 4, 5** の相対的な安定性を考えてみよう．アルケン **4** と **5** ではそれぞれ二つのメチル基はアルケンの異なる炭素に置換しており，**4** では同じ側に置換している（シスあるいは *Z*）．こちらの方がより混み合っており，**4** の方が **5** より約 $4\,\mathrm{kJ\,mol^{-1}}$ 不安定である．1,1-二置換アルケン **3** は **4** とほぼ同程度の安定性である．

　これらのエネルギー差は比較的小さいが，反応性に違いを生じさせることがある．

より安定なアルケンは反応性が低いか

　これから述べることに関わるエネルギー差は安定性の差よりも大きいので，より重要である．非共役系の反応性と比べながら共役系に備わる反応性について述べたのと同様の議論を行う（**基礎 21**, p.107）．十分注意して理解しよう．

次の二つのプロトン化反応について考える.

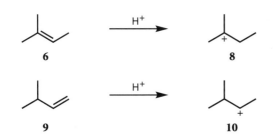

それぞれの反応の巻矢印を書け. それぞれの反応の位置選択性（基礎27, p.159），すなわちなぜもう一方のカルボカチオンではなくここに示したカルボカチオンが生成するのか，説明してみよう.

アルケン部位に直接付いているアルキル置換基が二つ多いため，アルケン **6** はアルケン **9** よりも約 $15 \, \mathrm{kJ \, mol^{-1}}$ 安定である. しかしカルボカチオン **8** は第三級である. これは第二級カルボカチオンである **10** よりも相当安定である. 発展 2（p.92）の表より，このエネルギー差はおよそ $60 \, \mathrm{kJ \, mol^{-1}}$ である. この値は気相での計算に基づいていることを思い出してほしい. おそらく実際のエネルギー差はこれより小さいだろうが，それでも $15 \, \mathrm{kJ \, mol^{-1}}$ よりはずっと大きいだろう.

アルケン **6** の反応はエネルギー的にはそれほど吸熱的ではないだろう.

この反応のエネルギー図を書け. まずアルケンとカルボカチオンを書き，ハモンドの仮説に基づいてエネルギー障壁の高さを考えよう（基礎19, p.102）.

反応エネルギー図からアルケン **6** の方が反応性が高いと推測できなければならない. これは妥当だろうか. なお，アルケン **6** と **9** は一つの脱離反応で生成可能で，アルケン **6** の方が多く生じると考えられる.

どんな反応においても，置換基の多いアルケンの方が反応性が高いといえるだろうか. 端的に答えると"否"である. これはカルボカチオン中間体を生成するアルケンの反応にのみ適用可能である. もっとも，アルケンの反応の多くはカルボカチオン中間体を経由するので，これらには適用できる. カルボカチオン中間体を経由しない水素化反応などは立体的要因により大きく左右されるため，置換基の多いアルケンの方がより反応性が高いとは限らない.

すべての反応において，二つの出発物の相対的な安定性だけでなく，全体の反応のエネルギー図を考えなければならない.

アルケン **6** と **9** を生じる脱離反応の例を書いてみよう.

基礎 35
アニオン種を含む反応のエンタルピー変化

次の二つの記述は一見相反している. どうしたら両方とも正しいということがあ

りえるだろうか．実は細部に落とし穴がある．

アルケンに対する HBr の付加反応は発熱反応である．
HBr が脱離してアルケンを生成する反応も発熱反応である．

基礎 13（p.64）のデータを用いてこの反応のエンタルピー変化を計算してみよう．

エチレンに対する HBr の付加反応を示す．この反応は 53 kJ mol^{-1} の発熱反応である．

次は脱離反応である．エトキシドイオンを塩基として用いる．

ここでの結合生成反応は付加反応とは少し異なるが，エンタルピー変化を計算するにあたりより大きな問題がある．臭化物イオンはエトキシドイオンよりも安定である．アニオン種の安定性をどのように定量的に評価すればよいのだろうか．

この問いに対する信頼できる尺度がある．pK_a である．

エンタルピーを計算する際に pK_a を考える

上記の脱離反応においては，C−H 結合，そして C−Br 結合が切断される．一方 C=C 結合と O−H 結合を生成する．そして負電荷はエトキシドイオンから臭化物イオンに移動している．

次に HBr とエタノールの酸塩基平衡と対応するそれぞれの pK_a を示す．臭化物イオンはエトキシドイオンよりもずっと安定である．両者の pK_a の差は 25 である．

$$HBr \;\rightleftharpoons\; H^+ \;+\; Br^- \qquad pK_a \;\; -9$$

$$EtOH \;\rightleftharpoons\; H^+ \;+\; EtO^- \qquad pK_a \;\; 16$$

この二つの平衡反応式を一つにまとめてみよう．

$$EtO^- \;+\; HBr \;\rightleftharpoons\; EtOH \;+\; Br^-$$

pK_a は対数目盛なので次のように定義される．

$$pK_a \;=\; -\log_{10}K_a$$

よってこの平衡反応の平衡定数 $K = 10^{25}$ と予想される．

平衡定数と自由エネルギーは次式に示す相関がある．

$$\Delta G \;=\; -RT\ln K$$

この平衡では，原系と生成系にそれぞれ二つの化学種が存在するので，ΔS は（近

似として）ほぼ 0 に近いと考えることができる．したがって $\Delta G = \Delta H - T\Delta S$ の式より $\Delta H \approx \Delta G$ である．よって $T = 298\,\mathrm{K}$ のとき，エンタルピー変化 ΔH は以下のように計算できる．

$$\Delta H = -RT\ln K = -RT\ln(10^{25}) = -143\,\mathrm{kJ\,mol^{-1}}$$

計算をするときには必ず，その結果が妥当かどうかを確認することが大切である．上記の計算結果は結合解離エネルギーと同じオーダーである．仮に得られた値がわずか数 $\mathrm{J\,mol^{-1}}$ であったならば，その値では脱離反応のエンタルピー変化の値に違いはほとんど生じないだろう．一方メガ $\mathrm{J\,mol^{-1}}$ であれば，逆に他の結合の切断や生成によるエンタルピー変化は問題でなくなるだろう．ここで得られた結果は，適度なものである．

再度脱離反応の式をみてみよう．C−H，C−C，C−Br 結合が切断され，C＝C と O−H 結合が生成しているが，$\mathrm{p}K_a$ の値より $143\,\mathrm{kJ\,mol^{-1}}$ 余分にエネルギーを得ている．この反応のエンタルピー変化は次のとおりである．

$$\Delta H = (410 + 350 + 270) - (611 + 460 + 143) = -184\,\mathrm{kJ\,mol^{-1}}$$

基礎 13 に戻ってそれぞれの数値がどの結合に由来しているか確認しよう．

これを見て追加の $143\,\mathrm{kJ\,mol^{-1}}$ はなくてもよいと感じるかもしれない．数学的には確かにそのとおりである．しかしこれを考慮しないと EtOH は生成していないことになる．エンタルピー変化を正しく理解するためには，酸・塩基反応を含んだより大きな視点で見る必要がある．

これらの計算では $\log_{10}$ と $\ln$（自然対数）の両方が使われていることに注意しよう．化学者として，これらの意味するところを知っておく必要がある．

この計算を異なる塩基を用いて繰返してみよう．そして $\mathrm{p}K_a$ が反応のエンタルピー変化にどのように影響するか確認しよう．次式を用いると計算が簡単になる．$\ln(10^x) = x\ln10 = 2.3x$．いくつかの塩基の $\mathrm{p}K_a$ を調べ，妥当な結果となるかどうか確認しよう．

応用 4

脱離反応の立体化学

反応の詳細 4（p.202）では，電子的な要因（軌道の重なり）によって支配される脱離反応の立体化学について説明した．本節ではこの応用について述べる．ここでは議論を一般化する前に，一つ目の例として橋頭位のアルケンに焦点を絞る．

橋頭位のアルケン

架橋化合物は一つあるいはそれ以上の原子で架橋した環をもつ化合物である．**縮合化合物**とは明確に異なる．次の二つの化合物でその違いについて確認しよう．架橋部分の炭素原子は**橋頭位**とよばれる．

架橋化合物 bridged compound
縮合化合物 fused compound
橋頭位 bridgehead

架橋化合物

縮合化合物

4

分子模型で橋頭位にアルケンが存在する次の化合物をつくってみよう（あるいはつくろうとしてみよう）.

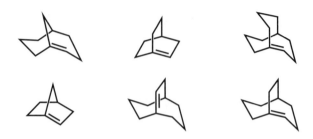

分子模型をつくることができない場合は，その理由をよく考えよう．二重結合の炭素原子は sp² 混成であり，平面構造をとらなければならない.

橋頭位のアルケンと E1 脱離

まず橋頭位のアルケンについて E1 脱離の反応機構を考えてみよう．仮に E1 脱離で生成するとした場合に経由するカルボカチオンを次に示す（**1〜5**）．いずれも第三級カルボカチオンであり，したがってみな安定なはずである．もちろん平面に近い構造をとることができればである.

これはアルケンを得ようとする場合に用いられる前駆体に関する仮説であるが，妥当な仮説である．E1 脱離を起こすには第三級カルボカチオンの生成を考えるのが最もよい.

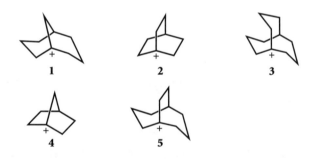

基礎 17（p.80）で，カルボカチオン **4** はひずみのため平面構造をとれないことを学んだ．発展 2（p.94）ではカルボカチオン **2** について説明し，比較的安定であることを学んだ．これに基づくと，他のどのカルボカチオンが安定であると期待できるだろうか.

加えて，脱離反応は起こるだろうか.

反応の詳細 4（p.202）で，E1 脱離が起こるには二重結合を生成するために効果的に軌道が重なるよう，カルボカチオンの空の p 軌道と並ぶように位置する C−H 結合が必要であることを学んだ.

これはカルボカチオンを安定化するのと同じ重なりであり，自然に同じ結論に到達するはずである[†].

分子模型をつくってみよう．どこに空の p 軌道があるか，また同一平面上に位置

† 混乱するかもしれないが，隣接する C−C 結合も適切に位置すればカルボカチオンを安定化することができる．しかしその後，二重結合を生成することはない.

するC−H結合があるかどうかを確認しよう．ここではまだ答えを示さない．

橋頭位のアルケンとE2脱離

　次はE2脱離の反応機構を考えてみよう．反応の詳細4（p.204）で，E2脱離が起こるには，引抜かれるプロトンと脱離基は軌道が重なりうるアンチペリプラナーの位置関係をとる必要があることを学んだ．次の化合物の分子模型をつくり，C−Br結合が隣接する炭素のC−H結合（すべての隣接する炭素のすべてのC−H結合）とアンチペリプラナーの位置関係となりうるか確かめてみよう．

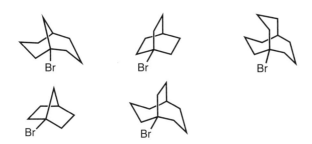

　E1反応と機構は異なるが，ここでも同じことを確認しようとしている．なぜならば，脱離反応では必ず二重結合が生成するからである．

橋頭位のアルケン: ブレット則

　二環性化合物では，環に橋頭位を除いて七つ以上の原子が存在しない限り，橋頭位に二重結合をもつ化合物を得ることはできない．この規則は**ブレット則**とよばれる．

ブレット則 Bredt's rule

　おそらく分子模型をつくれば，このような規則がなくてもなぜそうなるか理解できるだろう．橋頭位に二重結合を導入しようとすると，非常にひずみが大きくなる．π結合を生成するのに必要なp軌道の重なりを得ることは決してできないだろう．

　なぜこれらの化合物が生成できないのかを理解する必要がある．不安定だからである．本来π結合がもつべき安定性が得られないのである．ブレット則は偉大なものであるが，さまざまな他のことと同様，一度その内容を理解すれば，規則の名称にこだわる必要はない．

E2脱離の立体化学

　次に脱離反応の立体化学に関するもう一つの側面をみてみよう．本項で示すのは，アンチペリプラナーの遷移状態をとることから導き出される直接的な結果である．基本的なことを理解していれば，これらのことはすべて予想できるはずである．

　次の二つの臭化物は脱離反応で次ページに示した生成物を与える．さらに化合物

次に示すのは一つの例である．この項を単に読むだけですませないでほしい．構造を書き，結果を予想できるか確かめよう．

6 の脱離反応は化合物 **7** の反応よりも遅い.

反応機構の理解が正しければ，これらの結果を説明するのに必要な情報はそれほど多くない．生成物の立体化学を説明できるが，反応速度の結果を説明できなければ，その説明は不完全（あるいは誤り）である.

　まずはじめに，反応は E1 機構でも E1cB 機構でもない．いずれの場合も二つの反応で同じ立体化学の生成物を与えるはずだからである．なぜそうなるかは自分で確かめておこう.

　したがって，この反応は E2 機構であり，引抜かれる水素と脱離基であるブロモ基がアンチペリプラナーとなるような立体構造を示せばよいことになる．すべてはこの構造から導き出されるはずである.

　まず化合物 **6** について省かれている水素原子を書き加える.

　この次にどうするかは人それぞれである．はじめは化合物の模型をつくり，結合を回転させ，正しいニューマン投影式を書けるようにするのが簡単だろう．しかしここではより難しい方法を試してみよう.

　この分子を左側から，中央よりやや上の位置から C−C 結合をまっすぐ見下ろすように見ると次のようになる．見ている方向から手前の炭素原子に結合した水素原子は左側，メチル基は右側に位置し，奥の炭素原子に結合したブロモ基は左側，水素原子は右側に位置する.

　しかし，手前の炭素原子に結合した水素原子と奥の炭素原子に結合したブロモ基はアンチペリプラナーの位置関係にはない．水素と臭素が垂直面上にある方がわか

りやすいので，手前の炭素を 60° 時計回りに，後ろの炭素を 60° 反時計回りに回転させる．これで次のようになる．

分子模型を使うとずっと簡単にできる．

ようやく水素とブロモ基がアンチペリプラナーとなった．ここで二つの Ph 基は同じ側にあるので，生成物のアルケンの Ph 基はシスとなる．

　化合物 **7** については大幅に簡略化できる．化合物 **6** と **7** の唯一の違いは右側の（後方の）ステレオジェン中心の立体化学である．一方のステレオジェン中心のみを反転させるにはどうすればよいだろうか．二つの置換基を交換すればよい．上記の化合物 **6** の Ph 基と水素を交換することで，化合物 **7** のニューマン投影式を正しく書くことができる．今度は Ph 基と水素が同じ側にある．

$$\underset{\textbf{6}}{\text{(Newman projection)}} \qquad \underset{\textbf{7}}{\text{(Newman projection)}}$$

　この反応についてはもう少し深く考察することができる．Web 掲載の**演習問題 3** でこれらの反応の反応速度について考える．

　脱離反応の立体化学については，これ以上新しい概念はない．化合物の分子模型をつくり，それらを注意深く見ることで，新しい例すべてを理解することができる．**応用 5**（p.220）でシクロヘキサンの化学を学ぶときにもう一度考える．その前にもう一つだけ学んでおくべきことがある．

 基礎 36

立 体 特 異 性

立 体 特 異 性

　ここで，**立体特異性**の概念をきちんと理解しておこう．

立体特異性 stereospecificity

> 立体特異的な反応とは，出発物と生成物それぞれに立体異性体が存在し，出発物と生成物の立体化学の関係が反応機構により一義的に決まる反応である．

　すでにいくつか立体特異的な反応について学んでいる．S_N2 反応は求核剤が脱離基の反対側から攻撃して進行するので，単一のエナンチオマーを出発物として用いれば立体反転した生成物のみが得られる（**反応の詳細 2**, p.151）．軌道がうまく重なるためには，求核剤は背面から攻撃しなければならない．E2 脱離は二つの脱離基がアンチペリプラナーとなる遷移状態を経由して進行する．すでに**応用 4**（p.217）で学んだように，この結果としてしばしば単一の二重結合の異性体が生成物として

得られる．これについては反応経路と他の遷移状態が可能かを考慮することで一般化できる．

S_N2 反応の場合は，求核剤が攻撃する際，立体保持の結果を与える遷移状態は非常にエネルギーが高く起こりえない．E2 脱離の場合は，立体特異性は π 結合を生成するのに必要な軌道の重なりの結果として発現する．なお，二つの脱離基がシンペリプラナー（同じ側）であっても，（それほど大きくはないが）ある程度の軌道の重なりが生じる．シンペリプラナー脱離（単にシン脱離ともいう）も可能だが，そのエネルギー障壁は高い．

熱分解条件で起こるシン脱離の例が知られており，ふつう高温に加熱する必要がある．

立体選択性

二つ（あるいはそれ以上）の立体異性体の生成が可能であるが，一方を他方よりも多く生じる場合，それは立体選択的反応（**基礎 28**, p.159）であり，立体特異的反応ではない．この場合，一方の反応経路が他方よりも有利（エネルギーが低い）である．

ある反応が二つの異なる立体異性体を生じる可能性があるが，実際に反応を行うと（検出できる限りにおいて）一つの生成物しか生じない場合，その反応は非常に立体選択性の高い反応であるが，それでも立体特異的な反応ではない．"立体特異的"という用語は，反応機構に基づいた直接的な結果として，一つの立体異性体しか生成しえない反応に用いる．

応用 5

シクロヘキサンの脱離反応

本節では，**応用 3**（p.187）で置換反応について行ったのと同じように，脱離反応について知っていることをシクロヘキサンの反応に適用する．立体的，および電子的な効果について考え，E1 および E2 脱離の機構で反応が進行すると，どのような結果になるか予想する．本節は**応用 3** と類似しているところが多い．同じ原理が同じ理由で適用できる．

繰返しになるが，シクロヘキサンは特別ではない．いす形のシクロヘキサンはほぼ完全に四面体形の炭素原子をもち，ねじれ形の立体配座をとっていることを思い出そう．ねじれ角はすべて 60° と 180° である．いす形の立体配座を一つに"固定"できる置換基を加えることで，一つの構造の反応性だけを考えればよくなる．

立体配座による構造的な制約は，E1 脱離よりも E2 脱離に大きな影響を与える．しかし基本的な原理は両者に共通して適用できる．

シクロヘキサンの E1 脱離

ここでの議論は S_N1 反応で述べたこととまったく同じである．これは驚くことではないだろう．それぞれの場合で律速段階は同じであることをすでに学んでいるので，異なっているのは"その次に何が起こるか"という点だけである．

次の二つのシクロヘキサン **1** と **2** を考えてみよう．*t*-ブチル基がいす形配座を固定するので，化合物 **1** ではブロモ基はエクアトリアル位に，**2** ではアキシアル位に位置する．

一点明確にしておこう．実際にはこの二つの化合物はいずれも E1 脱離は起こさない．臭化物イオンの脱離により第二級カルボカチオンが生じるが，これはそれほど安定でない．

上記に示したものがそれぞれの化合物で考慮すべき唯一の立体配座である．化合物 **1** のいす形配座を反転させると，二つの置換基がともにアキシアル位となる．これは非常に不安定である．化合物 **2** ではいす形配座を反転させるとブロモ基はエクアトリアル位になるが，*t*-ブチル基がアキシアル位となる．これも不安定である．ブロモ基は化合物 **1** ではエクアトリアル位に，化合物 **2** ではアキシアル位に存在する．これを変えることはできない．

 化合物 **1**，**2** の分子模型をつくり，立体配座について確認しよう．

 化合物 **1**，**2** を出発物として，E1 反応の反応エネルギー図を書いてみよう．ブロモ基がアキシアルの化合物の方がエクアトリアルのものよりも不安定(エネルギーが高い)である．しかし Br$^-$ が脱離して生じるカルボカチオンは同一のものである．

カルボカチオンの生成はいずれの場合も吸熱反応である．そしてその前に，カルボカチオンよりもエネルギーが（ほんの少し）高い遷移状態を経由する．

このことは反応の活性化エネルギーについて何を意味するだろうか．ハモンドの仮説に基づいて，カルボカチオンのエネルギーとその直前の遷移状態のエネルギーとを関連づけてみよう．

ブロモ基がアキシアル位をとる化合物の方が E1 脱離がより速く進行するという結論を出すことができただろうか．

これは応用 3 で S$_N$1 反応について学んだこととまったく同じである．

ここで同じ議論を繰返すつもりはない．応用 3 で学んだ内容がここでどのように適用できるか考えてみよう．2 段階目をみてみよう．次図に示すように，カルボカチオンに隣接する炭素からプロトンが脱離するだけである．

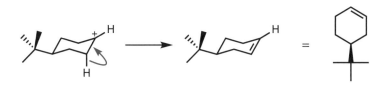

脱離するのはまちがいなくアキシアル位の水素である．アキシアル位の C−H 結合の方がカルボカチオンの空の p 軌道と効率よく重なることができるからである．しかし，この点を明確に示す反応例を見つけるのは容易ではない．

 これが正しいかどうか確かめることができる基質(一つでなくてもよい)を考えてみよう．

5

シクロヘキサンの E2 脱離

　同じ例で E2 反応について考えよう．実際，この化合物は E2 機構で脱離が進行する．水素と脱離基はアンチペリプラナーでなければならない．ブロモ基とアンチペリプラナーな関係にある結合を青で示す．化合物 **1** のように脱離基がエクアトリアル位にあると，アンチペリプラナーの位置に水素原子は存在しない．化合物 **2** ではアキシアル位のブロモ基に対しアンチペリプラナーの位置に二つの水素原子が存在する．

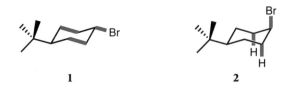

1　　　　　**2**

これらの化合物の分子模型をつくり，臭素原子のアンチペリプラナーの位置に何があるか確認せよ．

　したがってシクロヘキサンが 1,2 脱離を起こすには，水素原子と脱離基はどちらもアキシアル位をとらなければならない．シクロヘキサンあるいは関連するどの化合物についても，それぞれの置換基がアキシアル，エクアトリアルのどちらであるか明らかにできることは重要である．

　Br 基がエクアトリアルの場合，E2 脱離が進行するには，いす形配座が反転するしかない．この場合，環反転が起こると t-ブチル基がアキシアルとなるため，非常に不利である．

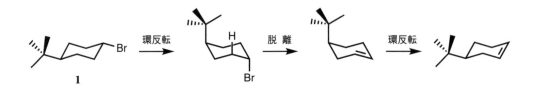

1　　環反転　　脱　離　　環反転

　この脱離反応の遷移状態のエネルギーは，いす形配座の反転に要するエネルギーが加わるため，より高くなる．すなわち，相対的に不利な立体配座からの脱離反応の遷移状態のエネルギーは，二つの立体配座間のエネルギー差が加わるため増大する．

　これを反応エネルギー図として書け．同じ図に二つの基質（ブロモ基が一方はアキシアル，もう一方はエクアトリアル）をおおよその相対的なエネルギー差がわかるように書こう[†]．そこにブロモ基がエクアトリアル位の基質の反転したいす形配座をおおよその正しいエネルギー差で書こう．次に遷移状態と生成物も追加しよう．必要に応じ，反転したいす形も書こう．

† 基礎 32 (p.193) の A 値を用いよ．

　エクアトリアル位に Br 基がある化合物 **1** から生成物に至る経路もあるが，アキシアル位に Br 基がある化合物 **2** から生成物に至る経路より非常に不利である．したがって，化合物 **1** の脱離反応はゆっくり進行するかあるいはまったく起こらない．一方，化合物 **2** は速やかに脱離反応が進行する．

　もう少し複雑な例をみてみよう．化合物 **3** は脱離反応により次の式に示した二つの生成物の混合物を与える．

両方の水素原子が OTs 基に
対しアンチペリプラナー

主生成物　　　　　　副生成物

　3 の構造は *t*-ブチル基がエクアトリアル位にあるので，この化合物の最も安定な立体配座である．OTs 基（トシラート基，**反応の詳細 1**，p.116）はアキシアル位にあるので，脱離反応は速やかに起こる．ここで脱離基（OTs 基）に対してアンチペリプラナーの位置にアキシアル水素が二つある．したがって脱離反応は二つの経路があり，異性体混合物を与える．主生成物はより安定な（置換基のより多い）アルケンである．

　化合物 **4** は **3** と比べると E2 脱離が進行するとしてもずっと遅い．また，仮に反応した場合，単一のアルケンが生成する．

より不安定な立体配座　　　唯一の生成物

　左側の構造では，化合物 **4** のすべての置換基はエクアトリアル位にある．OTs 基のアンチペリプラナー位には水素原子は存在しない．したがってこの安定な立体配座からの脱離は起こらない．OTs 基と水素原子が脱離する唯一の方法は OTs 基がアキシアル位をとることであり，そのためにはシクロヘキサンのいす形配座が反転する（エクアトリアル位の置換基がすべてアキシアル位になる）必要がある．したがってこの脱離反応の活性化エネルギーは大きく，その進行はきわめて遅い．なお，いす形配座が反転したとすると（構造 **5**），OTs 基に対しアンチペリプラナー位に水素原子が一つしかないため，単一の脱離生成物が得られる．

　この結果は重要である．化合物の形がわかれば，どちらがより速く脱離反応が進むか，どのような生成物が得られるかを予測することができる．いま用いている基本的な原理はシクロヘキサンだけでなくすべての化合物に適用できる．シクロヘキサンを用いて説明しているのは，安定配座としていす形の環構造をとり，置換基の位置関係が明確だからである．これらに慣れれば，後は自然とわかるようになる．

　さらに複雑な例をみてみよう．次ページに示す構造は天然物や他の重要な有機化合物に広くみられるものである．化合物 **6** と **7** はいす形シクロヘキサンの二つの置換基が連結することにより，もう一つの環が加わったものである．この場合，環を形成することができるのは二つの置換基がアキシアル位をとる場合のみである．

　これら二つの化合物の唯一の違いは Br 基の立体化学である．ここで単純な質問"どちらがアキシアルでどちらがエクアトリアルか"に答えなければならない．ひ

この反応が実際に進行するかどうか，検討したデータを見つけることはできていない．これはあまり驚くことではない．

書かれていることを鵜呑みにしてはいけない．分子模型をつくってみよう．

と目見ただけではおそらくわからないだろう．しかしどうすればよいかはわかるはずである．

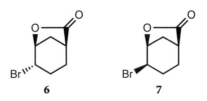

6　　　　　**7**

唯一とりうる立体配座が次に示すものであるとわかっただろうか．

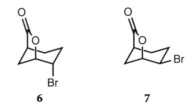

6　　　　　**7**

すでにエクアトリアル位の Br 基は脱離しないことを学んだ．つくった分子模型をみればその理由がわかるだろう．化合物 **7** の C−Br 結合のアンチペリプラナー位にあるのは C−C 結合のみである．これでは脱離反応は起こらない．

　化合物 **6** は脱離反応を起こすことができるが，可能な生成物は 1 種類のみである．構造については自分で考えてほしい．ここでもどこに水素原子（しばしば省略される）があるか知ることが大切である．

　この例は難しくみえるかもしれないが，いったんやり方を習得すればどのような例にも対応できる．これは特定の反応例とその結果を暗記するよりずっとよい学習方法である．

　ところで，化合物 **7** では脱離反応は起こらないと述べたが，これは完全な真実ではない．HBr を脱離することができないというだけである．ここでもう一つ基本的な問いに答える必要がある．

 6 の脱離反応の生成物を書いてみよう．

基本的な考え方を理解していれば，妥当な巻矢印と熱力学的にも妥当な生成物を書くことができるだろう．

> HBr が脱離するのではないとすると，代わりに脱離できるのは何だろうか．脱離基について考えてみよう．

　シクロヘキサンの置換反応と脱離反応について必要なことはすべて述べた．これからすべきことは同じ基本的な考え方を関連した系，たとえば環の大きさの異なる系などに適用することである．系が少し異なっていても同じ考え方を追求する必要がある．

よくあるまちがい 9
脱　離　反　応

置換反応と脱離反応を混同してしまうことは，おそらく想像以上によくあるまちが

いである．原因は，脱離反応を起こす化合物は置換反応も起こすことである．同じ考え方が両者にほとんど適用できるので，試験の問題も似たようにみえるものが多い．

この問題に対する対処法は，試験のようなせかされるときにも混乱しなくなるまで，何度も繰返し反応機構を書くことである．

置換反応でも脱離基は脱離する（少なくとも除かれる）のである．

まちがい: 脱離反応は常に最も安定なアルケンを与える

脱離反応により常に最も安定なアルケンが生成するというよくある思い込みがある．すでに学んだように，E2 脱離では遷移状態の構造により生成物が決まる．これらの反応のいくつかの反応速度については Web 掲載の演習問題 3 でみてみよう．

遷移状態の構造を常に考えるように意識しよう．その際ニューマン投影式は非常に有用である．

反応の詳細 5

アリル位での置換反応

二重結合が隣接していると，置換反応の結果に影響を与えることがある．基本的な考え方を身につけるために，すでに学習した内容を再確認し，それに基づいて議論を展開していく．

アリル系での S_N1 機構

化合物 **1** はアリルアルコールである．これはこの化合物の慣用名である．化合物 **2** はアリル型アルコールである．OH 基が二重結合に直接隣接した炭素に結合している．

1　　　　　　　　**2**

カルボカチオンは隣接する二重結合によって安定化されることはすでに学んだ．これをアリル型カルボカチオンとよぶ．**基礎 17** (p.80) では，共鳴構造に基づいて，なぜアリル型カルボカチオンが安定化されているかを学んだ．化合物 **2** から生じるカルボカチオンを以下に示す．

3　　　　　　　　**4**

ここで，カルボカチオン **3** と **4** のどちらを書くべきだろうか．

鍵となる点は，正電荷はアリル系の一方の末端炭素上に局在化しているわけではないことである．二つの構造の共鳴混成体が真の構造である．**基礎 17** をもう一度みておこう．

ここで重要な問いである．化合物 **2** を HBr と反応させたらどのような化合物が

酸触媒を用いて化合物 **2** からカルボカチオン **3** を生成する反応機構を巻矢印を用いて書け．

生成するだろうか．HBr は酸である．まずヒドロキシ基がプロトン化された後，水が脱離してカルボカチオンが生成する．すると，前ページに示したカルボカチオンと，求核剤として臭化物イオンが存在することとなる．

したがって真の問いは，"求核剤はどこを攻撃するだろうか"である．

これはどの共鳴構造式を書いたかによらない．"ここに正電荷が存在するので求核剤はこの炭素を攻撃する"といったことはいえない．求核剤はアリル系のどちらの端にも攻撃可能であるが，中央の炭素にはできない．

ここで二つの端のどちらを攻撃するかに影響を与える要因を明らかにする必要がある．これは位置選択性の問題である（基礎 27, p.159）．

実際には化合物 5 を主生成物とする混合物が得られる．

置換基のより多いアルケンはより安定である（基礎 34, p.211）．アルケン 5 は二置換でアルケン 6 は一置換である[†]．第二級ハロゲン化アルキル 6 の方が第一級ハロゲン化アルキル 5 より立体的に混み合っていて，より不安定であることも 5 を多く生成する要因として考えられる．この観点については基礎 16 (p.76) で学んだ．

5 が 6 よりも安定な理由として電子的要因と立体的要因の二つがある．5 の方が安定だからといって，5 を生成する遷移状態の方が 6 を生成する遷移状態よりもエネルギーが低いとは限らない．しかし，ほとんどの場合，これは成り立つ．

これでアリル系での S_N1 機構については理解できただろう．カルボカチオンの生成を促進する条件で反応を行う限り，反応の進行を有利にする安定化されたアリルカルボカチオン中間体が存在する．加えてアリル系では求核剤の攻撃する位置の問題を考える必要がある．これは古典的な S_N1 機構を少し修正したものとなっている．

アリル系に慣れてきただろうか．すでによくあるまちがい 4 (p.100) で学んだ内容である．

次にアリル系での S_N2 反応をみてみよう．ここで学ぶ反応機構と結果は新しいものである．

S_N2' 機 構

S_N1 反応が起こりにくい条件で，臭化アリル 7 を水酸化物イオンと反応させると，生成物は 9 ではなく 8 が得られる．

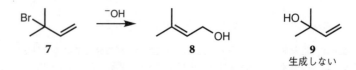

化合物 9 が生成するには，水酸化物イオンが非常に混み合った第三級の炭素を

---

† ここで述べているのは二重結合に直接結合している置換基の数のことである．

反応エネルギー図を書いてみよう（基礎 14, p.71）

攻撃する必要があり，これはすでに学んだように（**反応の詳細1**, p.114）あまり有利な過程ではない．化合物 **8** を生じる際の巻矢印を次に示す．

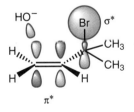

7　　　　　　　　　　　　**8**

　ここで巻矢印に注目すると，置換反応のように見える部分もあるが，明らかに脱離反応のように見える部分もある．臭化物イオンが脱離し，新しい二重結合が生成している．

　これは脱離反応に似ているが，C−H 結合から電子を得る代わりにアルケンのπ結合から電子を得ている．

　一方，求核剤が付加しており脱離基が脱離しているので，全体としては明らかに置換反応である．反応速度論的には，これは明らかに S_N2 反応（置換反応，求核的，2分子）であり，ここでは通常の S_N2 反応と区別するため，**S_N2' 反応**（S_N2 プライム反応）とよぶ． 　　　　　　　　　　　　　　　　　　　　**S_N2' 反応** S_N2' reaction

　アルケンの化学の一般的な傾向として，アルケンは電子豊富でありその電子を反応に用いる．アルケンは通常求核剤ではなく求電子剤と反応する．

　S_N2' 反応は一般的な傾向の例外である．

　なぜこの例外が許容されるのか理解する必要がある．次に述べる議論は厳密なものではないが，ここでの目的には十分である．

　C=Cπ結合を切断したいときには，電子を反結合性軌道（π^*軌道）に供与する必要があることを思い出そう．

　すでに電子豊富なものにさらに電子を供与することはふつうは好ましいことではない．電子をさらに供与する先がある場合にのみ起こりうる．

　この場合，巻矢印は，臭化物イオンの脱離とともにπ結合が隣接位に移動することを示している．これはπ結合の電子が C−Br 結合の σ^* 軌道へ流れ込むことを表している．これらすべてを一つの図で書くことは容易ではない．次の図は最善を尽くして書いたものであるが，アルケンのπ軌道とπ^*軌道を同時に書くことはできない．

　おそらくこれは混成軌道が単純すぎて全体像を示すことができない場合だろう．だからといってこれが混成軌道の有用性を損ねるものではなく，実際上記の図は完全ではないが有益な知見を与えてくれることを論じたい．

　この反応は実際非常に有用となりうるものである．研究者はおそらく生成物の一

方の構造異性体（**基礎 27**）を必要とすることが多いが，単純な S_N2 反応では適切な出発物を入手しづらいことがよくある．上記の例の結果はおもに立体的な要因によって支配されている．

いくつかの反応剤がアルケンの二重結合を攻撃しやすいことを知っても驚かないだろう．

ここで試みているのは，起こる可能性のあることを明確にすることである．たくさんの反応例を取上げて，一つ一つの結果をみていくことはしない．

S_N2' 反応の立体化学

S_N2 反応は立体配置の反転を伴って進行することはすでに学んだ．一方上図では，求核剤が脱離基が脱離するのと同じ側から二重結合を攻撃するように書いた．S_N2' 反応では，あるときには求核剤は脱離基と同じ面から攻撃し，また別のあるときには反対側から攻撃する．

何が起こるか予想するのは容易ではない．二重結合のシス-トランス異性や，結合の回転を考慮する必要があることもある．この複雑さについては，まったく仮説のレベルからもう一度 Web 掲載の**演習問題 8** でみてみよう．

考えやすくする方法の一つは，二重結合のシス-トランス異性は一つしかとりえず，回転可能な結合についてはとりうる立体配座が限定されているような系を用いることである．

それはシクロヘキセンである．

次に示すのはよく用いられる例である．求核剤の種類により立体化学が異なる生成物が生じる．理論化学的な研究に支持されている一般的な傾向として，アミン求核剤の場合は，求核剤と脱離基の間の水素結合が生成物の立体化学の決定に重要である[†]．

† 訳注: アミン求核剤とは異なり，チオラート求核剤は脱離基との間に水素結合をつくらず，脱離基と反対側の面から S_N2' 型の攻撃を起こす．

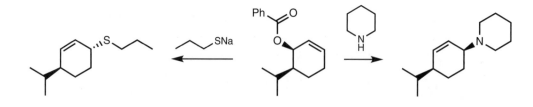

> イソプロピル基がどのように位置するか考えながら（擬エクアトリアル），出発物のシクロヘキセンを書いてみよう（シクロヘキセンの立体配座については**基礎 33** を参照，p.194）．図に示したアミン生成物が得られる際に，どのように水素結合が関与すると考えられるか．

いつもと同様，この演習のポイントは複雑な構造を書くことに習熟することである．書き始める前に分子模型を使って構造の"感覚"を得る必要があるだろう．

分子模型をつくらなくても正しく書くことができれば，すばらしい！ しかし出発物の正しいエナンチオマー，そして正しいジアステレオマーを書いたかどうか確認しよう．

7 総合演習

第7章"総合演習"の PDF ファイルは下記の要領で取得できます.（購入者本人以外は使用できません. 図書館での利用は館内での閲覧に限ります）

1) パソコンで東京化学同人のホームページにアクセスし，書名検索などにより"スキルアップ有機化学"の書籍ページを表示させる.

2) 解答・第7章 をクリックし，下記ユーザー名およびパスワードを入力する.

ユーザー名: **tkdsup54**

パスワード: **w9sjkf8e**

※ファイルは ZIP 形式で圧縮されています. 解凍ソフトで解凍のうえ，ご利用ください.

あ と が き

これでとうとう最後である．本書を楽しんで読んでもらえたことを願っている．より大切なこととして，説明をすべて理解し有機化学についてたくさんのことを身につけたと期待している．

この本をただ読んだだけだろうか？

そうであっても問題ない．本書は大学1年生向けの有機化学で学ぶべき基本と考え方を，講義を理解できるだけの詳しさですべておさえている．確かに諸君が目にするであろう反応をすべて網羅しているわけではないが，それらの反応を学ぶのに必要なスキルはすべて本書で扱っている．

たとえ本書をただ読んだだけでも，多くのことを身につけられるだろう．はじめに戻ってもう一度読み始めるとよい．ただし次はすべて自分で書くようにしよう．構造をより上手に書けたかどうか振り返ってみよう．自分自身に対し最も厳しい評価者になろう．少し時間がかかるかもしれないが，いずれは早く書けるようになる．

これに時間がかかるようであれば，まだ練習の必要があるということである．時間をかけずに書けたとしても，無駄にはならない．

実際のところ有機化学を学ぶのは難しい．しかし有機化学者が化合物の構造を書くときによく使っているスキルは，諸君が本当に基本を十分に理解しているのであれば（あくまでも本当に理解していればである），ほとんど意識せずに実践することができる．

まえがきであげた例の一つに戻ってみよう．車の運転を習うほとんどの人は，ある程度の時間をかける．数カ月あるいは数年の時間をかけて運転の技術を身につける．授業をいくつか受け，試験を予約したら一休みして，試験前の3日間に10の授業を受ける，というようなことは決してしない．

これが試験に合格する安全な（あらゆる意味で）方法ではないことはわかるだろう．しかし多くの大学生が有機化学についてはまったく同じようなことをしているのである．

自動車免許の試験に17回目でやっと合格した人もいる．運転にほとんど，あるいはまったく適性のない人がいることは確かである．しかしそれでも彼らは頑張って最後には合格する．有機化学も同じである．根気よく取組めば合格できる．

諸君の場合の根気よく取組むこととは，自分の能力・適性を早い段階で把握し，重要なスキルを練習することでそれを速やかにしっかりと身につけることである．諸君はこれを成し遂げることができるだろう．

この本が有益なものであることをわかってもらえたことと思う．よくあるまちがいをしないようになり，有機化学者として成功することを期待している．

本書を何度も繰返して読んでほしい．諸君のすべきことはまだ終わっていない．有機化学にさらに熟練するよう，脳を刷新し続けてほしい．日本語で言うと"頑張って！"である．

索　引

いわ さわ のぶ はる
岩 澤 伸 治
　　1957 年 神奈川県に生まれる
　　1979 年 東京大学理学部 卒
　　1984 年 東京大学大学院理学系研究科 博士課程 修了
　　現 東京工業大学 特任教授，東京工業大学名誉教授
　　専門 有機合成化学，有機金属化学
　　理学博士

とよ た しん じ
豊 田 真 司
　　1964 年 香川県に生まれる
　　1986 年 東京大学理学部 卒
　　1988 年 東京大学大学院理学系研究科 修士課程 修了
　　現 東京工業大学理学院 教授
　　専門 物理有機化学，構造有機化学
　　博士(理学)

第 1 版 第 1 刷 2024 年 2 月 16 日発行

スキルアップ有機化学
しっかり身につく基礎の基礎

© 2 0 2 4

訳　者　　岩　澤　伸　治
　　　　　豊　田　真　司
発 行 者　　石　田　勝　彦
発　　行　株式会社 東京化学同人
　　東京都文京区千石 3 丁目 36-7(〒112-0011)
　　電話 (03)3946-5311・FAX (03)3946-5317
　　URL: https://www.tkd-pbl.com/

印刷・製本　新日本印刷株式会社

ISBN 978-4-8079-2054-9
Printed in Japan

クライン 有機化学（上・下）

D. R. Klein 著／岩澤伸治 監訳

秋山隆彦・市川淳士・金井　求
後藤　敬・豊田真司・林　高史 訳

B5 変型判　カラー　上巻：616 ページ　定価 6710 円
下巻：612 ページ　定価 6710 円

有機化学の基礎学力を確実に上げる好評教科書

有機化学で通常扱う基礎概念をすべてカバーし，スキルの習得に焦点を当てた米国で人気の教科書．スキルが確実に身につく数多くの問題等を盛込んでいる．特に電子の流れの矢印をとことん丁寧に説明している．別冊の解き方を併用すれば学習効果がより高まる．

マクマリー 有機化学（上・中・下）
第 9 版

John McMurry 著

伊東　樹・児玉三明・荻野敏夫・深澤義正・通　元夫 訳

A5 判上製　カラー　上巻：560 ページ　定価 5060 円
中巻：440 ページ　定価 4950 円
下巻：440 ページ　定価 4950 円

有機化学教科書の決定版！

世界的に高い評価を確立し，圧倒的なシェアを誇る教科書の最新版．本書の特徴はそのままに，NMR分光法の議論や反応機構の問題を解く機会が大幅に拡充された．また，"科学的な解析と推理力の訓練"という表題の挿話と設問が諸所に追加され，より魅力を増した．

ブラウン 有機化学（上・下）

W. Brown ほか著／村上正浩 監訳

井上将行・王子田彰夫・大井貴史・桑野良一
忍久保 洋・浜地　格・松田建児・山口茂弘・山子　茂 訳

B5 変型判　カラー　上巻：560 ページ　定価 6930 円
下巻：484 ページ　定価 6930 円

学生が分子と反応の基礎を理解できるよう反応機構と有機合成を丁寧に説明し，多くの例題・演習問題を解くことで有機化学の基本が身につく標準的教科書．医薬品の合成法，有機金属化学，生命科学，材料科学などの話題も取上げ，さまざまな分野の学生に興味をもたせるように工夫されている．また，物理有機化学的な観点からの説明も詳しい．

定価は10％税込（2024年1月現在）

ウォーレン 有機化学（上・下）
第 2 版

J. Clayden・N. Greeves・S. Warren 著
野依良治・奥山　格・柴﨑正勝・檜山爲次郎 監訳

B5 変型判　カラー　上巻：728 ページ　定価 7150 円
下巻：632 ページ　定価 6930 円

有機化学を本格的に学びたい人の必読教科書

斬新な様式と充実した内容で高評価の教科書の最新改訂版．第 2 版では，近年の有機化学の進歩を取入れるとともに内容のスリム化が図られ，一層魅力的な姿に変わった．巻矢印を駆使して電子の動きを示した反応機構の解説は読者の理解を助け，これを修得すれば新反応の設計すらできるようになる．

ジョーンズ 有機化学（上・下）
第 5 版

M. Jones Jr., S. A. Fleming 著
奈良坂紘一・山本　学・中村栄一 監訳

B5 変型判　カラー　上巻：672 ページ　定価 7150 円
下巻：656 ページ　定価 7150 円

丁寧な説明が評判の教科書の改訂版．幅広くかつ現代的な有機化学に関する初歩を勉強したいという学生向き．膨大な反応を暗記に頼らず筋道立てて理解できるように工夫されている．生物有機化学の章を新設．

ラウドン 有機化学（上・下）

M. Loudon・J. Parise 著／山本　学 監訳
後藤　敬・豊田真司・箕浦真生・村田　滋 訳

B5 判　カラー　上巻：672 ページ　定価 7040 円
下巻：744 ページ　定価 7040 円

記述の明快さで評価の高い米国教科書の翻訳版．学生が有機化学の中身を互いに関連づけながら理解できるように，酸-塩基の化学を基礎として段階的に理解を促す．

定価は10%税込（2024年1月現在）

大学院講義 有機化学
第2版

編集　野依良治

中筋一弘・玉尾皓平・奈良坂紘一・柴﨑正勝
橋本俊一・鈴木啓介・山本陽介・村田道雄

次世代を担う有機化学者に必要な共通の知識基盤と「考える力」「つくり出す能力」を確実に与えられるように企画された教科書の改訂版.原理,概念,方法論を明確に記述し,最新の成果を加え,さらに内容の充実を図った.

Ⅰ. 分子構造と反応・有機金属化学

B5判上製　2色刷　578ページ　定価7590円

主要目次 第Ⅰ部 有機化学の基礎: 結合と構造(化学結合の基礎と軌道相互作用／共役電子系／有機分子の構造) 第Ⅱ部 有機化学反応(有機化学反応Ⅰ／反応中間体／有機化学反応Ⅱ) 第Ⅲ部 有機金属化学および有機典型元素化学(有機元素化合物の構造／有機典型元素化学／有機遷移金属化学Ⅰ:錯体の構造と結合／有機遷移金属化学Ⅱ:錯体の反応) 第Ⅳ部 超分子化学および高分子化学(超分子化学／高分子化学)

Ⅱ. 有機合成化学・生物有機化学

B5判上製　2色刷　476ページ　定価6820円

主要目次 第Ⅰ部 有機合成化学: 有機合成反応(有機合成反応における選択性／骨格形成反応／官能基変換／不斉合成反応) 第Ⅱ部 有機合成化学: 多段階合成(多段階合成のデザイン／標的化合物の全合成) 第Ⅲ部 生物有機化学(生体高分子:核酸,タンパク質,糖質／生体低分子／生命現象にかかわる分子機構)

定価は10%税込(2024年1月現在)

元素の周期表 (2023)

族→周期↓	1	2	3	4	5	6	7	8	9	10	11	12	13	14	15	16	17	18
1	1H 1.008																	2He 4.003
2	3Li 6.94†	4Be 9.012											5B 10.81	6C 12.01	7N 14.01	8O 16.00	9F 19.00	10Ne 20.18
3	11Na 22.99	12Mg 24.31											13Al 26.98	14Si 28.09	15P 30.97	16S 32.07	17Cl 35.45	18Ar 39.95
4	19K 39.10	20Ca 40.08	21Sc 44.96	22Ti 47.87	23V 50.94	24Cr 52.00	25Mn 54.94	26Fe 55.85	27Co 58.93	28Ni 58.69	29Cu 63.55	30Zn 65.38*	31Ga 69.72	32Ge 72.63	33As 74.92	34Se 78.97	35Br 79.90	36Kr 83.80
5	37Rb 85.47	38Sr 87.62	39Y 88.91	40Zr 91.22	41Nb 92.91	42Mo 95.95	43Tc (99)	44Ru 101.1	45Rh 102.9	46Pd 106.4	47Ag 107.9	48Cd 112.4	49In 114.8	50Sn 118.7	51Sb 121.8	52Te 127.6	53I 126.9	54Xe 131.3
6	55Cs 132.9	56Ba 137.3	57～71 ランタノイド	72Hf 178.5	73Ta 180.9	74W 183.8	75Re 186.2	76Os 190.2	77Ir 192.2	78Pt 195.1	79Au 197.0	80Hg 200.6	81Tl 204.4	82Pb 207.2	83Bi 209.0	84Po (210)	85At (210)	86Rn (222)
7	87Fr (223)	88Ra (226)	89～103 アクチノイド	104Rf (267)	105Db (268)	106Sg (271)	107Bh (272)	108Hs (277)	109Mt (276)	110Ds (281)	111Rg (280)	112Cn (285)	113Nh (278)	114Fl (289)	115Mc (289)	116Lv (293)	117Ts (293)	118Og (294)

凡例
- 原子番号 → 1H ← 元素記号
- 元素名：水素 → 1H ← 1.008
- 原子量 〔質量数 12 の炭素 (^{12}C) を 12 とし、これに対する相対値とする〕

s-ブロック元素　d-ブロック元素　f-ブロック元素　p-ブロック元素

ランタノイド

57La 138.9	58Ce 140.1	59Pr 140.9	60Nd 144.2	61Pm (145)	62Sm 150.4	63Eu 152.0	64Gd 157.3	65Tb 158.9	66Dy 162.5	67Ho 164.9	68Er 167.3	69Tm 168.9	70Yb 173.0	71Lu 175.0

アクチノイド

89Ac (227)	90Th 232.0	91Pa 231.0	92U 238.0	93Np (237)	94Pu (239)	95Am (243)	96Cm (247)	97Bk (247)	98Cf (252)	99Es (252)	100Fm (257)	101Md (258)	102No (259)	103Lr (262)

一　ここに示した原子量は実用上の便宜を考えて、国際純正・応用化学連合 (IUPAC) で承認された最新の原子量に基づき、日本化学会原子量専門委員会が独自に作成した表によるものである。本来、同位体存在度の不確定さは、自然に、あるいは人為的に起こりうる変動や実験誤差のために、元素ごとに異なる。したがって、個々の原子量の値は、正確度が保証された有効数字の桁数より大きく異なる。本表の原子量を引用する際には、このことに注意を喚起することが望ましい。なお、本表の原子量の信頼性はリチウム、亜鉛を除き有効数字の4桁目で±1以内である（両元素については脚注参照）。また、安定同位体がなく、天然で特定の同位体組成を示さない元素については、その元素の放射性同位体の質量数の一例を（ ）内に示した。したがって、その値を原子量として扱うことはできない。

† 人為的に ^{6}Li から抽出され、リチウム同位体比が大きく変動した物質が存在するために、リチウムの原子量は大きな変動幅をもつ。したがって本表では例外的に3桁の値が与えられている。なお、天然の多くの物質中でのリチウムの原子量は 6.94 に近い。

＊ 亜鉛に関して、リチウムと同様に原子量が本来より小さい特定の物質では原子量の信頼性は原子量の4桁目までである。